模具制造工艺技术

主　编：柳松柱

副主编：刘海锋　刘宏文

武汉理工大学出版社

·武　汉·

内 容 提 要

本教材根据模具制造工艺岗位能力相关要求，以培养学生模具零件加工工艺分析与加工工艺制订的能力为主线，按项目导引、任务驱动的形式进行教学项目设计，共包括模具零件制造工艺规程制订、模具零件普通机械加工工艺、模具零件数控电加工工艺和模具装配工艺四个项目。每个项目都以典型模具零件工艺分析与制订任务为教学载体，将专业知识与技能贯穿于项目的教学过程中，同时增加了课后思考练习，扩大了知识的应用面，具有较强的适用性。

本教材适合高职高专模具、机械类专业学生使用，也可作为相关专业技术人员参考用书。

图书在版编目（CIP）数据

模具制造工艺技术 / 柳松柱主编. -- 武汉 ： 武汉理工大学出版社，2024. 9. -- ISBN 978-7-5629-7098-9

Ⅰ. TG760.6

中国国家版本馆 CIP 数据核字第 2024C6W815 号

项目负责人：马首鳌　　　　　　　　　　责 任 编 辑：马首鳌
责 任 校 对：吴正刚　　　　　　　　　　排 版 设 计：楚江图文
出 版 发 行：武汉理工大学出版社
地　　　　址：武汉市洪山区珞狮路122号
邮　　　　编：430070
网　　　　址：http://www.wutp.com.cn
经　　　　销：各地新华书店
印　　　　刷：武汉邮科印务有限公司
开　　　　本：787mm×1092mm　1/16
印　　　　张：14.5
字　　　　数：347千字
版　　　　次：2024 年 9 月第 1 版
印　　　　次：2024 年 9 月第 1 次印刷
定　　　　价：39.00元

前　　言

本书根据高职高专院校机械模具智能制造专业群的培养目标和教学基本要求，结合模具岗位能力需要和高职高专院校多年来课程教学改革成果，同时兼顾机械类其他专业的拓展课程要求进行编写。

本书从模具实际工作的特点出发，以冷冲模具和塑料模具的制造技术为知识结构载体，紧密对接实际岗位能力，浅显易懂地讲授了模具零件制造加工工艺的编制、典型模具零件普通加工工艺、典型模具零件电火花加工工艺和模具装配工艺的相关内容。在讲述模具零件机械加工工艺的同时，突出体现了模具零件机械加工工艺分析方法和制造工艺编制，以适用性和针对性为原则，注重知识理论和技能实践的相互融通。本书根据模具制造课程的教学目标，以培养学生的实际分析与动手能力为主线，以项目导引、任务驱动的形式，按照项目教学法进行内容设计，让每个项目和任务都与学生将来所从事的工作密切相关，同时注重新知识、新技术、新方法的介绍和训练，从而进一步提高学生的专业能力。

本书内容分为模具零件制造工艺规程制订、模具零件普通机械加工工艺、模具零件数控电加工工艺和模具装配工艺四个项目。每个项目都以实际的工作任务为载体，将知识与技能贯穿于项目的实施过程中，同时增加了拓展训练，扩大了知识的应用面，具有较强的实用性。

本教材教学学时建议 72 学时，具体分配如下表所示，授课教师可根据培养目标和教学计划进行合理安排调整。

项　目	教学任务	学　时
绪论	绪论	2
项目一　模具零件制造工艺规程制订	任务一　模具制造工艺规程的制订	16
	任务二　模具零件机械加工精度分析	
	任务三　模具零件机械加工表面质量分析	
项目二　模具零件普通机械加工工艺	任务一　模具导向零件加工工艺	18
	任务二　冲模模座板零件加工工艺	
项目三　模具零件数控电加工工艺	任务一　冲模零件数控电加工工艺	24
	任务二　型腔模型腔零件加工工艺	
项目四　模具装配工艺	任务一　连接板复合模具装配	12
	任务二　侧端盖注射模具装配	
合　计		72

　　本教材由鄂州职业大学机械工程学院柳松柱主编，武汉职业技术学院、鄂州职业大学机械工程学院模具智能制造专业群相关骨干教师也参与了相关编写工作。本书由袁亚军教授主审并提出宝贵意见，在此表示衷心的感谢。

　　由于编者的水平和经验有限，书中如有不妥之处，恳请广大读者批评指正。

编　者

目　录

项目二　模具零件普通机械加工工艺   54

绪　　论

一、我国模具制造技术的基本情况

1. 目前我国模具制造技术的现状

在现代工业生产中，模具是重要的工艺装备之一，随着科学技术的发展，工业产品的品种和数量不断增加，产品的更新换代加快，对产品的质量和外观提出了新的要求，对模具质量的要求越来越高。模具设计与制造水平的高低直接影响国民经济的发展。世界上工业发达的国家，其模具工业发展迅速，模具工业总产值超过机床工业的总产值，其发展速度也超过了机床、汽车、电子等工业，是国民经济的基础工业之一。模具制造技术，特别是制造精密、复杂、大型、长寿命模具的制造技术，已经成为衡量一个国家机械制造水平的重要标志之一。

近年来，我国的模具工业有了较大发展，模具制造工艺和生产装备智能化程度越来越高，极大地提高了模具制造精度、质量和生产效率。数控铣床、数控坐标磨床、数控电火花加工机床、加工中心、光学曲线磨床等加工设备已在模具生产中被广泛采用。模具的计算机辅助设计和制造（CAD/CAM）已经在很多企业中被开发和应用。

目前，我国模具行业的生产厂家有数万个，相关从业人员有近两百万人，每年生产上千万套模具。模具制造技术从过去只能制造简单的模具已经发展到可以制造大型、复杂、长寿命的模具，但总体上还存在着制造的模具品种少、精度差、寿命短、生产周期长的弊端，很多精密、复杂、大型模具因国内制造困难，不得不从国外进口。

为了尽快发展我国的模具工业，国家已经采取了很多具体措施，如给专业模具厂投入技术改造资金，将模具列为国家规划重点科技攻关项目，派遣有关工程技术人员出国考察，引进国外模具先进技术，制定有关的模具标准等。

2. 我国模具制造技术的发展趋势

当前，我国经济仍然处于高速发展阶段，这为我国模具行业的发展提供了良好的条件和机遇。一方面，国内模具市场将继续高速发展；另一方面，国际模具制造业逐渐向我国转移，跨国集团到我国进行模具采购的趋势也十分明显。放眼未来，我国不但会成为模具制造大国。而且将逐步向模具制造强国的行列迈进。

1）加强模具制造技术的高效、快速、精密化

随着模具制造技术的发展，许多新的加工技术、加工设备不断出现，模具制造手段越来越丰富，越来越先进。快速原型制造（RPM）技术是数控技术之后的一种全新制造技术。利用 RPM 技术，可以根据零件的 CAD 模型快速自动完成复杂的三维实体（模型）制造，使模具从概念设

计到制造完成的周期大大缩短，成本大大降低，仅为传统方法的 1/4～1/3。先进的高速铣削加工，主轴转速高达 40000～160000r/min，快速进给速度达到 30～60m/min，加速度可达一个重力加速度，换刀时间缩短到 1～2s。高速切削技术与传统切削加工相比，具有加工效率高、温升低、热变形小等优点。高速铣削技术的敏捷化、智能化、集成化发展促进了模具加工技术的进步，特别适合于汽车、家电等行业大型型腔模具的制造。电火花加工技术是利用高速旋转的管状电极作二维或三维轮廓加工，无须制造复杂的成形电极。因此，电火花等特种加工技术在模具制造中也得到了广泛应用。

2）提高模具标准化程度

为了缩短模具制造周期，降低制造成本，模具标准化工作十分重要。目前，我国模具标准件使用覆盖率已经达到 30%，但发达国家一般能够达到 80%，为了促进模具工业的发展，必须加强模具标准化工作，走专业化协作生产的道路。

3）优质材料及先进表面处理技术将进一步得到重视

模具材料和热处理是影响模具寿命的主要因素，因此，选用优质钢材和应用相对应的表面处理技术来提高模具寿命就显得十分必要了。对于模具钢来说，除了要采用电渣重熔工艺，努力提高模具钢的纯净度、致密度、等向性和均匀性外，还要研制出具有更高性能或特殊性能的模具钢。如采用粉末冶金工艺制作的粉末冶金高速钢等，其碳化物微细，组织均匀，没有材料方向性，具有韧性高、磨削工艺好、长年使用尺寸稳定等优点，是一种很有发展前途的钢材，特别是对形状复杂的冲压件及高速冲压的模具，其优越的性能更加突出。这种钢材还适用于注射模具成型添加玻璃纤维或金属粉末的增强塑料模，如型腔、型芯、浇口等主要部件。

铝合金材质质量轻，切削性能好，导热和导电率高，焊接性能优良，用它作为模具材料可缩短制模周期和降低模具成本，且用于塑料模可有 10 万次以上的寿命。因此，用铝合金进行高速切削来制造模具已在世界上得到较为广泛的使用，我国也已经使用，预计今后将会得到较快的发展。

此外，其他优质模具材料如硬质合金、陶瓷材料、复合材料等的扩大应用也十分重要。

模具热处理和表面处理是能否充分发挥模具钢材性能的关键环节。模具热处理的发展方向是采用真空热处理。模具表面处理除应完善常用的表面处理方法，如渗碳、渗氮、渗硼、渗铬、渗矾外，还应发展工艺先进的气体沉积（TiN、TiC 等）、等离子喷涂等技术。

4）在模具设计和制造中将全面推广 CAD/CAM/CAE 技术

CAD/CAM/CAE 技术是模具设计和制造的发展方向。随着计算机软件的发展和进步，普及 CAD/CAM/CAE 技术的条件已基本成熟，各企业将加大 CAD/CAM 技术培训和技术服务的力度，进一步扩大 CAE 技术的应用范围。计算机和网络的发展使 CAD/CAM/CAE 技术跨地区、跨企业、跨院所在整个行业中推广，实现技术资源的重新整合，使虚拟制造成为可能。

5）模具研磨、抛光将向自动化、智能化方向发展

模具表面的质量对模具使用寿命、制件外观质量等方面有较大的影响。日本已研制并运用数控研磨机，可以实现三维曲面模具的自动化研磨、抛光。目前我国仍然以手工研磨、抛光为主，不仅效率低，而且工人劳动强度大、质量不稳定，这些都制约了我国模具加工向更高层次发展。因此，模具研磨、抛光的自动化、智能化是其重要的发展趋势。另外，模具型腔形状复杂，因此任何一种研磨、抛光方法都有一定局限性。应注意发展特种研磨、抛光方法，如挤压研磨、电化学抛光、超声波抛光以及复合抛光工艺与装备，以提高模具表面质量。

6）逆向制造技术的发展

以三坐标测量机和快速成型制造技术为代表的逆向制造技术是一种以复制为原理的制造技术，这种制造技术特别适用于多品种、小批量、形状复杂的模具制造，对缩短模具制造周期，进而提高产品的市场竞争力有着重要的意义。

二、模具制造的过程和特点

1. 模具制造的过程

模具的制造过程即从接收客户产品图或样件和相关技术资料、技术要求并与客户签订模具制造合同起，至试模合格交付商品模具和进行售后服务的全过程的总称。

模具制造的过程是模具制造生产过程的重要组成部分，是将模具设计图样转变为具有一定使用功能和实用价值，即能够连续生产出合格商品模具的全过程。模具制造工艺过程如图 0-1 所示。首先根据制品零件图或实物（制品原型）进行分析估算，然后进行模具设计、零件加工、装配调整、试模，直到生产出符合要求的制品。

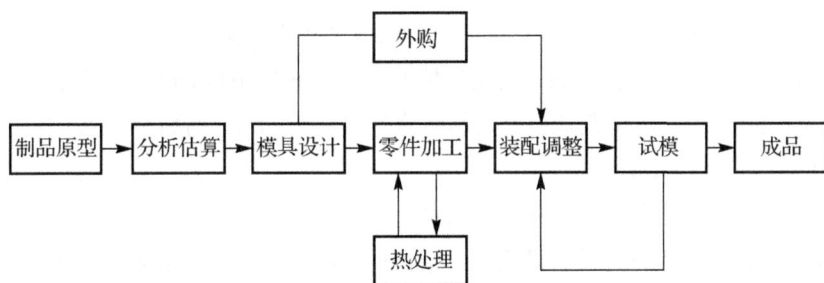

图 0-1　模具制造的过程

1）分析估算

在接收模具制造的委托时，首先根据制品零件图或实物分析研究采用什么样方案，确定模具套数、模具结构及加工方法，然后估算模具费用及交货期等。模具费用是指材料费、外购零件费、设计费、加工费、装配调试费及试模费等。必要时还要估算各种加工方法所用的工具及其加工费等，最后得出模具制造价格。

2）模具设计

模具设计包括装配图设计与零件图设计。在进行模具设计时，首先要尽量收集信息，并认真地加以研究，然后再进行模具设计。若不这样做，即使设计出的模具性能优良，精度很高，也不能符合要求，所完成的设计并不是最佳设计。

3）零件加工

每个需要加工的零件都必须按图样要求制订其加工工艺（填写工艺卡），然后分别进行粗加工、半精加工、热处理及精整加工。

4）装配调整

装配就是把加工好的零件组合在一起构成一幅完整的模具。在这一过程中，仅仅把加工好的零件固定，或是打入定位销等纯装配操作是极少见的，一般都是在装配过程中进行一定的人工修整或机械加工。

5）试模

装配调整好的模具还需要安装在成型机器上进行试模，以检查模具在运行过程中是否正常，所得到的制品形状尺寸等是否符合要求。如有不符合要求的则必须拆下来加以修正，以便再次试模，直到能完全正常运行并加工出合格的制品。

2. 模具制造技术的特点

模具制造在机械制造中属于精密机械制造的范畴，具有以下特点：

（1）模具成型零件的制造精度要求高。一般塑料模成型零件的精度为 0.010～0.100mm，精密模成型零件的精度为 0.005～0.010mm，有的模具成型尺寸的精度甚至可达到 0.001～0.003mm。在多工位级进精密模中，凹模镶件的重复定位精度可达 0.002～0.005mm，步距精度可达 0.002～0.005mm。一般模具成型尺寸的制造公差是制品公差的 1/5～1/3，而精密模成型尺寸的制造公差仅为制品尺寸公差的 1/8～1/6。

（2）模具各相关结构之间的配合精度要求高。

（3）成型件之间、成型件与结构件之间、结构件之间的相对位置精度要求高。

（4）成型件的成型表面质量要求高，表面粗糙度可达 0.4～0.1mm。

（5）成型件的制造难度大。塑料模的成型表面是塑料制品各部分表面在一定的温度和压力下，在型腔和型芯上的复制。而型腔和型芯的各成型面，多是平面、曲面、斜面或曲面与平面、曲面与斜面、曲面与曲面的组合、交错、重叠等复杂异形的组合。其不但复杂而且精细，表面质量要求高、尺寸精度要求高，因此，非一般的机械加工设备和常规的刀具、夹具、工具、量具所能够完成，必须采用诸如数控车床、数控铣床、仿形铣和磨、成型磨、线切割、电火花成型、激光加工、超声波加工、电解研磨、衍磨等配合加工，并辅助相应的刀具、夹具、量具，如专用样板、量规等，有的甚至需专门设计和制造，方能满足制造工艺的要求。

为延长模具的使用寿命，模具的成型件和有相对运动的易磨损结构件，多选用优质钢材并进行相应的处理。如调质、预硬、淬火、回火、氧化涂覆以及渗碳、渗氮、碳氮共渗等，以消除内应力，提高耐磨性、耐腐性、稳定性和综合机械性能。经处理后的钢材，除预硬易切钢外，其余钢材只能进行电加工和磨削加工，故增加了加工的难度。

（6）对工人的技术水平以及检测工艺水平都有较高的要求。

（7）在模具的组装和总装工艺中常采用配制的加工方法。

（8）模具制造的工艺繁杂，制造难度大，工艺流程长，致使模具制造周期长，但其制造周期又受合同的严格限制，必须按时完成，增加了模具制造的难度。

（9）模具属于大批量生产的专用成型工装设备。

（10）模具，尤其是塑料模，其型腔的装配和抛光目前绝大多数仍然采用手工操作，尤其是复杂的中、小型模具更是如此，尚难实现机械化、自动化。

三、模具制造的基本要求

在工业产品的生产中，应用模具的目的在于保证产品质量，提高生产率和降低成本。因此，除正确进行模具设计，采用合理的模具结构外，还必须有高质量的模具制造技术。制造模具时，不论采取哪一种方法都应该满足以下几个要求。

1. 制造精度高

为了生产合格的产品和发挥模具的效能，制造出的模具必须具有较高的精度。模具的精度主要由制品精度要求和模具结构决定，为了保证制品的精度和质量，模具工作部分的精度通常比制品的精度高 2～4 级。模具结构对上、下模之间的配合有较高的要求，组成模具的零件都必须有足够的制造精度，否则模具将不可能生产合格的制品，甚至导致模具无法正常使用。

2. 制造周期短

模具制造周期的长短主要决定于模具制造技术和生产管理水平的高低。为了满足生产的需要，提高产品的竞争能力，必须在保证质量的前提下尽量缩短模具的制造周期。

3. 模具制造成本低

模具成本与模具结构复杂程度、模具材料、制造精度要求以及加工方法有关。模具技术人员必须根据制品要求合理设计和制订加工工艺规程，努力降低模具制造成本。

4. 使用寿命长

模具是比较昂贵的工艺装备，目前模具制造费用占产品成本的 10%～30%，其使用寿命将直接影响生产成本。因此，除小批量生产和新产品试制等特殊情况外，一般都要求其具有较长的使用寿命，尤其在大批量生产的情况下，模具的使用寿命更为重要。

必须指出，上述四个指标是互相关联、互相影响的。片面追求模具精度和使用寿命必将导致模具制造成本增加，只顾缩短周期和降低模具成本而忽略模具精度和使用寿命的做法也是不可取的。在模具设计与制造时，应该根据实际情况全面考虑，即应在保证产品质量的前提下，选择与生产相适应的模具结构和制造方法，使模具制造成本降低到最小。如果想提高模具制造的综合指标，就应该认真研究现代模具制造理论，积极采用先进制造技术，以满足现代工业发展的需要。

四、课程的性质、任务和要求

本课程是高职高专院校模具设计与制造专业的核心课程之一。通过本课程教学，并配合其他实训教学环节，学生可初步掌握模具加工工艺规程的制订方法，具有一定的分析、解决模具工业技术问题的能力，为进一步学习与从事模具专业的生产活动打下基础。

本课程涉及的知识面较广，是一门综合性、实践性较强的课程。金属材料及热处理、数控技术、机械制造工艺及设备等相关内容都将在本课程中得到综合应用。模具零件的工艺路线及所采用的工艺方法都与实际生产条件密切相关，在处理工艺技术问题时，一定要理论联系实际。对于同一个加工零件，在不同的生产条件下，可以用不同的工艺路线和工艺方法达到工件的技术要求。学习中应注意生产过程中积累模具生产的有关知识与经验，以便能更好地处理生产中的有关技术问题。

本课程的任务是使学生掌握模具制造工艺的基本专业知识和常用的工艺方法，制订典型模具零件的加工工艺卡；掌握基础模具的装配工艺，制订模具装配工艺卡；了解和掌握先进模制造技术；具有分析模具零件与机构工艺性的能力，提高模具设计的综合水平；具有较强的从事模具制造工艺操作、模具钳工装配和模具结构设计的能力。

现代工业生产的发展和材料成型新技术的应用对模具制造工艺的要求越来越高。模具制造不只是传统的一般机械加工，而是在其基础上广泛采用现代加工技术和现代管理模式。通过本课程的学习，学生应掌握各种现代模具加工方法的基本原理、特点及加工工艺，掌握各种制造方法对模具结构的要求，以提高学生分析模具零件与结构工艺性的能力。

由于模具制造工艺与技术发展迅速，同时本课程具有较强的实践性和综合性，涉及的知识面较广，因此在学习本课程时，除重视其中必要的工艺原理和特点等理论学习外，还应密切关注模具制造的新发展，特别注意实践环节，尽可能多地参观相关的展会及模具制造企业。教师则应该尽可能采用一体化教学的形式，以真实的模具零件加工、模具装配过程组织教学环节，认真进行现场教学和组织学生进行企业生产实践，以增强学生的感性认知，培养学生的学习兴趣，将兴趣提升模具设计制造技能，培养学生的实际应用能力。

项目一　模具零件制造工艺规程的制订

本项目从模具零件的机械制造工艺规程的制订、模具零件机械加工精度分析、模具零件机械加工表面质量分析三方面以任务的形式引出，在相关理论知识基础上，结合工厂实践生产的案例，详细阐述模具零件制造生产过程中所依据的生产工艺文件。

✍ 知识目标

（1）掌握模具制造工艺规程的制订方法；

（2）掌握获得加工精度的方法；

（3）了解影响加工精度的主要因素。

✍ 技能目标

（1）能够独立分析模具常用零件技术和结构；

（2）能够合理地选择零件的毛坯及其加工工艺路线；

（3）能够正确制订模具制造工艺规程；

（4）能够对模具零件的精度和表面质量进行分析。

✍ 素质目标

（1）培养学生良好的职业道德和生产节约意识；

（2）培养学生良好的团队合作、产品质量和安全生产意识；

（3）培养学生必要的创新精神和环保意识；

（4）培养学生分析和解决实际问题的能力。

任务一　模具零件制造工艺规程制订

模具零件制造工艺规程的制订在模具工艺中有着十分重要的地位，长期的生产实践表明，要制订出一个良好的模具制造工艺规程，即要以较低的加工成本，在较短的时间内加工出较高质量的模具零件，必须具备一定的模具机械加工的基础知识。

✍ 任务描述

如图 1-1 所示为滑动导套零件，已知零件材料为 20 钢，淬火 58～62HRC，表面渗碳 0.8～

1.2mm，试编制其工艺过程卡。

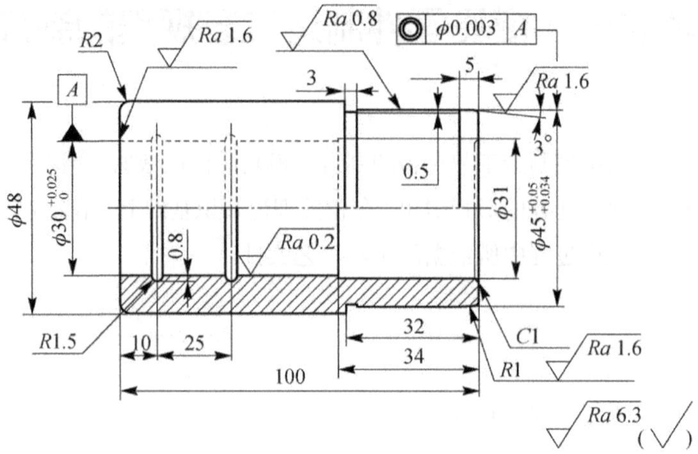

图 1-1　滑动导柱零件

相关知识链接

一、模具制造工艺规程基本知识

1. 模具加工工艺规程概念

模具加工工艺规程是规定模具加工工艺过程和操作方法等的工艺文件。模具生产工艺水平的高低及解决各种工艺问题的方法手段都要通过模具加工工艺规程来体现。因此，模具加工工艺规程的设计是一项重要的工作，它要求设计者必须具备丰富的生产实践经验和扎实的机械制造工艺基础理论知识。

模具是机械产品，模具的机械加工类似于机械产品的机械加工，但同时又有其特殊性，模具一般是单件、小批量生产的非标准产品，而模具标准件则是成批生产。成型零件的加工精度要求较高，所采用的加工方法往往不同于一般机械加工方法。因此，模具加工工艺规程具有与其他机械产品同样的普遍性，同时还有其特殊性。

1）工艺规程的作用

（1）工艺规程是指导生产的技术文件。

（2）工艺规程是生产组织和管理的依据。

（3）工艺规程是加工检验的依据。

（4）工艺规程是新建和扩建工厂（车间）的技术依据。

2）工艺规程制订的原则

工艺规程制订的原则是优质、高产和低成本，即在保证产品质量的前提下，争取最好的经济效益。在具体制定时，还应注意以下问题。

（1）技术上的先进性。 在制定工艺规程时，要了解国内外本行业工艺技术的发展，通过必要的工艺试验，尽可能采取适用的工艺和工艺设备。

（2）经济上的合理性。在一定的生产条件下，可能会出现几种能够保证零件技术要求的工艺方案。因此，要通过成本核算或相互对比，选择经济上最合理的方案，使产品生产技术成本最低。

（3）良好的劳动条件及避免环境污染。在制定工艺规程时，要注意保证工人操作时有良好而安全的劳动条件。因此，在工艺方案上要尽可能采取机械化或自动化措施，以减轻工人繁重的体力劳动。同时，要符合国家环境保护法的有关规定，避免环境污染。

产品质量、生产率和经济性这三个方面有时相互矛盾，合理的工艺规程应该处理好这些矛盾，体现这三者的统一。

2. 模具的生产过程与工艺规程

1）模具的生产过程

生产过程是指将原材料或半成品转变为成品的所有劳动过程。这里所指的成品可以是一副模具、一个部件，也可以是某种零件。机械加工工艺过程卡片见表1-1。

表1-1　机械加工工艺过程卡片

（企业名称）		机械加工工艺过程卡		产品型号			零（部）件图号			共　页	
				产品名称			零（部）件名称			第　页	
材料牌号		毛坯种类		毛坯外形尺寸		每毛坯件数		每台件数		每坯质量	
工序号	工序名称	工序内容		车间	工段	设备	工艺装备			工时	
										准终	单件
描图											
描校											
底图号											
装订号											
									编制	审核	会签
标记	处数	更改文件号	签字	日期	标记	处数	更改文件号	签字	日期		

2）模具的工艺过程

工艺过程是指改变生产对象的形状、尺寸、相对位置和性质等，使其成为半成品或成品的过程，它是生产过程的一部分。工艺过程可分为毛坯制造、零件加工、热处理和装配等工艺过程。根据模具零件加工工艺的特点，模具零件加工工艺过程卡（简称工艺卡）在机械零件加工工序过程卡（见表 1-2）的基础上进行了一些调整和简化，模具零件加工工艺过程卡见表 1-3。

表 1-2 机械零件加工工序过程卡

机械零件加工工序过程卡		产品型号		零件图号			共页	第页
		产品名称		零件名称				
		车间	工序号	工序名称		材料牌号		
		毛坯种类	毛坯外形尺寸	每毛坯可制件数		每台件数		
		设备名称	设备型号	设备编号		同时加工件数		
		夹具编号		夹具名称		切削液		
		工位器具编号		工位器具名称		工序工时/min		
						准终		单件

工步号	工步内容	工艺装备	主轴转速	切削速度	进给量	切削深度	进给次数	工步工时	
								机动	辅助
描图									
描校									
底图号									
						设计	校对	审核	标准化	会签
装订号									
	标记	处数	更改文件号	签字	日期	标记	处数	更改文件号	签字	日期

表 1-3 模具零件加工工艺过程卡

模具零件加工工艺过程卡		产品型号		零件图号			共 页		第 页	
		产品名称		零件名称						
材料牌号		毛坯种类		毛坯外形尺寸		每毛坯件数		每台件数		备注
工序	工序名称	工序内容		车间	工段	设备	工艺装备		工时	
									准终	单件
								设计	校对	审核	标准化	会签

标记	处数	更改文件号	签字	日期	标记	处数	更改文件号	签字	日期

工序是指一个或一组工人在同一个工作地点，对一个（或同时对几个）工件所完成的那一部分工艺过程。工序不仅是组成机械加工工艺过程的基本单元，也是组织生产、核算成本和进行检验的基本单元。工序的划分基本依据是加工对象或加工地点是否变更、加工内容是否连续。工序的划分与生产批量、加工条件和零件结构特点有关。例如，如图 1-2 所示的带台肩导柱，如果单件生产或生产的数量很少时，其机械加工工艺过程的工序划分见表 1-4，而当批量生产时，各工序内容可划得更细，表 1-4 序号 3 中倒角和切槽都可以在专用车床上进行，从而成为独立的工序。

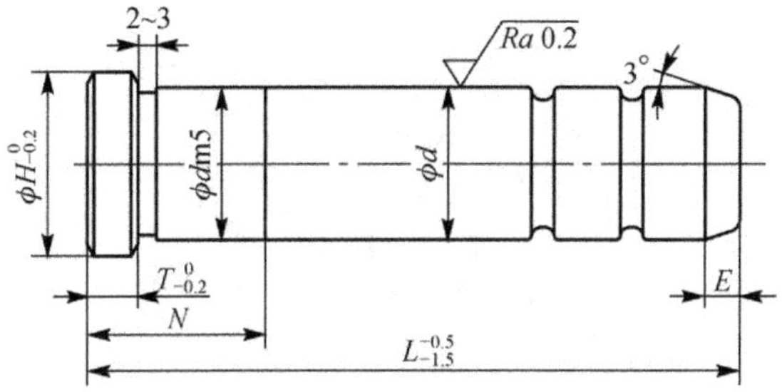

单位：mm

d		dm5		T	H	E
8	−0.015	8	+0.012		11	3
10	−0.020	10	+0.006	5	13	4
12	−0.020	12	+0.015		17	
13	−0.025	13	+0.007		18	
16		16		6	21	
20	−0.025	20	+0.017		25	5
25	−0.030	25	+0.008		30	
30		30		8	35	
35	−0.030	35	+0.020		40	
40	−0.040	40	+0.009	10	45	8

图 1-2 带台肩导柱

表 1-4　带台肩导柱机械加工工艺过程的工序划分

序　号	工　序	工序要求
1	锯割	锯割 $\phi L \times (L+4\text{mm})$ 棒料
2	车削	车端面至长度 $(L+2)$ mm，钻中心孔；调头车端面至长度 L mm，钻中心孔
3	车削	车外圆 ϕH mm $\times T$ mm 至尺寸要求；粗、精车外圆 $\phi d \times (L-T)$ mm，留磨削余量、倒角、切槽等
4	热处理	热处理 55～60HRC
5	车削	研中心孔，调头研另一中心孔
6	磨削	磨 ϕd mm $\times (N-T)$ mm；ϕd mm $\times (L-N)$ mm 至各自的尺寸要求
7	检验	检验各加工内容

工序可分为安装、工位、工步和走刀（行程）

（1）安装。工件加工前，使其在机床或夹具中相对刀具占据正确位置并给予固定的过程，称为装夹。在工件的加工工程中，需要多次装夹工件，那么，每一次所完成的那部分工艺过程称为安装。

（2）工位。为了完成一定的工序内容，一次装夹工件后，工件与夹具或设备的可动部分一起相对于刀具和设备的固定部分所占据的每一个位置称为工位。利用回转工作台对模板上圆周分布的孔系的加工，称为多工位加工。如图 1-3 所示回转工作台一次安装即可依次完成装卸工件（工位 1）、钻孔（工位 2）、扩孔（工位 3）、铰孔（工位 4）四个工位的连续加工。这样既可以减少安装次数，提高加工精度，并减轻工人的劳动强度，又可以使工位的加工与工件的装卸同时进行，提高劳动效率。

（3）工步。对工序进一步划分称为工步。一道工序（一次安装或一个工位）中，加工若干个表面可能只需要一把刀具，也可能只加工一个表面但却要用若干把不同的刀具。在加工表面和加工刀具不变的情况下，需要连续完成的那一部分工序，称为一个工步。

如果上述两项中有一项改变，就成为另一工步。表 1-4 序号 3 中，包括车外圆、倒角、切槽等几个工步。

为了简化工艺文件，对于那些连续进行的几个相同工步，通常可看作一个工步，如图 1-4 所示，在同一个工序中，连续钻四个 $\phi 15$ mm 孔可看作一个工步。

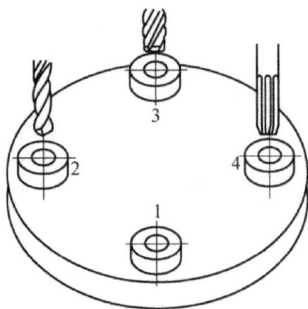

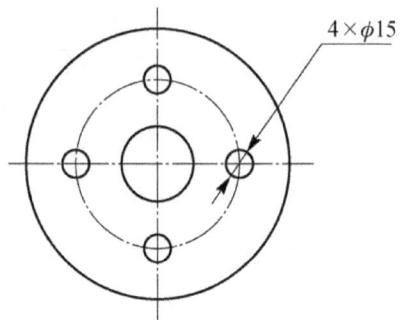

图 1-3　多工位加工　　　　　图 1-4　四孔一个工位

　　为了提高生产率，常将几个待加工表面用几把刀具同时加工，这种刀具合并起来的工步称为复合工步。图 1-5 所示的立轴转塔车床回转刀架一次转位完成的工位内容应属于一个工步，复合工步在工艺规程中也写成一个工步。

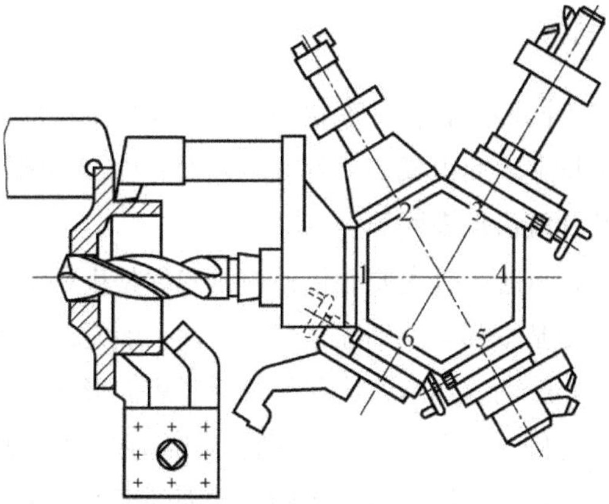

图 1-5　立轴转塔车床回转刀架上的复合工步

　　（4）走刀。在一个工步中，若需要切去的金属层厚度很厚，则可分为几次切削，而每进行一次切削就是一次走刀。一个工步可以包括一次或几次走刀。

3. 制订模具零件加工工艺规程的步骤

　　（1）研究模具装配图和模具零件图并进行工艺分析。分析模具装配图和零件图，熟悉模具用途、性能和工作条件。了解的装配关系及其作用，分析制定各项技术要求的依据，判断其要求是否合理、零件结构工艺性是否良好。通过分析找出主要的技术要求和关键技术问题，以便在加工中采取相应的技术措施。如有问题，应与有关设计人员共同研究，按规定的手续对图样进行修改和补充。

　　（2）确定生产类型。

　　（3）确定毛坯。在确定毛坯时，要熟悉本企业毛坯车间（或专业毛坯企业）的技术水平和生产能力，各种钢材、型材的品种规格。应根据模具零件图和加工时的工艺要求（如定位、夹紧、加工余量和结构工艺性），确定毛坯的种类、技术要求及制造方法。必要时，应和毛坯车间技术人员一起共同确定毛坯图。

　　（4）拟定工艺路线。工艺路线是指模具零件在生产过程中，由毛坯准备到成品包装入库，经过企业各有关部门或工序的先后顺序。拟定工艺路线是制定工艺规程十分关键的一步，需要提出几个不同的方案进行分析比较，寻求一个最佳的工艺路线。

　　（5）确定各工序的加工余量，计算工序尺寸及其公差。

　　（6）选择各工序使用的机床设备及刀具、夹具、量具和辅助工具。

　　（7）确定切削用量及时间定额。

　　（8）填写工艺文件。生产中常见的工艺文件有机械加工工艺过程卡和模具零件加工工艺过程卡，它们分别适用于不同的生产情况。

零件图是制订模具加工工艺规程最主要的原始资料。在制订时，应了解零件的功用、结构特点及与其他零件的关系，分析各项公差和技术要求的制订依据，从中找出主要技术要求和关键问题。

1）模具零件的结构工艺性

模具零件由于使用要求不同而具有各种形状和尺寸，但如果从形体上加以分析，各种模具零件都是由一些基本的表面和特形表面组成的。其基本表面有内、外圆柱面、圆锥表面和平面等，特形表面主要有螺旋面、渐开线齿形表面等。

在研究模具零件的结构特点时，首先要分析该模具零件是由哪些表面组成的，因为模具零件的表面形状是选择加工方法的基本因素。例如，外圆柱面一般是由车削和磨削加工出来的，内孔则是多通过钻、扩、铰、镗和磨削等加工方法获得。除了表面形状外，模具零件的表面尺寸对工艺也有重要的影响。以内孔为例，大孔与小孔、深孔与浅孔在工艺上均有不同的特点。

分析模具零件结构，不仅要注意模具零件各构成表面的形状、尺寸，还要注意这些表面的不同组合，因为正是这些不同的组合形成了模具零件结构上的特点。例如，以内、外圆柱面为主，既可以组成盘类零件，也可以构成套类零件。套类零件既可以是一般的轴套，也可以是形状复杂的薄壁轴套。显然上述不同结构特点的模具零件在工艺上存在较大的差异。机械制造中通常按照零件结构和工艺过程的相似性，将各种零件大致分为轴类零件、套类零件、盘类零件、叉架类零件以及箱体类零件等，以便使工艺典型化。模具零件中的模柄、导柱等零件和一般机械零件的轴类零件在结构或工艺上有许多相同或相似之处。整体结构的圆形凹模和一般机械零件的盘类零件相类似，但其上的型孔加工则比一般盘类零件要复杂得多，所以圆形凹模又具有不同于一般盘类零件的工艺特点。

模具零件的结构工艺分析是指对所设计的零件在满足使用要求的前提下进行制造的可行性和经济性分析。因此，在保证模具零件使用要求的前提下，其结构应能满足机械加工和电火花加工过程的工艺要求。这样有利于应用先进的、高效率的加工方法，从而降低生产成本，提高劳动生产率。

对模具零件结构工艺性的要求大致可分为以下几点：

（1）便于达到零件图上要求的加工质量。模具零件的结构应能保证在加工时用比较容易、工作量较小的方法来达到规定的质量要求。

（2）便于采用高生产率的加工方法。如模具零件加工表面形状的分布应合理，模具零件的结构应标准化、规格化，模具零件应具有足够的刚度等。

（3）有利于减少模具零件的加工工作量。模具零件设计时应尽量减少加工表面，减少工作量以及减少刀具、电极、材料的消耗。

（4）有利于缩短辅助时间。如模具零件加工时便于定位和装夹，既可简化夹具结构，又可缩短辅助时间。

几种模具零件结构的工艺性对比见表1-5。

表 1-5 几种模具零件结构的工艺性对比

序号	模具零件结构的工艺性不好	模具零件结构的工艺性好	说明
1			键槽的尺寸、方位相同，可在一次装夹中加工出全部键槽，提高生产效率
2			退刀槽尺寸相同，可减少刀具种类，减少换刀时间
3			三个凸台表面在同一个平面上，可在一次进给中加工完成
4			小孔与孔壁距离适当，便于引进刀具
5			方形凹坑的四角加工时无法清角
6			型腔淬硬后，骑缝销孔无法用钻—铰方法配作
7			销孔太深，增加铰孔工作量，螺孔没有必要过长
8			将型芯淬硬后安装在模板上，定位销孔无法用钻—铰方法配作，应改为浅凹定位，使加工更加容易

2）模具零件的技术要求

模具零件的技术要求包括以下几个方面。

（1）加工表面的尺寸精度。

（2）主要加工表面的形状精度。

（3）主要加工表面间的相互位置精度。

（4）各加工表面的粗糙度，以及表面质量方面的其他要求。

（5）热处理要求及其他要求。

根据模具零件的结构特点，在认真分析了其主要加工表面的技术要求后，应对其加工工艺有一个初步的方案。首先根据模具零件主要加工表面的精度要求和表面质量的要求，可初步确定达到这些要求所需要的最终加工方法和相应的中间工序，以及粗加工工序所需要的加工方法。例如，对于孔径不大且精度等级为 IT7 的内孔，最终加工方法为精铰时，在精铰孔之前，通常要经过钻孔、扩孔和粗铰孔等加工。

加工表面之间的相对位置要求包括加工表面之间的距离尺寸关系和相对位置精度。认真分析零件图上尺寸的标注及主要加工表面的位置精度，即可初步确定各加工表面的加工顺序。

模具零件的热处理要求影响加工工艺方法和加工余量的选择，而且对加工工艺路线的安排也有一定的影响。例如，要求渗碳淬火的模具零件，热处理后一般变形较大。对于模具零件上精度要求较高的表面，工艺上要安排精加工工序（多为磨削加工），而且要适当增大精加工工序的加工余量。

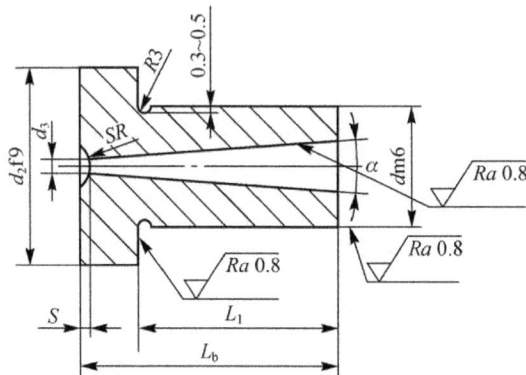

图 1-6 套类零件图

分析：如图 1-6 所示零件需加工的表面为：$\phi 25$ mm 外圆柱面，尺寸精度达到 IT6 级，表面粗糙度为 $Ra0.8\mu m$；$\phi 8$ mm 内孔，表面粗糙度为 $Ra3.2\mu m$；两端面表面粗糙度为 $Ra1.6\mu m$。

通过对该零件技术要求的分析，可以确定该零件的外圆需要磨削才能达到其尺寸精度和表面粗糙度要求，加工时需要划分粗加工、半精加工和精加工阶段。锥孔的表面粗糙度要求需经研磨才能达到。

在研究零件图时，如发现图样上的视图、尺寸标注、技术要求有错误或遗漏，或结构工艺性不好时，应提出修改意见。但修改时必须征得设计人员的同意，并经过一定的批准手续。

三、毛坯选定

毛坯是根据模具零件所要求的形状、工艺尺寸等加工因素所提供的加工用生产对象。毛坯选定是否合理直接影响到毛坯制造工艺、设备及费用，而且对模具零件材料的利用率、劳动量消耗、加工成本等也有影响。

1. 毛坯的种类及特点

模具零件常用毛坯的种类及其特点见表1-6。

表1-6 模具零件常用毛坯的种类及其特点

种类	特点
铸件	多用于形状复杂、尺寸较大的零件。其吸振性能好，但力学性能低。铸造方法有砂型铸造、离心铸造等，有手工造型和机器造型。模型有木质和金属模，木模手工造型用于单件小批量生产或大型零件，生产效率低，精度低；金属模用于大批量生产，生产效率高，精度高。离心铸造用于空心零件，压力铸造用于形状复杂、精度高、大量生产、尺寸小的有色金属零件
锻件	用于强度高、形状简单的零件（轴类和齿轮类）。用模锻和精密锻造，生产效率高，精度高。单件小批量生产时用自由锻
冲压件	用于形状复杂、生产批量较大的板料毛坯。精度较高，但厚度不宜过大
型材	用于形状简单或尺寸不大的零件。材料为各种冷拉和热轧钢材
冷挤压件	用于形状简单、尺寸小和生产批量大的零件。如各种精度高的仪表件和航空发动机中的小零件
焊接件	用于尺寸较大，形状复杂的零件，多用型钢或锻件焊接而成，其制造成本低，但抗震性差，容易变形
工程塑料	用于形状复杂、尺寸精度高、力学性能要求不高的零件
粉末冶金	尺寸精度高，材料损失少，用于大批生产、成本高的零件，不适用于结构复杂、有锐边的零件

2. 毛坯的选定原则

1）模具零件的材料及其力学性能

零件的材料大致确定了毛坯的种类。例如，材料为铸铁和青铜的零件应该选择铸件毛坯；钢质零件形状不复杂，力学性能要求不太高时可选型材；重要的钢质零件，为保证其力学性能，应选择锻造毛坯。

2）模具零件的结构形状及外形尺寸

一般用途的阶梯轴，若各台阶直径相差不大，可直接选择圆棒料；若各台阶直径相差较大，则宜选择锻造件。

模具零件的外形尺寸对毛坯选择有较大的影响，大型模具零件可选择毛坯精度较低的砂型铸造和自由锻造的毛坯，中、小型零件可选择标准模锻毛坯。

3）模具零件的生产类型

大量生产的零件应该选择精度和生产率都比较高的毛坯制造方法，如铸件采用金属模机器造型或精密铸造，锻件采用模锻，型材采用冷轧或冷拉，零件较小时应该选择精度和生产率较低的毛坯制造方法。

4）现有生产条件

确定毛坯的种类及制造方法必须考虑具体的生产条件，如毛坯制造的工艺水平、设备状况以及对外协作的可能性等。

5）充分考虑新工艺、新技术和新材料

随着机械制造技术的发展，毛坯制造方面的新工艺、新技术和新材料的应用也发展很快，如精铸、精锻、冷挤压、粉末冶金和工程塑料等在机械中的应用日益增加。采用这些方法可大大减少机械加工量，有时甚至可以不再进行机械加工就能达到加工要求，其经济效益非常显著。我们在选择毛坯时应该给予充分考虑，在可能的条件下尽量采用。

3. 毛坯形状与尺寸的确定

1）工艺搭子的设计

有些零件由于结构的原因，加工时不易装夹，为了装夹方便、迅速，可以在毛坯上制造出凸台，即所谓的工艺搭子。

2）整体毛坯的采用

如磨床主轴部件中的三瓦轴承、发动机的连杆和车床的开合螺母等零件，为保证零件的加工质量和加工方便，常做成整体毛坯，到一定阶段后再切开。

3）合件毛坯的采用

对于一些形状比较规则的小型零件，如 T 形键、扁螺母、小隔套等，应将多件合成一个毛坯，待加工到一定阶段后或者大多数表面加工完毕后，再加工成单件。如图 1-7 所示为一坯多件的毛坯，毛坯长度 L 的表达式为

$$L = 20n + (n-1)B$$

式中，L 为毛坯长度（mm）；n 为切削模具零件的个数；B 为切口宽度（mm）。

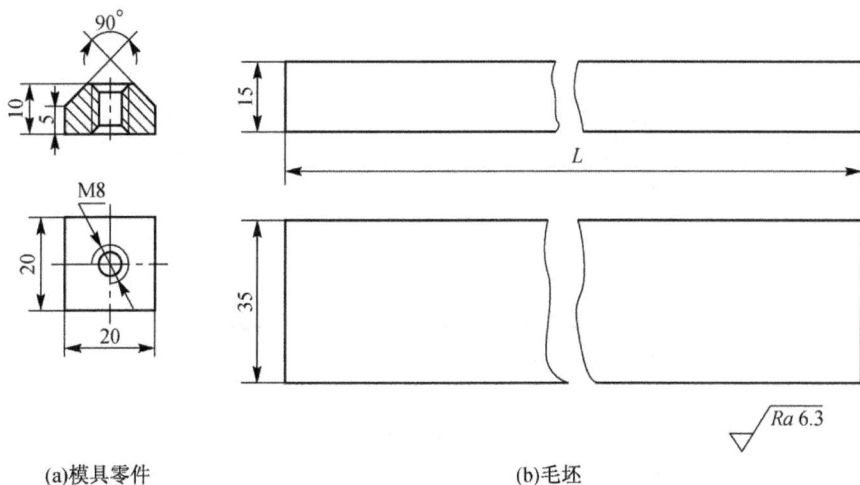

(a)模具零件   (b)毛坯

图 1-7 一坯多件的毛坯

在确定毛坯种类、形状和尺寸后，还应绘制一张毛坯图，作为毛坯生产单位的产品图样。绘制毛坯图是在零件图的基础上，在相应的加工表面上加上毛坯余量。但绘制时还要考虑毛坯的具体制造条件，如铸件上的孔、锻件上的孔和法兰等的最小铸出和锻出条件，铸件和锻件表面的起模斜度（拔模斜度）和圆角，分型面和分模面的位置等。并用双点划线在毛坯图中表示出零件的表面，以区别加工表面和非加工表面。

四、基准

在制订模具加工工艺规程时，正确地选择工件的定位基准有着十分重要的意义。定位基准选择得合理与否，不仅影响模具零件加工的位置精度，而且对模具零件各表面的加工顺序也有很大的影响。

1. 基准的概念

模具零件由若干表面组成，各表面之间有一定的相互位置和尺寸要求。其表面间的相对位置要求包括两个方面，即表面间的距离尺寸精度和相对位置精度（如同轴度、平行度、垂直度和圆跳动等）要求。研究零件加工表面的位置关系离不开基准，不明确基准就无法确定零件加工表面的位置。基准是用来确定生产对象上几何要素间的几何关系所依据的那些点、线、面。如果要计算和测量某些点、线、面的位置和尺寸，基准就是计算和测量的起点依据。

基准按其作用不同可分为设计基准和工艺基准两大类。

1）设计基准

在零件图上用以确定其他点、线、面的基准称为设计基准。如图 1-8 所示的零件，其轴心线 O-O_1 是各外圆表面和内孔的设计基准，端面 A 是端面 B、C 的设计基准，内孔表面 D 体现的轴心线 O-O_1 是 $\phi 40h6mm$ 外圆表面径向圆跳动和端面 B 的端面圆跳动的设计基准。

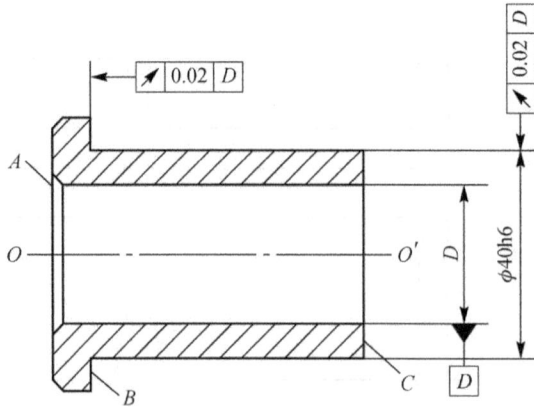

图 1-8　零件图示例

2）工艺基准

模具零件在加工和装配过程中所使用的基准称为工艺基准。工艺基准按用途不同，又分为工序基准、定位基准、测量基准和装配基准。

（1）工序基准。在工序图上用来确定本工序被加工表面加工后的尺寸、形状、位置的基准称为工序基准。工序图是一种工艺附图，加工表面用粗实线表示，其余表面用细实线绘制。如图 1-9 所示，外圆柱面的最低母线 B 为工序基准。模具生产属于小批量生产，除特殊情况外一般不绘制工序图。

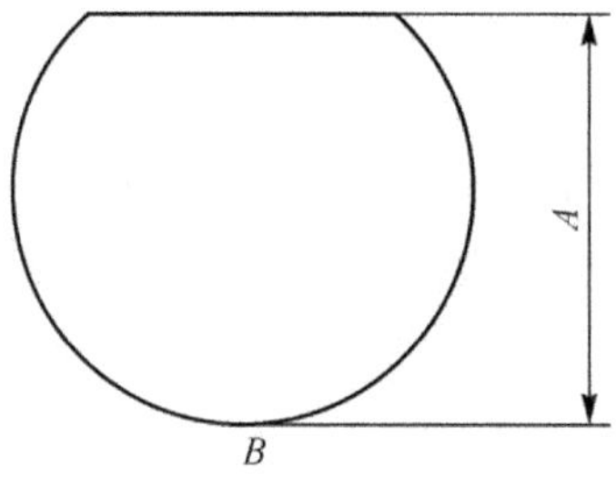

图 1-9　工序图

（2）定位基准。在加工时，为了保证工件相对于机床和刀具之间的正确位置所用的基准称为定位基准。图 1-8 中，零件套在心轴上磨削 ϕ40h6mm 外圆表面时，内孔即为定位基准。

（3）测量基准。零件检验时，用以测量已加工表面尺寸及位置的基准称为测量基准。图 1-8 中，当以内孔为基准（套在检验心轴上）检验 ϕ40h6mm 外圆表面的径向圆跳动和端面 B 的端面圆跳动时，内孔即为测量基准。

（4）装配基准。装配时用以确定零件在部件或产品中位置的基准称为装配基准。图 1-8 中的 ϕ40h6mm 外圆表面和端面 B 即为装配基准。

2. 工件的安装方式

工件安装的好坏是模具加工中的重要问题，它直接影响着加工精度，工件安装的快慢还影响生产率的高低。为了保证加工表面与其设计基准间的相对位置精度，工件安装时应使加工表面的设计基准相对机床占据一个正确的位置。图 1-8 中，为了保证 $\phi40h6mm$ 外圆表面径向圆跳动的要求，工件安装时必须使其设计基准（内孔轴心线 O-O'）与机床主轴的轴心线重合。

在各种不同的机床上加工零件时，有各种不同的安装方法。安装方法可以归纳为直接找正法、划线找正法和采用夹具安装法等。

1）直接找正法

采用直接找正法时，工件在机床上应占有正确的位置，该位置是通过一系列的尝试而获得的。具体的方法是将工件直接装在机床上后，利用百分表、划针等工具，在机床上找正工件的有关基准，使工件处于正确的位置，一边校验，一边找正，直至合乎要求，如图 1-10 所示。

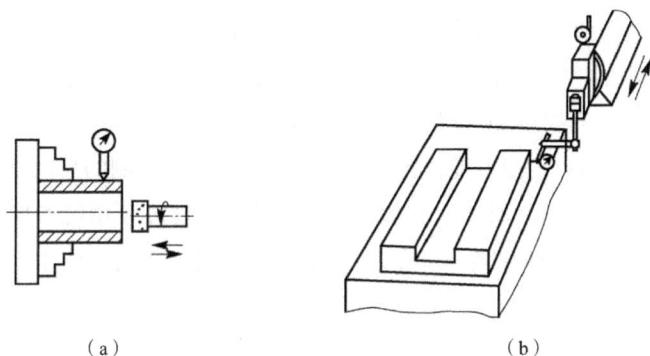

（a）　　　　　　　　　　　（b）

图 1-10　直接找正法

（a）磨内孔时工件的找正；（b）刨槽时工件的找正

直接找正法的定位精度和找正的快慢取决于找正方法、找正工具和工人的技术水平。它的缺点是花费时间多、生产率低，且要凭经验操作，对工人技术水平要求高，因此，仅用于单件、小批量生产中。此外，对工件的定位精度要求较高，如果采用夹具，因其本身有制造误差，而难以达到要求，就不得不使用精密量具和由较高水平的工人用直接找正法来定位，以达到工件的定位精度要求。

2）划线找正法

划线找正法是在机床上利用划针按毛坯或半成品件上所划的线来找正工件，使其获得正确位置的一种方法。显而易见，此方法要多一道划线工序。划线本身有一定宽度，在划线时有划线误差，校正工件位置时还有观察误差。因此，该方法多用于生产批量较小，毛坯精度较低，以及大型工件等不宜使用夹具的粗加工中，如图 1-11 所示。

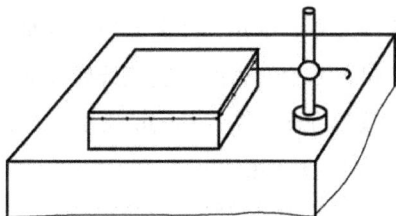

图 1-11　划线找正法

3）采用夹具安装

夹具是机床的一种附属装置，它在机床上相对刀具的位置在工件未安装前就已经预先调整好，因此，在加工一批工件时，不必再逐一找正定位就能够保证加工的技术要求，既省工时又省事，是先进的定位方法，在成批量生产中广泛应用。夹具在现代生产中已经得到了广泛应用，如图 1-12 所示为专用夹具安装工件。

3. 定位基准的选择

定位基准不仅影响工件的加工精度，而且同一个加工表面选用的定位基准不同，其工艺路线也可能不同，因此，选择工件的定位基准是十分重要的。机械加工的最初工序只能用工件毛坯上未经加工的表面作为定位基准，这种定位基准称为粗基准。用已经加工过的表面作为定位基准称为精基准。在制订模具加工工艺规程时，总是先考虑选择怎样的精基准定位把工件加工出来，再考虑选择怎样的粗基准定位把精基准的表面加工出来。

工件定位时，按照六点定位原理，要根据加工时对工件应限制的自由度个数来确定选用几个表面作为定位基准。如图 1-13 所示的支承块，为了获得尺寸 h_1，用铣刀加工顶面时，需要限制 Z 方向的移动自由度 Z、X 方向的旋转自由度 X 和 Y 方向的旋转自由度 Y，因此，选择 G 面定位即可。

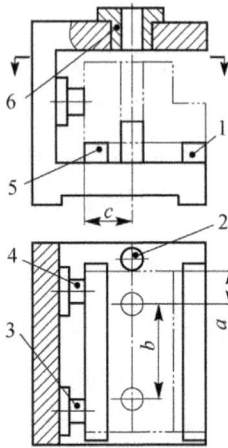

图 1-12 用专用夹具安装工件

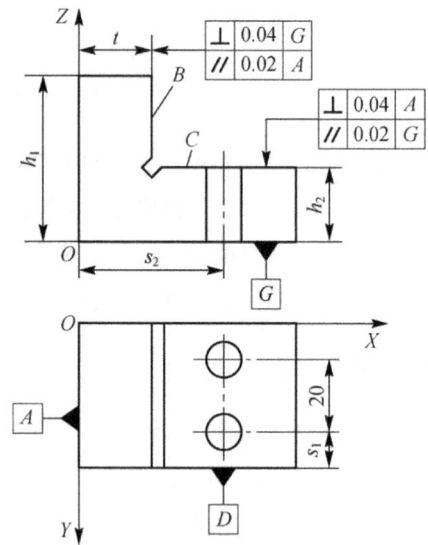

图 1-13 支承块

加工表面 B、C 时，为了获得尺寸 t 和 h_2，并保证加工表面 BC 与 A 面、G 面的垂直度和平行度满足要求，需要限制 $XZXY$ 和 Z 五个自由度，应该选择 A 面、G 面定位。

加工孔时，为了保证孔的位置尺寸 S_1、S_2、20mm 及孔与 G 面的垂直度要求，必须限制工件六个自由度，故应选择 A 面、G 面和 D 面定位。

如何正确地选择定位基准，在生产中已总结出一些规律。

1）粗基准的选择

粗基准选择的好坏，对以后各加工表面加工余量的分配以及工件加工表面和非加工表面间的相对位置均有很大的影响。因此，必须重视粗基准的选择。粗基准的选择有两个出发点：一是保证各加工表面有足够的加工余量；二是保证非加工表面的尺寸和位置符合图样要求。

粗基准的选择原则如下。

（1）具有非加工表面的工件，为保证加工表面与非加工表面间的相对位置，一般应选择非加工表面为粗基准。若工件有几个非加工表面，则粗基准应选位置精度要求较高的一个，以达到壁厚均匀、外形对称的要求。

如图 1-14 所示，零件外圆柱面为非加工表面，选择其作为粗基准加工孔和端面，加工后能够保证孔与外圆柱面间的壁厚均匀。

（2）如果必须优先保证工件某重要表面的加工余量均匀，应选择该表面作为粗基准。如图 1-15 所示为冲模下模座粗基准的选择。此时应该以下平面为粗基准，加工上平面与模座其他部位，这样可减少毛坯误差，使上、下平面基本平行，最后再以上平面为精基准加工下平面，这时下平面的加工余量就比较均匀，且较小。

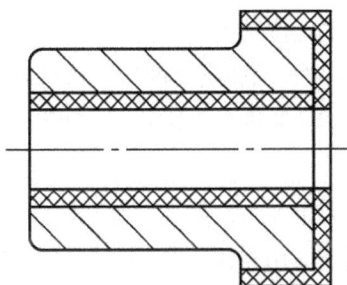

图 1-14 粗基准的选择

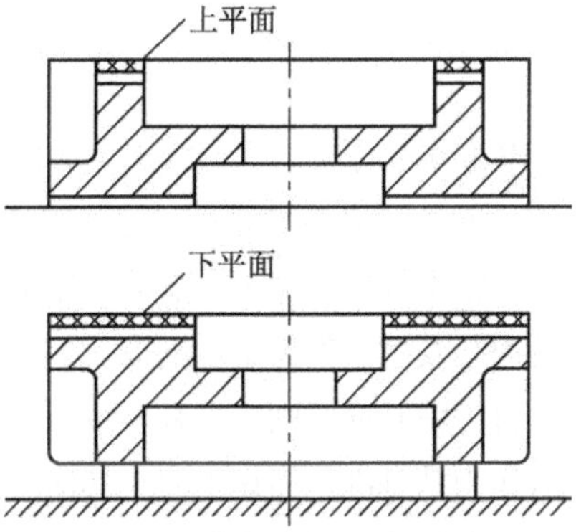

图 1-15 冲模下模座粗基准的选择

（2）具有较多加工表面的工件在选择粗基准时，应按下述原则合理分配各加工表面的加工余量。

①为保证各加工表面都有足够的加工余量，选择毛坯上加工余量最小的表面作为粗基准。

②若零件必须优先保证其重要表面加工余量均匀，则应选择该表面为粗基准。

③若有几个不加工表面，则粗基准应选择其中位置精度要求较高者。

（4）粗基准的表面应尽量平整，没有浇口、冒口或飞边及其他表面缺陷，以使工件定位可靠、夹紧方便。

（5）由于粗基准是毛坯表面，比较粗糙，不能保证重复安装的位置精度，定位误差很大，因而粗基准一般只使用一次。

2）精基准的选择

选择精基准时，主要应考虑减小定位误差和安装方便、准确。其选择原则如下。

（1）基准重合原则。选择加工表面的设计基准作为精基准，以避免因基准不重合引起基准不重合误差，容易保证加工精度。如图 1-16 所示，当加工表面 B、C 时，从基准重合的原则出发，应选择表面 A（设计基准）作为精基准。加工后，表面 B、C 相对表面 A 的平行度取决于机床的几何精度，尺寸精度误差则取决于机床—刀具—工件等工艺系统的一系列因素。

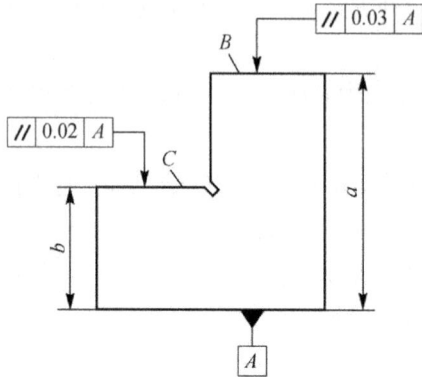

图 1-16 基准重合的工件示例

（2）基准统一原则。应选择多个表面加工时都能使用的定位基准作为精基准。这样便于保证各加工表面间的相对位置精度，避免基准变换所产生的误差，简化夹具的设计和制造工作。

例如，轴类零件的加工大多数工序都采用顶尖孔作为定位基准，齿轮的齿坯和齿形加工多采用齿轮的内孔及端面作为定位基准。

（3）自为精基准原则。当有些精加工或光整加工工序要求加工余量小而均匀时，应选择加工表面本身作为精基准，而该表面与其他表面之间的位置精度应用先行工序来保证。

例如，在导轨磨床上磨削导轨时，安装后应用百分表找正导轨表面本身，此时床脚仅起支承作用。因此，衍磨、铰孔及浮动镗孔等都是自为精基准的例子。

（4）互为精基准原则。当两个加工表面相互位置精度要求高，并且他们自身的尺寸与形状精度都要求很高时，可采用互为精基准原则。

3）辅助基准的原则

工件定位时，为了保证其加工表面的位置精度，多优先选择设计基准或装配基准作为定位基准，这些基准一般都是零件上的重要工作表面。但有些零件的加工，为了安装方便或易于实现基准统一，人为地制造一种定位基准。如图 1-17 所示，异形支撑架零件的工艺凸台 A 应和定位面 B 同时先加工出来，以使定位稳定可靠。辅助基准在零件工作中并无用途，完全是为了工艺上的需要，加工完毕后如有必要可以去掉辅助基准。

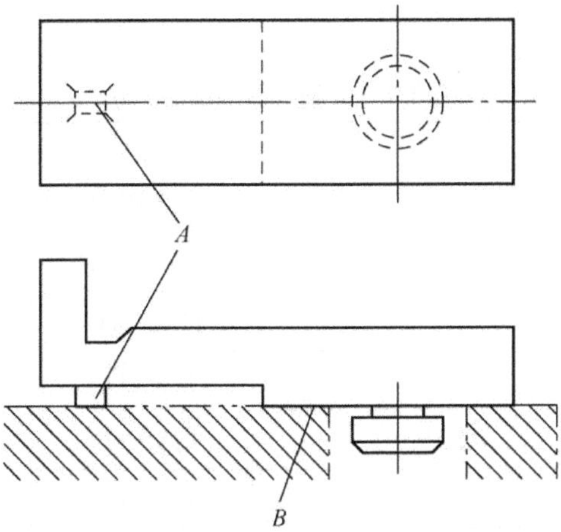

图 1-17 具有工艺凸台的异形支撑架零件

五、模具加工工艺路线的拟定

拟订模具零件加工工艺路线时，应在充分调查的基础上提出多种方案进行对比。因为模具加工路线不同，对加工质量、生产效率、劳动强度、设备投资、车间布置和生产成本均有影响。

拟订模具零件加工工艺路线就是制订模具加工工艺过程的总体布局，其主要任务是选择各个表面的加工方法和加工方案，确定各个表面的加工顺序以及整个模具加工工艺过程中的工序数目等。

在拟订模具零件加工工艺路线过程中，除合理选取定位基准外，还要考虑表面加工方法的选取，加工阶段划分、工序安排（集中还是分散）、加工顺序安排。

1. 表面加工方法的选取

明确了各加工表面的技术要求后，即可据此选择能够保证该要求的最终加工方法，并确定需要几个工步和各工步的加工方法。所选择的加工方法应满足零件的质量、加工经济性和生产效率的要求。同时还应考虑以下因素。

（1）首先要保证加工表面的加工精度和表面粗糙度的要求。例如，对于 IT7 精度的孔，一般不宜选择拉削和磨孔，而通常选择镗孔或铰孔，孔径大时选择镗孔，孔径小时选择铰孔。

（2）工件材料的性质对加工方法的选择也有影响。例如，淬火钢应采用磨削加工，有色金属零件一般都采用高速镗或精密车削进行精加工。

（3）工件的结构形状和尺寸大小的影响。例如，回转工件可以用车削或磨削等方法加工孔，而模板上的孔一般不宜采用车削或磨削，通常采用镗削或铰削加工。

（4）表面加工方法的选择还应考虑生产效率和经济性的要求。大批量生产时，应尽量采用高效率的先进工艺方法，如内孔和平面可采用拉削加工取代普通的铣、刨和镗孔方法。

（5）为了能够正确地选择加工方法，还要考虑本厂、本车间现有设备情况及技术条件。同时也应考虑不断改进现有方法和设备，推广新技术，提高工艺水平。

常见加工方法能达到的经济加工精度及经济表面粗糙度可查阅有关工艺手册，部分摘录见

表 1-7～1-9。

表 1-7　外圆柱面的加工方法

序号	加工方法	经济加工精度（公差等级表示）	经济表面粗糙度 $Ra/\mu m$	适用范围
1	粗车	IT13～IT11	50～12.5	适用于淬火钢以外的各种金属
2	粗车—半精车	IT10～IT8	6.3～3.2	
3	粗车—半精车—精车	IT8～IT7	3.2～1.6	
4	粗车—半精车—精车—滚压（或抛光）	IT8～IT7	0.2～0.025	
5	粗车—半精车—磨削	IT8～IT7	0.8～0.4	淬火钢、未淬火钢，不宜加工有色金属
6	粗车—半精车—粗磨—精磨	IT7～IT6	0.4～0.1	
7	粗车—半精车—粗磨—精磨—超精加工	IT5	0.1～0.012	
8	粗车—半精车—精车—精细车（金刚石车）	IT7～IT6	1.25～0.32	精度要求较高的有色金属
9	粗车—半精车—粗磨—精磨—研磨	IT6～IT5	0.16～0.08	加工精度要求极高的外圆
10	粗车—半精车—粗磨—精磨—超精磨（或镜面磨）	IT5 以上	<0.025	

表 1-8　平面的加工方法

序号	加工方法	经济加工精度（公差等级表示）	经济表面粗糙度 $Ra/\mu m$	适用范围
1	粗车	IT13～IT11	50～12.5	主要用于加工端面
2	粗车—半精车	IT10～IT8	6.3～3.2	
3	粗车—半精车—精车	IT8～IT7	1.6～0.8	
4	粗车—半精车—磨削	IT8～IT6	0.8～0.2	
5	粗刨（或粗铣）	IT13～IT11	25～6.3	通常不用于淬硬平面
6	粗刨（或粗铣）—精刨（或精铣）	IT10～IT8	6.3～1.6	
7	粗刨（或粗铣）—精刨（或精铣）—刮研	IT7～IT6	0.8～0.1	加工精度要求较高的不淬硬平面，批量较大时采用宽刃精刨方案
8	粗刨（或粗铣）—精刨（或精铣）—宽刃精刨	IT7	0.8～0.2	
9	粗刨（或粗铣）—精刨（或精铣）—磨削	IT7	0.8～0.2	加工精度要求高的淬硬平面或不淬硬平面
10	粗刨（或粗铣）—精刨（或精铣）—粗磨—精磨	IT7～IT6	0.4～0.025	
11	粗铣—拉	IT9～IT7	0.8～0.2	大量生产较小的平面
12	粗铣—精铣—磨削—研磨	IT5 以上	0.1～0.006	主要用于加工高精度平面

表 1-9　孔的加工方法

序号	加工方法	经济加工精度（公差等级表示）	经济表面粗糙度 $Ra/\mu m$	适用范围
1	钻	IT13～IT11	12.5	未淬火钢、铸铁的实心毛坯、有色金属、孔径小于15mm
2	钻—铰	IT10～IT8	6.3～1.6	
3	钻—粗铰—精铰	IT8～IT7	1.6～0.8	
4	钻—扩	IT11～IT10	12.5～6.3	未淬火钢、铸铁的实心毛坯、有色金属、孔径大于20mm
5	钻—扩—铰	IT9～IT8	3.2～1.6	
6	钻—扩—粗铰—精铰	IT7	1.6～0.8	
7	钻—扩—机铰—手铰	IT7～IT6	0.4～0.2	
8	钻—扩—铰	IT9～IT7	1.6～0.1	大批量生产
9	粗镗（扩）	IT13～IT11	12.5～6.3	除淬火钢外的各种材料，毛坯有铸孔或锻孔
10	粗镗（粗扩）—半精镗（精扩）	IT10～IT9	3.2～1.6	
11	粗镗（粗扩）—半精镗（精扩）—精镗（铰）	IT8～IT7	1.6～0.8	
12	粗镗（粗扩）—半精镗（精扩）—精镗—浮动镗刀精镗	IT7～IT6	0.8～0.4	
13	粗镗（扩）—半精镗—磨孔	IT8～IT7	0.8～0.2	淬火钢或未淬火钢，不宜加工有色金属
14	粗镗（扩）—半精镗—粗磨—精磨	IT7～IT6	0.2～0.1	
15	粗镗—半精镗—精镗—精细镗（金刚镗）	IT7～IT6	0.4～0.05	精度要求高的有色金属
16	钻（扩）—粗铰—精铰—衍磨，钻（扩）—拉—衍磨，粗镗—半精镗—精镗—衍磨	IT7～IT6	0.2～0.025	加工精度要求很高的孔
17	以研磨代替上述方法中的衍磨	c	0.1～0.006	

2. 加工阶段的划分

对于加工质量要求较高的模具零件，工艺过程应分阶段加工，这样才能保证模具零件的精度要求，充分利用人力资源和物力资源。模具加工工艺过程一般可分为以下几个阶段。

（1）粗加工阶段。粗加工阶段的主要任务是切除各表面上的大部分加工余量，使毛坯在形状和尺寸上尽量接近成品。因此，在此阶段应采取措施尽可能提高生产率。

（2）半精加工阶段。半精加工阶段的主要任务是使主要表面消除粗加工阶段留下的误差，达到一定的精度及留有精加工余量，为精加工做好准备，并完成一些次要表面（如钻孔、铣槽等）的加工。

（3）精加工阶段。精加工阶段主要任务是去除半精加工阶段所留的加工余量，使工件各主要表面达到图样要求的尺寸精度和表面粗糙度。

（4）光整加工阶段。对于精度和表面粗糙度要求很高（如精度等级为 IT6 级 IT7，表面粗糙度 $Ra<0.4mm$）的零件可采用光整加工。但光整加工一般不用于纠正几何形状和相互位置误差。

模具加工工艺过程分阶段的主要原因有以下几点。

（1）保证加工质量。工件粗加工时切除的金属较多，产生较大的切削力和切削热，同时也需要较大的夹紧力，而且加工后内应力要重新分布。在切削力和切削热的作用下，工件会发生较大的变形，如果不分阶段而进行连续粗、精加工，就无法避免上述原因引起的加工误差。工艺过程分阶段后，粗加工造成的加工误差通过半精加工和精加工即可得到纠正，以达到逐步提高零件的加工精度、降低零件的表面粗糙度、保证零件加工质量的目的。

（2）合理使用设备。模具加工工艺过程划分阶段后，粗加工可采用功率大、刚度高、精度低的高效率机床加工，以提高生产效率；精加工可采用高精度机床加工，以确保零件的精度要求。这样既充分发挥了设备的各自特点，又做到了设备的合理使用。

（3）便于安排热处理工序。对于一些精密零件，粗加工后安排去应力的时效处理，可减少内应力变形对精加工的影响。而半精加工后安排淬火，不仅容易满足模具零件的性能，而且淬火引起的变形也可以通过精加工予以消除。

此外，粗、精加工分开后，毛坯的缺陷（如气孔，砂眼和加工余量不足等）可在粗加工后及早发现，及时决定修补或报废，以免对报废的模具零件继续进行精加工，而浪费工时和产生其他制造费用。

在拟订模具加工工艺路线时，一般应遵循划分加工阶段这一原则，但具体运用时要灵活掌握，不能绝对化。例如，对于要求较高而刚性较好的零件，可不必划分加工阶段；对于一些刚性好的重要零件，由于装夹吊运很费工时，常不划分加工阶段，而在一次安装中完成表面的粗、精加工。

3. 工序集中与工序分散

对同一工件的同样加工内容，可以安排两种不同形式的工艺规程：一种是工序集中的工艺规程，另一种是工序分散的工艺规程。所谓工序集中，是使每个工序中包括尽可能多的工步内容，使总的工序数目减少，使夹具的数目和工件的安装次数也相应减少。所谓工序分散，是将工艺路线中的工步内容分散在更多的工序中去完成，使每道工序的工步减少，工艺路线增长。

1）工序集中的特点

（1）有利于采用高生产率的专用设备和工艺装备，可大大提高劳动生产率。

（2）减少了工序数目、缩短工艺路线。

（3）减少了设备数量，减少了操作工人和生产面积。

（4）减少了工件安装次数，保证了零件精度。

（5）专用设备和工艺装备较复杂，生产准备工作和投资比较大，转换新产品比较困难。

2）工序分散的特点

（1）设备与工艺装备比较简单，调整方便，生产工人便于掌握，容易适应产品的变换。

（2）可以采用最合理的切削用量，减少机动时间。

（3）设备数目较多，操作工人多，生产面积大。

拟定工艺路线时，工序集中与工序分散的程度，即工序数目的多少，要取决于生产规模和零件的结构特点及技术要求。小批量生产时，多将工序适当集中，使各通用机床完成更多的表面加工，以减少工序的数目。大批量时，即可采用多刀、多轴等高效机床将工序集中，也可将工序分散后组织流水生产。

另外，对于重型模具的大型零件，为了减少工件装卸和运输的劳动量，工序应适当集中；对于刚性差且精度高的精密零件，工序则适当分散。

4. 加工顺序的安排

1）机械加工顺序的安排

安排机械加工顺序时，应考虑以下几个原则。

（1）先粗后精。当模具零件需要分阶段进行加工时，先安排各表面的粗加工，中间安排半精加工，最后安排主要表面的精加工和光整加工。次要表面的精度要求不高，一般经粗，半精加工后即可完成。

（2）先主后次。模具零件上的装配基准面和主要表面等先安排加工。而键槽、紧固用的光孔和螺孔等，由于加工面小，又和主要表面有相互位置要求，一般应安排在主要表面达到一定精度后（如半精加工后）进行加工，但应在最后精加工前进行加工。

（3）基准面先加工。每一加工阶段总是应先安排基准面加工。例如，轴类零件的加工中采用中心孔作为统一基准，因此，每个加工阶段开始总是先打中心孔，以其作为精基准，并使其具有足够的精度和表面粗糙度（常高于图样上的要求）。如果精基准面不止一个，则应按照基准面转换的次序和逐步提高精度的原则安排加工。例如，精密轴套类零件的外圆和内孔互为基准，应反复进行加工。

（4）先面后孔。对于模座、凸凹模固定板、型腔固定板、推板等一般模具零件，因其平面所占轮廓尺寸较大，用平面定位比较稳定可靠。因此，其工艺过程总是选择平面作为定位精基准面，先加工平面再加工孔。

2）热处理工序的安排

模具零件常采用的热处理工艺有退火、正火、调质、时效、淬火、回火、渗碳和氮化等。按照热处理的目的，上述热处理工艺大致分为预备热处理和最终热处理两大类。

（1）预备热处理。预备热处理包括退火、正火、调质和时效处理等。这里热处理目的是改善工件的加工性能，消除内应力，改善金相组织，为最终热处理做好准备。退火和正火一般安排在毛坯制造后、机械加工前进行；调质处理一般安排在粗加工后、半精加工前进行；时效处理用于消除毛坯制造和机械加工中产生的内应力。

（2）最终热处理。最终热处理包括淬火、渗碳淬火、渗氮处理、硬质化合物涂覆等。最终热处理目的是提高零件的力学性能；通常安排在精加工阶段前后进行。对于中碳钢零件，一般通过淬火提高其硬度；对于低碳钢零件，可通过渗碳淬火来提高其表面硬度和耐磨性，并使其芯部仍保持较高的强度、韧性和塑性；将硬质化合物涂覆技术应用到模具制造中，成为提高模具寿命的有效方法之一。

3）辅助工序的安排

辅助工序包括工件的检验、去毛刺、清洗和涂防锈油等。其中，检验工序是主要的辅助工序，它对保证零件质量有着极为重要的作用。检验工序的安排应遵循以下原则。

（1）粗加工全部结束后，精加工开始之前。

（2）零件从一个车间转向另一个车间前后。

（3）重要工序加工前后。

（4）特种性能检验（磁力探伤、密封性检验等）前。

（5）零件加工完毕，进入装配和成品库时。

六、确定加工余量与工序尺寸

1. 加工余量与工序尺寸的基本概念

零件在机械加工工艺过程中，各个加工表面本身的尺寸及各个加工表面相互的距离尺寸和位置关系在每一道工序中是不相同的，他们随着工艺过程的进行而不断改变，一直到工艺过程结束，以达到图样上所规定的要求。在工艺过程中，某工序加工应达到的尺寸称为工序尺寸。

工艺路线拟定之后，在进一步安排各个工序的具体内容时，应正确地确定工序尺寸。工序尺寸的确定与工序加工余量有着密切的关系。加工余量是指加工过程中从加工表面切去的金属层厚度。加工余量可分为工序加工余量和总加工余量。

1）工序加工余量

工序加工余量是指某一表面在一道工序中所切除的金属层厚度，它取决于同一表面相邻工序前后工序尺寸之差。工序加工余量分为单边余量和双边余量。如平面加工的工序加工余量属于单边加工余量，它等于实际切除的金属层厚度，如图 1-18 所示。

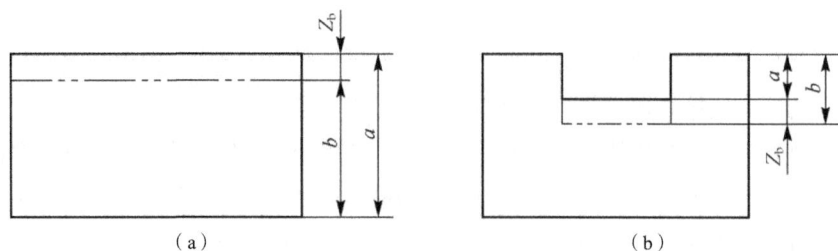

图 1-18　平面加工的加工余量

（a）外表面；（b）内表面

对于外表面，见图 1-18（a），有 $Z_b = a - b$

对于内表面，见图 1-18（b），有 $Z_b = b - a$

式中，Z_b 为本道工序的工序加工余量（mm）；a 为上道工序的工序尺寸（mm）；b 为本道工序的工序尺寸（mm）。

而对于轴和孔的回转面加工，其工序加工余量和双边加工余量，实际切除的金属层厚度为双边加工余量的一半，如图 1-19 所示。

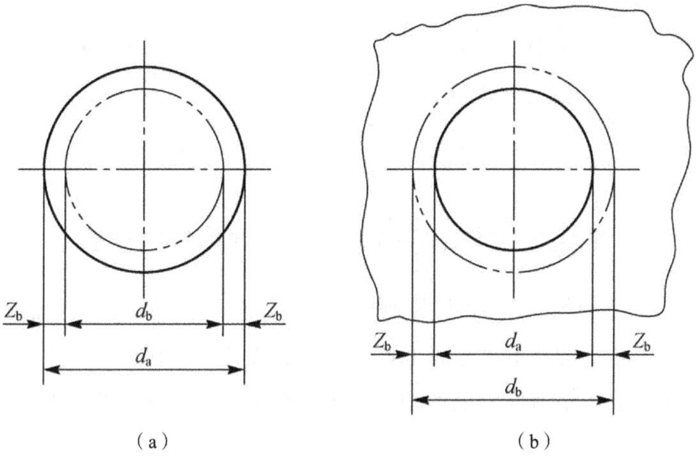

图 1-19 回转面的加工余量

（a）轴类；（b）孔类

对于轴类，见图 1-19（a），有 $2Z_b = d_a - d_b$

对于孔类，见图 1-19（b），有 $2Z_b = d_b - d_a$

式中，Z_b 为本道工序的工序加工余量（mm）；d_a 为上道工序的工序尺寸（mm）；d_b 为本道工序的工序尺寸（mm）。

2）总加工余量

总加工余量（毛坯余量）是指毛坯尺寸与零件图样的设计尺寸之差。其值等于各工序加工余量的总和，即

$$Z_{总} = \sum_{i=1}^{n} Z_i$$

式中，$Z_{总}$ 为总加工余量（mm）；Z_i 为第 n 道工序加工余量（mm）；n 为总共加工的工序数。

由于工序尺寸都有公差，所以工序加工余量也必然在某一公差范围内变化，其公差大小等于本道工序的工序尺寸公差与上道工序的工序尺寸公差之和。因此，如图 1-20 所示，工序加工余量有标称余量（简化为余量 Z_b）、最大余量 Z_{max} 和最小余量 Z_{min} 之分。

工序加工余量公式可表示为：

$$T_z = Z_{max} - Z_{min} = T_b + T_a$$

式中，T_z 为工序加工余量公差（mm）；Z_b 为本道工序的工序尺寸公差（mm）；Z_b 为上道工序的工序尺寸公差（mm）；Z_{max} 为最大余量（mm），Z_{min} 为最小余量（mm）。

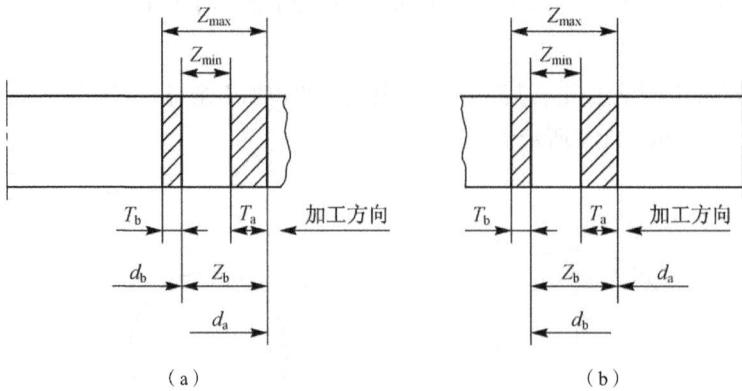

（a）　　　　　　　　　　　（b）

图 1-20　被包容件的工序加工余量和工序尺寸公差

一般情况下，工序尺寸公差按"入体原则"标注，即被包容件的尺寸（轴的外径，实体的长、宽、高）的最大加工尺寸就是基本尺寸，上偏差为零；而包容件的尺寸（孔径、槽宽）的最小加工尺寸就是基本尺寸，下偏差为零。毛坯的尺寸公差按双向对称偏差形式标注。

2. 影响加工余量的因素

影响加工余量的因素包括以下几种。

（1）上道工序的表面粗糙度 Ra 和表面缺陷层深度 Da。为了保证加工质量，本道工序必须将上道工序留下的表面粗糙度，以及由于切削加工而在表面留下的一层组织已遭破坏的塑性变形层全部切除，如图 1-21（a）所示。

（2）工件各表面相互位置的空间误差 ρ_a。工件有些形状误差和位置误差不包括在尺寸公差的范围内，但这些误差又必须在本道工序的加工中纠正，即在本道工序的工序加工余量中必须包括它。如图 1-21（b）所示的轴类零件，由于上道工序轴线有直线度误差 w，本道工序的工序加工余量必须相应增加 $2w$。

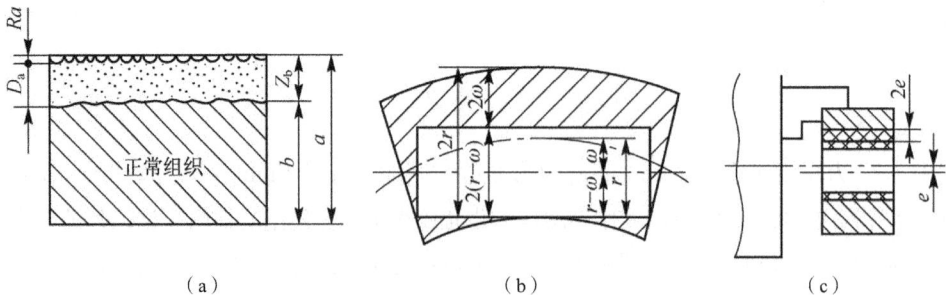

（a）　　　　　　　　（b）　　　　　　　　（c）

图 1-21　影响加工余量的因素

（3）本道工序的装夹误差 ε_b。装夹误差包括定位误差、夹紧变形误差、夹具本身误差等，使工件加工时位置发生偏移，本道工序的工序加工余量应考虑这些误差影响。如图 1-21（c）所示，用三爪自动定心卡盘夹持工件外圆加工时，若工件轴线偏移机床主轴旋转轴线一个 e 值，造成内孔切削余量不均匀，为使上道工序的各项误差和缺陷在本道工序内切除，应将孔的工序加工余量增大 $2e$。

（4）上道工序的工序尺寸公差 T_a。由于有工序尺寸公差，上道工序的实际工序尺寸有可能出现最大极限尺寸或最小极限尺寸。为了使上道工序的实际工序尺寸在极限尺寸的情况下，本道工序应切除上道工序尺寸公差中包含的各种误差。

通过以上分析，可得到本道工序的工序加工余量的计算公式。

对于单边加工余量：$Z_b = T_a + R_a + D_a + |\rho_a + \varepsilon_b|$

对于双边加工余量：$Z_b \geqslant T_a/2 + R_a + D_a + |\rho_a + \varepsilon_b|$

其中，ρ_a 与 ε_b 是有方向的。它们的合成应为向量和，然后取绝对值。

3. 确定加工余量

加工余量的大小对零件加工质量和生产率及经济性均有较大的影响。加工余量过大，将增加金属材料、动力、刀具和劳动量的消耗，使切削力增加而引起工件较大的变形；反之，加工余量过小，则不能保证零件的加工质量。确定加工余量的基本原则是在保证加工质量的前提下尽量减小加工余量。

1）分析计算法

分析计算法是依据一定的实验资料和计算公式，对影响加工余量的各项因素进行分析和综合计算来确定加工余量的方法。这种方法确定的加工余量比较合理，但需要积累比较全面的资料。

2）经验估算法

经验估算法是根据工艺人员的经验确定加工余量的方法，这种方法不够准确。为了防止加工余量不够而产生废品，所估计的加工余量一般偏大。此方法常用于单件、小批量生产。

3）查表修正法

查表修正法是通过查阅相关加工余量的手册来确定的，其应用比较广泛。在查表时应注意表中的数据是公称值。对称表面（如轴或孔）的加工余量是双边的，非对称表面的加工余量是单边的。

4. 确定工序尺寸与工序尺寸公差

在零件的机械加工工艺过程中，各工序的工序尺寸及工序余量在不断地变化，其中一些工序尺寸在零件图上往往不标注或不存在，需要在制订工艺过程时予以确定。而这些不断变化的工序尺寸之间存在着一定的联系，需要用工艺尺寸链原理去分析它们的内在联系，以掌握他们的变化规律，正确地计算出各工序的工序尺寸。

尺寸链是互相联系且按照一定顺序排列的封闭尺寸组，而工艺尺寸链是在零件加工过程中的各有关工艺尺寸所形成的封闭尺寸组。工艺尺寸链的计算方法有两种：极值法和概率法。

绝大部分加工表面都是在基准重合的情况下进行加工的。因此，掌握基准重合情况下的工序尺寸与工序尺寸公差的确定过程非常重要，具体步骤如下。

（1）确定各加工工序余量。

（2）从终加工工序开始（即从设计尺寸开始）到第二道加工工序，依次加上每道加工工序余量，可分别得到各工序的基本尺寸（包括毛坯尺寸）。

（3）除终加工工序外，其他各加工工序按各自所采用加工方法的经济加工精度确定工序尺寸公差（终加工工序的公差按设计要求确定）。

（4）填写工序尺寸，并按"入体原则"标注工序尺寸公差。

例 1-2 如图 1-22 所示圆凹模上 $\phi 28$ mm 孔，经扩孔—半精车—精车—热处理—磨孔达到设计要求，淬火硬度为 58～62HRC，Ra 为 0.8μm。试确定各工序尺寸及偏差。

解： 根据计算步骤，计算工序尺寸及偏差

表 1-10　工序尺寸及偏差

工序名称	工序余量	工序基本尺寸	经济精度等级	表面经济粗糙度 Ra/μm	工序尺寸及偏差
磨孔	0.4	28	H7	0.8	$\phi 28_0^{0.02}$
精车	1	28 – 0.4 = 27.6	H8	1.6	$\phi 27.6_0^{0.033}$
半精车	1.8	27.6 – 1 = 26.6	H10	3.2	$\phi 26.6_0^{0.084}$
扩孔	2.8	26.6 – 1.8 = 24.8	H12	12.5	$\phi 24.8_0^{0.21}$
毛坯		24.8 – 2.8 = 22	±1.2		$\phi 22 \pm 1.2$

图 1-22　圆凹模

例 1-3 某型芯的直径为 50mm，其经济加工精度为 IT5，表面粗糙度为 Ra0.04mm，现要求以高频淬火，且以毛坯为锻造件。其工艺路线为粗车—半精车—高频淬火—粗磨—精磨—研磨。试确定各工序与锻造毛坯的工序尺寸及公差。

解：（1）通过查表法确定加工余量。由《机械加工工艺手册》查表得：研磨余量为 0.01mm，精磨余量为 0.1mm，粗磨余量为 0.3mm，半精车余量为 1.1mm，粗车余量为 4.5mm。从而得到加工余量为 6.01mm，圆整数加工总余量为 6mm，相应地把粗车余量修正为 4.49mm。

（2）计算各工序的基本尺寸，已知研磨后工序的基本尺寸为 50mm（设计尺寸），则其他各工序的基本尺寸依次为：

精磨：50mm+0.01mm=50.01mm

粗磨：50.01mm+0.1mm=50.11mm

半精车：50.11mm+0.3mm=50.41mm

粗车：50.41mm+1.1mm=51.51mm

毛坯：51.51mm+4.49mm=56mm

（3）确定各工序的经济加工精度和表面粗糙度，由《机械加工工艺手册》查得：研磨后为

IT5、$Ra0.04\mu m$（设计要求），精磨后为 IT6、$Ra0.16\mu m$，粗磨后为 IT8、$Ra1.25\mu m$，半精车后为 IT11、$Ra2.5\mu m$，粗车后为 IT13、$Ra16\mu m$。

（4）工序尺寸公差的确定与标注。根据上述经济加工精度查标准公差数值表，将查得公差数值按"入体原则"标注工序尺寸公差。查《机械加工工艺手册》可得锻造毛坯的工序尺寸公差为 $\pm 2mm$。

七、加工设备与工艺装备的选择

在拟订工艺路线的过程中，设备与工艺装备的选择也是很重要的，它对保证零件的加工质量和提高生产率有着直接的作用。

1. 机床的选择

在选择机床时，应注意以下几点。

（1）机床规格应与工件的外形尺寸相适应，即大件用大机床，小件用小机床，做到机床合理使用。

（2）机床精度应与工件加工精度要求相适应。对于高精度零件的加工，在缺乏精密设备时，可通过设备改造和利用夹具来加工。

（3）机床的生产效率应与工件的生产类型相适应。单件、小批量生产选择通用机床，大批量生产选择高生产率的专用机床。

（4）与现有条件相适应。例如，机床的类型、规格、精度状况、机床负荷的平衡状况，以及机床的分布排列情况等。

2. 夹具的选择

在单件小批生产应尽量选择通用夹具（或组合夹具），如标准卡盘、平口钳、转台等；大批量生产的情况下，应广泛使用专用夹具，在工艺规程中应提出设计专用夹具的要求。

3. 刀具的选择

刀具的选择主要取决于所确定的加工方法、工件材料、所要求的加工精度、生产率和经济性、机床类型等。原则上应尽量采用标准刀具，必要时可采用各种高生产率的复合刀具和专用刀具。刀具的类型、规格以及精度等级应与加工要求相适应。

4. 量具的选择

量具的选择主要根据检验要求的精确度和生产类型来决定。所选用量具能达到的准确度应与零件的精度要求相适应。单件小批生产广泛采用通用量具，大批量生产则采用极限量规及高生产率的检验仪器。

八、切削用量与时间定额的确定

1. 确定切削用量

正确选择切削用量，对保证加工质量、提高生产率和降低刀具的消耗等有重要意义。如在大批量生产中，特别是在流水线或自动线上必须合理地确定每一工序的切削用量。在单件小批生产的情况下，在工艺文件上一般不规定切削用量，而由工作者根据实际情况自行决定。

2. 确定时间定额

时间定额（工时定额）是在一定的生产条件下，规定生产一件产品或完成一道工序所需消耗的时间，符号为 t_t，单位为 h。时间定额是安排生产计划，进行成本核算的主要依据，也是设计、扩建工厂或车间时计算设备和工人数量的依据，合理的时间定额能调动生产者的生产积极性，促进生产者技术水平的提高。完成零件一道工序的时间定额称为单件时间。

1）时间定额的组成

时间定额的组成包括以下几种。

（1）基本时间 t_m。基本时间是直接改变生产对象的尺寸、形状、相对位置、表面状态或材料性质等工艺过程所消耗的时间。对机械加工而言，它就是切除工件上的加工余量所消耗的时间（包括刀具切入、切出的时间）。时间定额中的基本时间可以根据切削用量和行程长度来计算。

（2）辅助时间 t_a。辅助时间是为了实现工艺过程所必须进行的各种辅助动作（如装卸工件、开停机床、选择和改变切削用量、测量工件等）所消耗的时间。

基本时间与辅助时间之和称为操作时间。它是直接用于制造产品或零件所消耗的时间。

（3）布置工作地时间 t_s。布置工作地时间是为使加工正常进行，工作人员照管工作地（更换刀具、润滑机床、清理切屑、收拾工具）所消耗的时间。它以百分率 α 表示，一般按操作时间的 2%～7%计算。

（4）休息与生理时间 t_r。休息与生理需要时间是工作人员在工作班内为恢复体力和满足生理上的需要所消耗的时间。它以百分率 β 表示，一般按操作时间的 2%～4%计算。

（5）准备与终结时间 t_e。准备与终结时间是工作人员为了生产一批产品进行准备和结束工作（如熟悉工艺文件、领取毛坯、安置工装和归还工装、送交成品等）所消耗的时间。它对一批工件而言只消耗一次，如每批工件数（批量）计为 n，则分摊到每个工件上的准备与终结时间为 t_e/n。

单件或成批生产的单件时间定额的计算公式为：

$$t_t = t_m + t_a + t_s + t_r + t_e/n$$
$$或 \quad t_t = (t_m + t_a)(1 + \alpha + \beta) + t_e/n$$

在大批量生产中，由于工件数 n 的数值很大，即 $t_e/n = 0$，因而可忽略不计，则单件时间定额的计算公式为 $t_t = (t_m + t_a)(1 + \alpha + \beta)$。

2）确定时间定额的方法

科学合理的时间定额能够调动工人的积极性，促进工人不断提高技术水平，从而达到提高产品质量和劳动生产率，降低生产成本的目的。常用的确定时间定额的方法如下。

（1）由工时定额、工艺人员和工人相结合，在总结过去经验基础上，参考有关资料估算确定。

（2）以同类产品的时间定额为依据，进行对比分析后推算确定。

（3）通过对实际操作时间的测定和分析确定。

需要注意的是，随着企业生产技术条件的改善和技术的发展，时间定额应定期进行修改，以保持其先进水平，使其起到不断促进生产发展的作用。模具生产属于单件、小批量生产，时间定额一般都用经验估算法来确定。

任务实施

图（1-1）所示滑动导套零件精度要求较高的地方分别为：$\phi 30_0^{+0.025}$ 和 $\phi 45_{+0.034}^{+0.05}$ 尺寸和形状精度、内外工作面同轴度、表粗糙度。外圆 $\phi 45_{+0.034}^{+0.05}$ 尺寸与安装导套的模板采用 H7/r6 过盈配合，表面粗糙度为 $Ra1.6\mu m$；内圆孔尺寸 $\phi 30_0^{+0.025}$ 与导套内孔采用 H7/h6 间隙配合，表面粗糙度为 $Ra0.2\mu m$；以内圆孔尺寸 $\phi 30_0^{+0.025}$ 为基准 A，外圆尺寸 $\phi 45_{+0.034}^{+0.05}$ 需要与基准 A 保证同轴度误差为 0.003mm。

根据导套零件的结构特点与精度要求，导套零件加工分别需要采用车削、外圆磨削、研磨等工艺。导柱零件的加工工艺过程卡见表 1-11。

表 1-11 滑动导套零件加工工艺过程卡

加工工艺过程卡		零件名称	滑动导套	材料	20 钢
		零件图号	DZ-01	数量	1
序号	工序名称	工序（工步）内容		工时	检验
1	备料	备 $\phi 52$mm×108mm 的 20 钢圆棒料			
2	车	车端面并钻镗内孔，车外圆，$\phi 45$r6 外圆面及 $\phi 30$H7 内孔留磨削余量 0.4mm，其余达设计尺寸			
3	检验				
4	热处理	表面渗碳，渗碳层厚度达到 1.2—2.0mm，淬火至 58—62HRC			
5	外圆磨	用万能外圆磨床一次装夹磨 $\phi 45$外圆，内孔留研磨余量 0.01mm			
6	研磨	研磨 $\phi 30$ 内孔达设计要求，抛光圆角			
7	检验				

课后拓展练习

1. 试编制如图 1-23 所示滑动导柱零件的加工工艺过程卡。已知零件材料为 20 钢，淬火 58～

62HRC，表面渗碳 0.8～1.2mm。

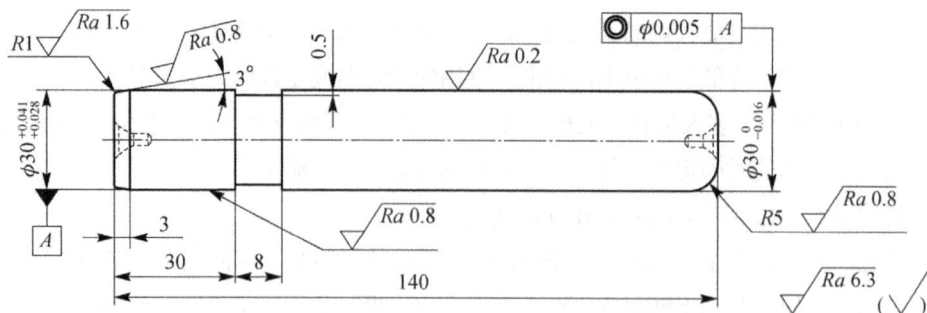

图 1-23　滑动导柱零件

2. 如图 1-24 所示导套，材料是 T10A 钢，生产数量是 40 件。要求制订其机械加工工艺过程卡。

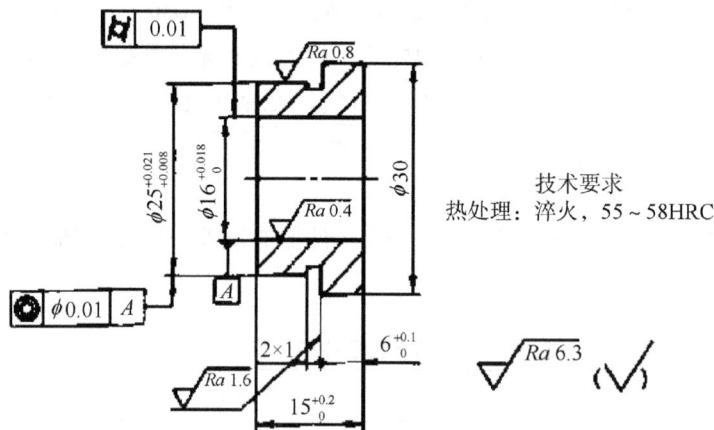

图 1-24　滑套

任务二　模具零件机械加工精度分析

精度的概念与意识是模具设计人员必须建立的基本概念和意识。模具精度包括模具整体组合和零部件的位置与形状尺寸精度、配合精度、定位精度。例如，模具导向零件导柱、导套的尺寸及形位公差，冲模的冲裁间隙值及其均匀性，塑料注射模、压铸模的合模定位与导向精度等，均需要由凸模和凹模的形状、位置精度、导向装置的位置与配合精度保证。因此，在模具设计时需要进行严格的尺寸精度设计与计算。

任务描述

对如图 1-25 所示滑动导柱进行加工精度分析

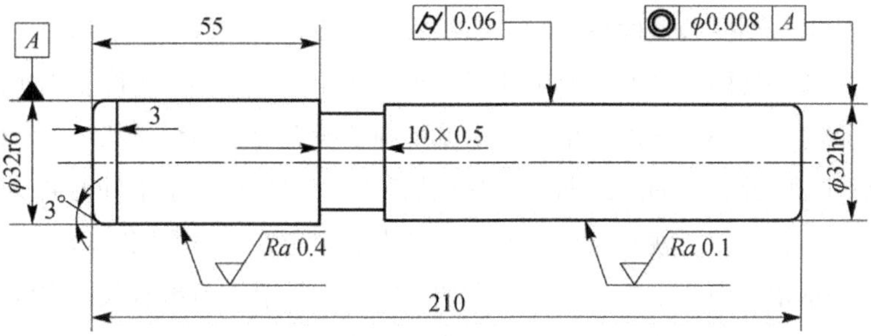

图 1-25 滑动导柱

相关知识链接

一、模具机械加工精度基本知识

模具的制造精度主要体现在模具零件的精度和相关部位的配合精度。模具零件的加工质量是保证模具所加工产品质量的基础。模具零件的机械加工质量包括模具零件的机械加工精度和加工表面质量两大方面。下面主要介绍模具零件的机械加工精度。

机械加工精度是指零件加工后的实际几何参数与理想几何参数的符合程度。其符合程度越高，加工精度就越高。在机械加工过程中，往往由于各种因素的影响，加工出来的零件不可能与理想的要求完全一致。

模具零件的机械加工精度包含尺寸精度、形状精度和位置精度，这三者之间是有联系的。通常形状公差应限制在位置公差之内，而位置公差一般也应限制在尺寸公差之内。当尺寸精度要求较高时，相应的形状精度、位置精度也应该提高要求，但形状精度要求较高时，相应的尺寸精度和位置精度有时不一定要求高，这要根据模具零件的功能要求来决定。

一般情况下，模具零件的加工精度越高，加工成本就越高，生产效率就越低。因此，设计人员应根据模具零件的使用要求合理地规定其加工精度。

在机械加工中，模具零件的尺寸、几何形状和表面相对位置的形成取决于工件和刀具在切削过程中相互位置的关系，工具和刀具安装在夹具和机床上，并受到夹具和机床的约束。因此，在机械加工时，机床、夹具、刀具和工件就构成了一个完整的系统，称为工艺系统，加工精度问题也就牵涉到整个工艺系统的精度问题。工艺系统中的种种误差，在不同的具体条件下，以不同的程度和方式反映为加工误差。工艺系统的误差是"因"，是根源，加工误差是"果"，是表现。因此，把工艺系统的误差称为原始误差。

一般模的精度应与产品制件的精度相协调，同时也受到模具加工技术手段的制约。

二、影响模具机械加工精度的因素

1. 工艺系统的几何误差对加工精度的影响

1）加工原理误差

加工原理误差是指采用了近似的成型运动或近似的刀刃轮廓进行加工而产生的误差。例如，在三坐标数控机床上铣削复杂型面零件时，通常要用球头采用"行切法"加工。由于数控铣床一般只具有空间直线插补功能，因而即便是加工一条平面曲线，也必须用许多很短的折线段去逼近它。当刀具连续地将这些小线段加工出来，也就得到了所需要的曲线形状。逼近的精度可由每根线段的长度来控制。因此，在曲线或曲面的数控加工中，刀具相对于工件的成型运动是近似的。

又如滚齿用的齿轮滚刀，就有两种误差：一是为了制造方便，采用阿基米德蜗杆或法向直廓蜗杆代替渐开线基本蜗杆而产生的刀刃轮廓误差；二是由于滚齿刀齿有限，实际上加工出的齿形是一条由微小折线段组成的曲线，和理论上的光滑渐开线有差异，从而产生加工原理误差。

采用近似的成型运动或近似的刀具轮廓，虽然会带来加工原理误差，但往往可简化机床结构或刀具形式，或可提高生产效率，且能得到满足要求的加工精度。因此，只要其误差不超过规定的精度要求，在生产中仍然得到广泛的应用。

2）调整误差

在机械加工的每一道工序中，总是要对工艺系统进行这样或那样的调整。由于调整不可能绝对准确，因而产生调整误差。

通常工艺系统的调整有两种基本方法，即试切法和调整法。不同的调整方式有不同的误差来源。

3）机床误差

引起机床误差的原因是机床的制造误差、安装误差和磨损。机床误差的原因很多，但对工件加工精度影响较大的主要有机床导轨导向误差和机床主轴的回转误差。

4）夹具的制造误差与磨损

夹具的制造误差主要包括定位元件、刀具导向元件、分度机构、夹具体等的制造误差，夹具装配后各种元件工作面间的相对尺寸误差，以及夹具在使用过程中工作表面的磨损。

夹具的制造误差将直接影响工件加工表面的尺寸精度或位置精度。一般来说，夹具的制造误差对加工表面的位置误差影响最大。在设计夹具时，凡影响工件精度的尺寸应该严格控制其制造误差，精加工用夹具的尺寸公差一般可取工件相应尺寸公差或位置公差的 1/3～1/2，粗加工用夹具的尺寸公差一般可取工件相应尺寸公差或位置公差的 1/10～1/5。

5）刀具的制造误差与磨损

刀具的制造误差对加工精度的影响根据刀具的种类、材料等不同而异。

（1）采用定尺寸刀具（如钻头、铰刀、键槽铣刀、镗刀块或圆拉刀等）加工时，刀具的尺寸精度直接影响工件的尺寸精度。

（2）采用成型刀具（如成型车刀、成型铣刀、成型砂轮等）加工时，刀具的形状精度直接影响工件的形状精度。

（3）展成刀具（齿轮滚刀、花键滚刀、插齿刀等）的刀刃形状必须是加工的加工表面的共轭曲线。因此，其刀刃的形状误差会影响加工表面的形状精度。

（4）对于一般刀具（如车刀、铣刀、镗刀），其制造精度与加工精度无直接影响，但这类刀具的耐用度较低，刀具容易磨损。

任何刀具在使用过程中都不可避免地要产生磨损，并由此引起工件尺寸和形状误差。刀具的尺寸磨损是指刀刃在加工表面的法线方向（即误差敏感方向）上的磨损量，它直接反映出刀具磨损对加工精度的影响。

2. 工艺系统受力变形引起的加工误差

切削加工时，工艺系统在切削力、夹紧力以及重力等作用下，将产生相应的变形，使刀具和工件在静态下调整好的相互位置，以及切削成型运动所需要的正确几何关系发生变化，从而造成加工误差。

工艺系统受力变形是加工中的一项很重要的原始误差。事实上，它不仅严重地影响工件加工精度，而且还影响加工表面质量、限制加工生产率的提高。

工艺系统受力变形通常是弹性变形。一般来说，工艺系统抵抗弹性变形的能力越强，则加工精度越高。工艺系统抵抗变形的能力用刚度来描述。所谓工艺系统刚度，是指工件加工表面切削力的法向分力与刀具相对工件在该力的方向上非进给位移的比值。

1）工艺系统刚度对加工精度的影响

工艺系统刚度对加工精度的影响包括以下几点。

（1）切削力作用点的位置变化引起的形状误差。切削过程中，工艺系统的刚度会随着切削力作用点位置的变化而变化，这使得工艺系统受力变形也随之变化，引起工件形状误差。

（2）切削力大小的变化引起的加工误差。例如，在车床上加工短轴，这时如果毛坯形状误差较大或材料硬度很不均匀，工件加工时切削力的大小就会有较大的变化，工艺系统的变形也就会随切削力大小的变化而变化，因而引起工件加工困难。

分析可知，当工件毛坯有形状误差或相互位置误差时，加工后仍然会有同一类的加工误差出现。在成批量生产中用调整法加工一批工件时，如毛坯尺寸不一，那么加工后这批工件仍然有尺寸不一的误差，这一现象称为误差复映。如果一批毛坯材料硬度不均匀，差别很大，就会使工件的尺寸分散范围扩大，甚至超差。

（3）夹紧力引起的加工误差。工件在装夹时，由于工件刚度较低或夹紧力着力点不当，会使工件产生相应的变形，造成加工误差。

（4）机床传动力和惯性力引起的加工误差。机床传动力和惯性力引起的加工误差，主要体现在以下几个方面。

机床传动力引起的加工误差。机床传动力引起的加工误差主要取决于传动件作用于被传动件上的力学分析情况。当存在使工件及定位件产生变形的力时，刀具相对于工件发生误差位移，从而引起加工误差。

惯性力引起的加工误差。当高速切削时，如果工艺系统中有不平衡的高速旋转构件存在，就会产生离心力。它和传动力一样，在工件的每一转中不断变更方向，使工件几何轴线摆动而引起加工误差。周期性变化的惯性力还常引起工艺系统的强迫振动。因此，机械加工中若遇到这种情况，可采用对重平衡的方法来消除这种影响。

2）工艺系统受力变形对加工精度的影响

减小工艺系统受力变形是保证加工精度的有效途径之一。在生产实际中，常从三个主要方面采取措施来予以解决：一是提高工艺系统的刚度，二是减小载荷及其变化，三是减小工件残余应力引起的变形。

（1）提高工艺系统的刚度。要提高工艺系统的刚度应考虑以下几点。

①采用合理的结构设计。

②提高连接表面的接触刚度。

③采用合理的装夹和加工方式。

（2）减小载荷及其变化。采取适当的工艺措施，如选取合理的刀具参数和切削用量以减小切削力，就可以减小受力变形。

（3）减小工件残余应力引起的变形。残余应力也称为内应力，是指在没有外力作用下或去除外力后工件内存留的应力。具有残余应力的工件处于一种不稳定的状态，工件将会不断缓慢地翘曲变形，原有的加工精度会逐渐丧失。

残余应力是由于金属内部相邻组织发生了不均匀的体积变化而产生的。促成这种变化的因素主要来自冷、热加工。

要减小残余应力，一般可采取下列措施。

增加消除残余应力的热处理工序，如对铸件、锻件、焊接件进行退火或回火；零件淬火后进行回火；对精度要求较高的零件，如床身、丝杆、箱体、精密主轴等，在粗加工后进行时效处理。

合理安排工艺过程，如粗、精加工在不同的工序中进行，使粗加工后有一定时间让残余应力重新分布，以减少对精加工的影响。

改善零件结构，提高零件刚性，使零件壁厚均匀等，均可减少残余应力的产生。

3. 工艺系统的热变形对加工精度的影响

在机械加工过程中，工艺系统会受到各种热的影响而产生温度变形，一般也称之为热变形。这种热变形将破坏刀具与工件的正确几何关系，造成工件的加工误差。另外，热变形还影响工艺系统的加工效率。为减少热变形对加工精度的影响，精加工时通常需要预热机床，以获得热平衡；降低切削用量，以减少切削热和摩擦热；粗加工后停机，待热量散发后再进行精加工；增加工序（使用粗、精加工分开）等。

热总是从高温处向低温处传递的。热传递的方式有三种：即导热传热、对流传热和辐射传热。引起工艺系统热变形的热源可分为内部热源和外部热源两大类。内部热源主要是指切削热和摩擦热，它们产生于工艺系统内部，其热量主要以导热传热的方式传递。外部热源主要是指工艺系统外部的，以对流传热为主要方式的环境温度（它与气温变化、通风、空气对流和周围环境等有关）和各种辐射热（包括由阳光、照明、暖气设备等发出的辐射热）。

工艺系统在各种热源作用下，温度会逐渐升高，同时它们也通过各种传热方式向周围的介质散出热量。当机床、刀具和工件的温度达到某一数值时，单位时间内散出的热量与热源传入的热量趋于相等，这时工艺系统就达到了热平衡状态。在热平衡状态下，工艺系统各部分的温度就保持在一相对固定的数值上，因而各部分的热变形也就相应地趋于稳定。

工艺系统的热变形对加工精度的影响可分为以下几点。

（1）机床热变形对加工精度的影响。机床在工作过程中，受到内外热源的影响，各部件的温度将逐渐升高。由于各部件的热源不同，分布不均匀，以及机床结构的复杂性，导致各部件的温升不同，而且同一部件不同位置的温升也不相同，进而形成不均匀的温度场，使机床各部件之间的相互位置发生变化，破坏了机床原有的几何精度而造成加工误差。

机床空运转时，各部件产生的摩擦热基本不变。运转一段时间之后，各部件传入的热量和散失的热量基本相等，即达到热平衡状态，变形趋于稳定。机床达到热平衡状态时的几何精度称为热态几何精度。在机床达到热平衡状态之前，机床几何精度变化不定，对加工精度的影响也变化不定。因此，精密加工应在机床处于热平衡之后进行。

（2）刀具热变形对加工精度的影响。刀具热变形主要是由切削热引起的。通常传入刀具的热量并不太多，但由于热量集中在切削部分，以及刀体小，热容量小，故仍然会有很高的温升。连续切削时，刀具热变形在切削初始阶段增加很快，随后变得较缓，经过不长的一段时间后（10～20min）便趋于热平衡状态。因此，热变形变化量将非常小。通常刀具的热变形量可达 0.03～0.05mm。为了减小刀具的热变形，应合理选择切削用量和刀具几何参数，并给予充分冷却和润滑，以减少切削热，降低切削温度。

（3）工件热变形对加工精度的影响。在工艺系统热变形中，机床的热变形最为复杂，工件、刀具的热变形相对简单一些。这主要是因为在加工过程中，影响机床热变形的热源较多，也较复杂，而对工件和刀具来说，热源比较简单。因此，工件和刀具的热变形常可采用解析法进行估算和分析。

三、提高模具机械加工精度的途径

加工误差是由工艺系统中的原始误差引起的。在对某一特定条件下的加工误差进行分析时，首先要列举其原始误差，即要了解原始误差因素及对每一原始误差的数值和方向定量化；其次，要研究原始误差与加工误差之间的数据转换关系；最后，用相关测量手段测出误差，进而采取一定的工艺措施消除或减少加工误差。

生产实际中尽管有许多减少加工误差的方法和措施，但从消除或减少加工精度误差的技术上看，可将它们分成加工误差预防技术和加工误差补偿技术两大类。

1. 加工误差预防技术

加工误差预防技术是指减小原始误差或减小原始误差的影响，即减小误差源或改变误差源与加工误差之间的数量转换关系。但实践与分析表明，精度要求高于某一程度后，利用加工误差预防技术来提高加工精度所花费的成本将呈指数规律增长。

2. 加工误差补偿技术

加工误差补偿技术是指在现存的原始误差条件下，通过分析、测量，进而建立数学模型，并以这些原始误差为依据，人为地在工艺系统中引入一个附加的误差源，使其与工艺系统原始误差相抵消，以减少或消除加工误差。从提高加工精度考虑，在现有工艺系统条件下，加工误差补偿技术是一种行之有效的方法，特别是借助计算机辅助技术，可达到很好的实际效果。

任务实施

1. 测前准备

（1）阅读图纸。从图（1-25）可知，此零件为轴类零件，由圆柱面、倒角和退刀槽组成，对工作部分和固定部分有同轴度、工作部分的圆柱度有要求。

（2）分析工艺文件。导柱的加工工艺路线为下料—车端面钻中心孔—车外圆—检验—热处理—研磨中心孔—磨外圆—研磨—检验。

（3）合理选用量具，确定测量方法。当看清图纸和工艺文件后，下一步就是选取量具进行机械量具检测。测量导柱台阶轴直径时，应选用卡尺、千分尺、钢板尺等；测量导柱长度、倒角尺寸时，应选用卡尺、钢板尺、角度尺等。

2. 检测

（1）合理选用测量基准。测量基准应尽量与设计基准、工艺基准重合。测量导柱同轴度、圆柱度时以中心孔为基准。

（2）表面测量。机械零件的破坏一般是从表面层开始的。产品的性能，尤其是它的可靠性和耐久性，在很大程度上取决于表面层的质量。研究机械加工表面质量的目的就是为了掌握机械加工中各种工艺因素对加工表面质量的影响的规律，以便运用这些规律来控制加工过程，最终达到改善表面质量、提高产品使用性能的目的。对机械零件检测完成后，都要认真做记录，特别是半成品，对合格品、返修品、报废品要分清，并做好标记，以免混淆。

（3）检测尺寸公差。测量时应尽量采用直接测量法，因为直接测量法比较简便，很直观，无须烦琐的计算，测量后，将测量结果填入表 1-12。

表 1-12　检测表

测量误差	测量结果	评价
直径		
长度		
倒角		

（4）检测形位公差。形位公差包含形状公差和位置公差。测量形位公差时，应按国家标准或企业标准执行。

3. 测量误差分析

测量过程中，影响数据准确性的因素非常多，测量误差可以分为三类：随机误差、系统误差和其他误差。根据测量情况填写表 1-13。

表 1-13 测量误差分析法

误差种类	误差分析	评价
随机误差		
系统误差		
其他误差		

任务三　模具零件机械加工表面质量分析

表面质量又称为表面完整性，它主要包含两个方面的内容，即表面的几何特征和表面层金属的物理力学性能。

任务描述

分析图 1-26 所示浇口套的表面质量。

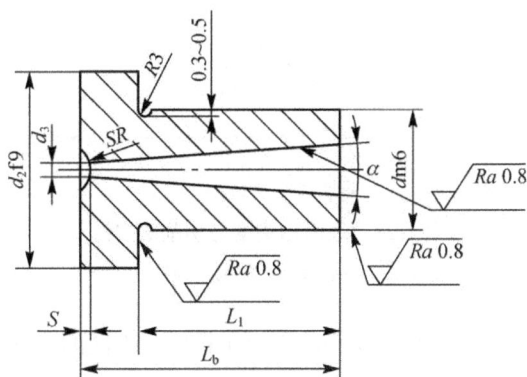

图 1-26　浇口套

相关知识链接

一、模具零件加工表面质量对其使用性能的影响

1. 模具零件加工表面质量对其耐磨性能的影响

模具零件的耐磨性能与摩擦副的材料、润滑条件和模具零件加工表面质量等因素有关。特别是在前两个条件已确定的前提下，模具零件加工表面质量就起着决定性的作用。

当两个模具零件表面接触时，其表面凸峰顶部先接触，因此，其实际接触面积远远小于理论接触面积。模具零件加工表面越粗糙，实际接触面积就越小，凸峰处单位面积压力就越大，表面磨损就越容易。即使在有润滑的条件下，也会因接触处压强超过油膜张力的临界值，破坏了油膜的形成，从而加剧表面层的磨损。

表面粗糙度虽然对摩擦表面影响很大，但并不是表面粗糙度数值越小就越耐磨。如图 1-27 所示，表面粗糙度 Ra 与初期磨损量 Δ_0 之间存在一个最佳值。此值所对应的是模具零件最耐磨的表面粗糙度。在一定条件下，若模具零件加工表面粗糙度过大，则使得实际压强增大，凸峰间的挤裂、破碎和切断等作用加剧，磨损明显。在模具零件加工表面粗糙度过小的情况下，紧密接触的两个光滑表面间存油能力差。一旦润滑条件恶化，两个光滑表面间的金属分子将产生较大的亲和力，因黏合现象而使表面产生"咬焊"，导致磨损加剧。因此，模具零件摩擦表面粗糙度偏离最佳值太大（无论是过大，还是过小）是不利的。

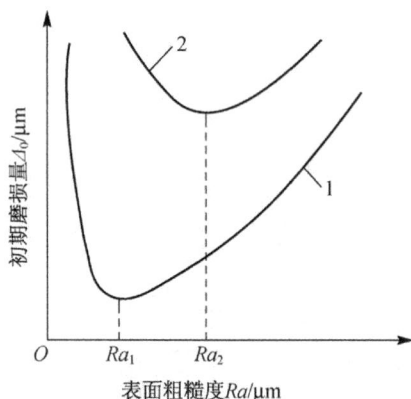

图 1-27　表面粗糙度与切削磨损量

1—轻载荷；2—重载荷

在不同的工作条件下，模具零件最耐磨的表面粗糙度是不同的。重载荷情况下模具最耐磨的表面粗糙度要比轻载荷情况下大。表面粗糙度的轮廓形状和表面加工纹理对模具零件的耐磨性也有影响，因为表面粗糙度的轮廓形状及表面加工纹理影响模具零件的实际接触面积与润滑情况。

表面层的加工硬化使模具零件的表面层硬度提高，从而使表面层处的弹性和塑性变形减小，磨损减少，使模具零件的耐磨性提高。但表面层硬化过度，会使模具零件的表面层金属变脆，磨损加剧，甚至出现剥离现象，所以模具零件的表面硬化层必须控制在一定范围内。

2. 模具零件加工表面质量对其疲劳强度的影响

模具零件在交变载荷的作用下，其加工表面微观上不平的凹谷处和表面层的缺陷处容易引起应力集中而产生疲劳裂纹，造成模具零件的疲劳破坏。实验表明，减小表面粗糙度可使模具零件的疲劳强度提高。因此，对于一些重要模具零件加工表面，如连杆、曲轴等，应进行光整加工，以减小模具零件的表面粗糙度，提高其疲劳强度。

加工硬化对模具零件疲劳强度的影响很大。表面层的加工硬化可以在模具加工表面形成一个冷硬层，因而能在一定程度上阻碍表面层疲劳裂纹的出现，从而使模具零件疲劳强度提高。但模具零件加工表面层冷硬程度过大，反而容易产生裂纹，故模具零件的冷硬程度与硬化深度应控制在一定范围之内。

表面层的残余应力对模具零件疲劳强度也有很大影响，当表面层为残余压应力时，能延缓疲劳裂纹的扩展，提高模具零件的疲劳强度；当表面层为残余拉应力时，容易使得模具零件加工表面产生裂纹而降低其疲劳强度。

3. 模具零件加工表面质量对其耐腐蚀性能的影响

模具零件的耐腐蚀性能在很大程度上取决于模具零件的表面粗糙度。模具零件加工表面越粗糙，越容易积聚腐蚀性物质，凹陷越深，渗透与腐蚀作用越强烈。因此，减小模具零件加工表面粗糙度，可以提高模具零件的耐腐蚀性能。

表面层的残余应力对模具零件的耐腐蚀性能也有较大影响。模具零件表面层残余压应力使模具零件加工表面紧密，腐蚀性物质不容易进入，可增强模具零件的耐腐蚀性；而模具零件表面层残余拉应力则会降低模具零件的耐腐蚀性。

4. 模具零件加工表面质量对其配合性质的影响

模具零件间的配合关系是用过盈量或间隙量来表示的。在间隙配合中，如果模具零件的配合表面粗糙，则会使配合件很快磨损而增大配合间隙，改变配合性质，降低配合精度；在过盈配合中，如果零件的配合表面粗糙，则装配后配合表面的凸峰挤平，配合件间的有效过盈减小，降低配合件间的连接强度，影响了配合的可靠性。因此，对有配合要求的表面，必须规定较小的表面粗糙度。

总之，提高加工表面质量，对保证模具零件的使用性能，提高模具零件的寿命是很重要的。

二、影响模具零件加工表面质量的因素

1. 影响模具零件加工表面的几何特征的因素

模具零件加工表面质量的几何特征包括表面粗糙度、表面波度、表面加工纹理、伤痕等四个方面内容。其中，表面粗糙度是构成模具零件加工表面几何特征的基本单元。

1）切削加工后的表面粗糙度

国家标准《产品几何技术规范（GPS）表面结构　轮廓法　术语　定义及表》GB/T 3505—2009中规定，表面粗糙度优先采用轮廓算术平均偏差 Ra 的数值大小来表示。

切削加工后的表面粗糙度主要取决于切削残留面积的高度。影响切削残留面积高度的因素主要包括刀尖圆弧半径 r_ε、主偏角 K_r、副偏角 K_r' 及进给量 f 等。

切削加工后的表面粗糙度的实际轮廓形状，与纯几何因素所形成的理论轮廓有较大的差别，这是由于切削加工中有发生塑性变形的缘故。在实际切削时，选择低速宽刃精切和高速精切，可得到较小的表面粗糙度。

加工脆性材料时，切削速度对表面粗糙度的影响不大。一般来说，切削脆性材料比切削塑性材料容易达到表面粗糙度的要求。对于同样的材料，金相组织越是粗大，切削加工后的表面粗糙度也越大。为了减小切削加工后的表面粗糙度，常在精加工前进行调质等处理，目的在于得到均匀细密的晶粒组织和较高的硬度。

此外，合理选择切削液、适当增大刀具的前角、提高刀具的刃磨质量等，均能有效减小表面粗糙度。

还有一些其他因素影响表面粗糙度，如在已加工表面的残留面积上叠加着一些不规则金属生成物、黏附物或刻痕等。其形成主要原因有积屑瘤、鳞刺、振动、摩擦、切削刃不平整、切削划伤等。

2）磨削加工后的表面质量

正像切削加工时表面粗糙度的形成过程一样，磨削加工后的表面粗糙度的形成也是由几何因素和表面层金属的塑性变形（物理因素）决定的，但磨削过程要比切削过程复杂得多。

影响磨削加工后的表面粗糙度的因素有以下几点。

（1）几何因素的影响。磨削表面是由砂轮上大量的磨粒刻划出的无数极细的沟槽形成的。单从几何因素考虑，可认为在单位面积上刻痕越多，即通过单位面积的磨粒数越多，刻痕的等高性越好，磨削加工后的表面粗糙度越小。

（2）表面层金属的塑性变形（物理因素）的影响。砂轮的磨削速度远比一般的切削速度高，且磨粒大多为负前角，磨削比大，磨削区温度很高，工件表面层温度有时可达到 900℃，工件表面层金属容易产生相变而烧伤。因此，磨削过程的塑性变形要比一般切削过程大得多。

由于塑性变形的缘故，被磨表面的几何形状与单纯根据几何因素所得到的原始形状大不相同。在力和热等因素的综合作用下，被磨削工件表面层金属的晶粒在横向被拉长了，有时还产生细微的裂口和局部的金属堆积现象。影响磨削表面层金属塑性变形的因素，是影响表面粗糙度的决定性因素。

影响工件产生塑性变形的因素主要有：磨削用量，砂轮的粒度、硬度、组织和材料，磨削液的选择。如何选择各因素的参数，应视具体情况而定。

2. 影响表面层金属物理力学性能的因素

由于受到切削力和切削热的作用，表面层金属的物理力学性能会产生很大的变化，最主要的变化是金属表面层的冷作硬化、表面层金属的金相组织变化和表面层金属的残余应力。

1）表面层金属的冷作硬化

（1）冷作硬化的产生。机械加工过程中产生的塑性变形，使晶格扭曲、畸变，使晶粒间产生滑移，晶粒被拉长，这些都会使表面层金属的硬度增加，这种现象称为冷作硬化（或称为强化）。表面层金属冷作硬化会增大金属变形的阻力，减小金属的塑性，使金属的物理性质（如密度、导电性、导热性等）有所变化，且使金属处于高能位不稳定状态。在一定的条件下，金属的冷硬结构本能地向比较稳定的结构转化，这种现象称为弱化。机械加工过程中产生的切削热，将使金属在塑性变形中产生的冷硬现象得到恢复。

由于金属在机械加工过程中同时受到力因素和热因素的作用，机械加工后表面层金属的最后性质取决于强化和弱化两个过程的综合。

评定冷作硬化的指标包括表面层金属的显微硬度 HM、硬化层深度 h 和硬化程度 N。硬化程度表示已加工表面的表面层金属的显微硬度 HM 与金属材料基体的显微硬度 HM 之间的相对变化率，即：

$$N = \frac{HM - HM_0}{HM_0} \times 100\%$$

（2）影响表面层金属冷作硬化的因素。金属切削加工时，影响表面层金属冷作硬化的因素可从以下四个方面来分析

① 切削力越大，塑性变形越大，冷作硬化程度越大，硬化层深度也越大。因此，增大进给量 f 和背吃刀量 a_p，减小刀具前角 r_0，都会增大切削力，使表面层金属的冷作硬化程度增大。

② 当变形速度很快（即切削速度很快）时，塑性变形可能跟不上速度的变化，这样塑性变形将不充分，冷作硬化程度和硬化层深度都会减小。

③ 切削温度高，回复作用增大，冷作硬化程度减小。如高速切削或刀具钝化后切削，都会使切削温度上升，使冷作硬化程度和硬化层深度减小。

④ 工件材料的塑性越大，冷作硬化程度也越大。碳素钢中含碳量越大，强度越高，塑性越小，冷作硬化程度也越小。

（3）冷作硬化的测量方法。冷作硬化的测量主要是指对表面层金属的显微硬度 HM 和硬化层深度 h 的测量。

表面层金属的显微硬度 HM 的常用测定方法是用显微硬度计测量，它的测量原理与维氏硬度计相同。当进给表面冷硬层很薄时，可在斜面上测量显微硬度。对于平面试件可按如图 1-28（a）所示磨出斜面，然后逐点测量其显微硬度，并根据测量结果绘制出如图 1-28（b）所示的图形。斜切角 a 常取为 $30' \sim 2°30'$。采用斜面测量法，不仅能测量显微硬度，还能较为准确地测出硬化层深度 h。由图 1-28（a）可知 $h = l\sin a + Rz$。

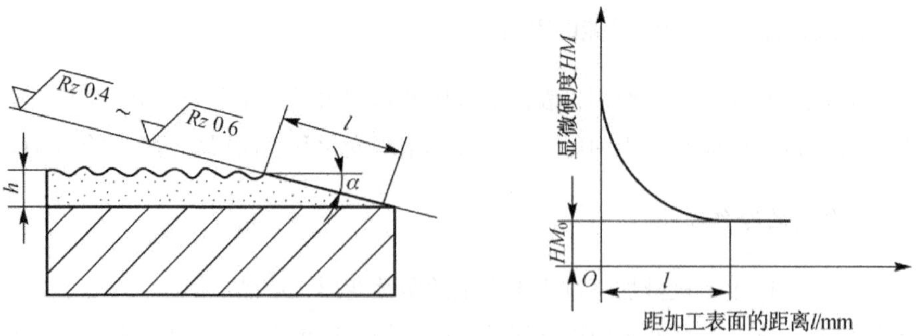

图 1-28　在斜面上测量显微硬度

（a）试件斜面制备；（b）试件斜面的显微硬度

2）表面层金属的金相组织变化

机械加工过程中，在工件的加工区及其邻近的区域，温度会急剧升高。当温度升高到超过工件材料金相组织变化的临界点时，就会发生金相组织变化。对于一般的切削加工方法，通常不会上升到如此高的程度。但在磨削加工时，不仅磨削比特别大，而且磨削速度也特别快，切除金属的功率消耗远大于其他加工方法。加工所消耗能量的绝大部分都转化为热量，这些热量中的大部分（约 80%）将传给加工表面，使加工表面具有很高的温度。对于已淬火的钢件，很高的磨削温度会使表面层金属的金相组织产生变化，使表面层硬度降低，使工件表面呈现氧化膜颜色，这种现象称为磨削烧伤。磨削加工是一种典型的，容易使加工表面产生金相组织变化的加工方法，在磨削加工中发生烧伤现象，会严重影响模具零件的使用性能。

磨削烧伤与温度有着十分密切的关系。一切影响温度的因素在一定程度上都对磨削烧伤有影响。因此，研究磨削烧伤问题可从切削时的温度入手，通常从以下三个方面考虑。

（1）合理选择磨削用量。以平磨为例来分析磨削用量对磨削烧伤的影响。磨削深度对磨削温度影响极大，增大横向进给量对减轻磨削烧伤十分有利，但增大横向进给量会导致工件表面粗糙度增大，因此，可采用较宽的砂轮来弥补。增大工件的回转速度，可使磨削温度升高，但工件的回转速度与磨削深度的影响相比小得多。从减轻磨削烧伤，同时尽可能保持较高的生产效率考虑，在选择磨削用量时，应选择较快的工件回转速度和较小的磨削深度。

（2）正确选择砂轮。磨削导热性差的材料（如耐热钢、轴承钢及不锈钢等）容易产生磨削烧伤现象，应特别注意合理选择砂轮的硬度、结合剂和组织。硬度太高的砂轮，由于砂轮钝化后不易脱落，容易产生磨削烧伤，因而应选择较软的砂轮。选择具有一定弹性的结合剂（如橡胶结合剂、树脂结合剂），也有助于避免磨削烧伤现象的产生。此外，为了减少砂轮与工件之间的摩擦热，可在砂轮的孔隙内浸入石蜡之类的润滑物，对降低磨削区的温度，防止工件磨削烧伤也有一定效果。

（3）改善冷却条件。磨削时，磨削液若能直接进入磨削区，对磨削区进行充分冷却，能有效防止磨削烧伤现象的产生。因为水的比热容和气化热都很高，在室温条件下，1mL 水变成 100℃以上的水蒸气至少能带走 2512J 的热量，而在一般磨削用量下，磨削区热源每秒的发热量都在

4187J 以下。据此推测，只要设法保证在每秒钟有 2mL 的冷却液进入磨削区，将有相当可观的热量被带走，就可以避免产生磨削烧伤。然而，目前常用的冷却方法的冷却效果很差，实际上没有多少磨削液能够真正进入磨削区。因此，须采取切实可行的措施，改善冷却条件，防止磨削烧伤现象产生。

内冷却是一种较为有效的冷却方法。如图 1-29 所示，经过严格过滤的冷却液通过中空主轴法兰套引入砂轮腔 3 内，由于离心力的作用，这些冷却液就会通过砂轮内部的孔隙向砂轮四周的边缘甩出，因此，冷却液有可能直接注入磨削区。目前，内冷却装置尚未得到广泛应用，其主要原因是使用内冷却装置时，磨床附件有大量水雾，操作工人劳动条件差，精磨加工时无法通过观察火花试磨对刀。

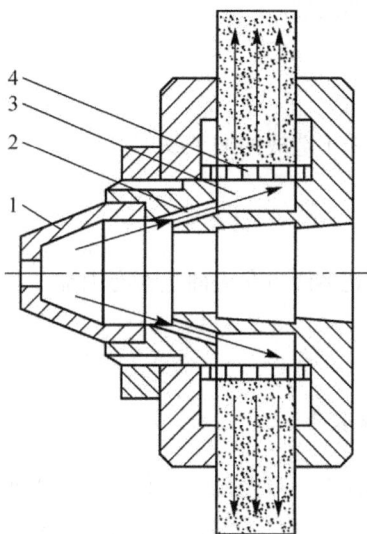

图 1-29 内冷却砂轮结构

1—锥形盖；2—切削液通孔；3—砂轮中心腔；4—有径向小孔的薄壁套

3）表面层金属的残余应力

表面层金属产生残余应力的原因是机械加工时在加工表面的金属层内有塑性变形产生，使表面层金属的体积增大。当刀具从加工表面上切除金属时，表面层金属的纤维被拉长，刀具后面与已加工表面的摩擦又增大了这种拉伸作用。刀具切离后，拉伸弹性变形将逐渐恢复，而拉伸塑性变形则不能恢复。表面层金属的拉伸塑性变形，受到与它相连的里层未发生塑性变形金属的阻碍，就在表面层金属中产生压缩残余应力，在里层金属中产生拉伸残余应力。

任务实施

浇口套的表面质量是否合格包含以下几个方面。

1. 表面几何形状特征

1）表面粗糙度

图 1-26 中只有浇口套的下底面、内锥孔和长度的轴面有粗糙度要求，所以我们对这三个面进行粗糙度的检验，这三个面在加工时采用车削后磨削的工艺，在检测时，采用样块比较法。零件要求表面粗糙度为 $Ra0.8\mu m$，介于 $0.32\mu m$ 到 $1.6\mu m$ 之间，故采取放大镜对比法。注意尽量选用和浇口套材质相同的样块对比。

2）表面波度

使用扭簧表检测轴面和平面的波度。

3）表面加工纹理

用放大镜观察是否有因机械加工造成的加工纹理。

4）伤痕

采用目测法和放大镜观察法观察浇口套表面是否有因加工和装夹造成的裂纹或划痕。

2. 表面层的物理和力学性能

1）表面层加工硬化（冷作硬化）

先粗加工毛坯，然后进行热处理（淬火+低温回火），在热处理结束后对浇口套上随机分布的 10 个点进行洛氏硬度检测，计算平均值后记录保存；精加工磨削至图纸要求尺寸精度后再对随机分布的 10 个点进行洛氏硬度检测，计算平均值；对比精加工前的平均值，根据数据相差的数值来具体判定是否有加工硬化的出现。

2）表面层金相组织改变

浇口套采用 T8A 材料，硬度要求达到洛氏硬度 53～57HRC，需要进行热处理，采用淬火+中温回火的工序，热处理后理论应得到的组织为马氏体（片状）+ 细小碳化物颗粒。检测方法如下。

（1）预磨。依次用 150 号、320 号、400 号、600 号、800 号、1000 号砂纸进行打磨。每个型号砂纸磨至表面的划痕方向基本相同时更换下一型号砂纸继续操作。

（2）抛光。用 1:1 的氧化铝悬浮液对待测工件表面进行抛光处理，直至肉眼观测无划痕。

（3）清洗。用蒸馏水冲洗表面，然后用纯酒精喷去表面的蒸馏水，最后烘干。

（4）腐蚀。用 4%的硝酸溶液对表对待测表面进行腐蚀，直至表面颜色微黄，再用纯酒精喷洗，烘干。

（5）观察。用 500×的金相显微镜观察待测表面，可观察到片状的回火马氏体及均匀分布的细小碳化物颗粒。

（6）评定。用钢的显微组织评定法（GB/T 13299—1991）或钢的显微组织检验法（GB/T 13298—1991）进行评定。

3）表面层产生的残余应力

采用 X 射线应力测定方法（GB 7704—2008）对浇口套直角、直边和圆弧面进行连接处等容易在机加工和热处理出现残余应力的地方进行检测。

课后练习

1. 什么是模具加工工艺规程，制订模具加工工艺规程在生产中有何意义，模具加工工艺规程的内容包括哪些？

2. 什么是模具零件的结构工艺性，什么是工序、安装、工位、工步？

3. 选择毛坯应该考虑哪些因素？

4. 何谓设计基准、工序基准、测量基准、装配基准？试举例说明

5. 粗基准、精基准的选用原则有哪些？

6. 为什么要将工艺过程划分阶段进行？什么情况下不必划分加工阶段？

7. 安排机械加工顺序时，应考虑哪些原则？如何确定加工余量？

8. 影响模具机械加工精度的因素有哪些？如何提高模具机械加工精度？

9. 影响模具零件加工表面质量的因素有哪些？

10. 如图 1-30 所示动模座板，材料是 45 钢，生产数量是 20 件，试制订其加工工艺规程。

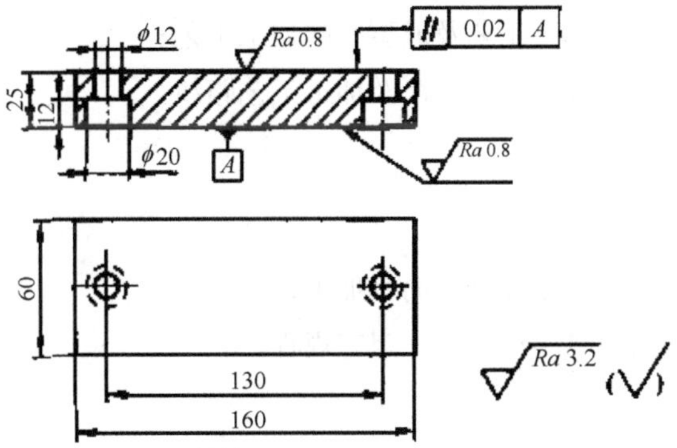

材料：45

图 1-30 动模座板

项目二　模具零件普通机械加工工艺

一副完整的模具是由许多零件组成。根据模具设计图样中的零件结构要素和技术要求制造一副完整模具，其工艺过程一般可分为毛坯外形加工、工作型面加工、模具零件的再加工、模具装配和模具检验。

某些模具零件即使采用其他工艺方法（如特种加工），仍然需要采用机械加工方法完成粗加工、半精加工，为进一步加工创造条件。

模具零件的机械加工方法有以下几种。

（1）普通精度模具零件用通用机床加工，加工完成后要进行必要的钳工修配后再装配。

（2）精度要求较高的模具零件用精密机床加工。

（3）形状复杂的空间曲面采用数控机床加工。

（4）对特殊模具零件可考虑其他加工方法，如挤压成型加工、超塑成型加工、快速成型技术等。

本项目主要介绍模具零件的普通机械加工工艺。

知识目标

（1）熟悉各种模具普通机械加工的方法及工艺要点；

（2）理解模具零件孔系的加工工艺及成型磨削加工工艺；

（3）掌握模具各种典型零件的加工方法及加工工艺路线。

技能目标

（1）能操作普通机械加工设备并进行简单加工；

（2）能合理编制出普通模具零件的加工工艺规程。

素质目标

（1）培养学生良好的职业道德和生产节约意识；

（2）培养学生良好的团队合作、产品质量和安全生产意识；

（3）培养学生分析和解决实际问题的能力。

任务一 模具导向零件的加工工艺

任务描述

如图 2-1 所示为后侧导柱标准冷冲模导柱和导套。这两种零件在模具中起导向作用，以保证凸、凹模在工作时具有正确的相对位置。为了保证良好的导向，导柱和导套装配后应保证模架的活动部分移动平稳，运动无阻滞现象。因此，在加工中除了保证导柱和导套配合表面的尺寸和形状精度外，还应保证导柱和导套各自配合面之间的同轴度要求。构成导柱和导套的基本表面都是回转体表面，按照不同的结构尺寸和设计要求，可以直接选用适当尺寸的热轧圆钢型材作为毛坯。

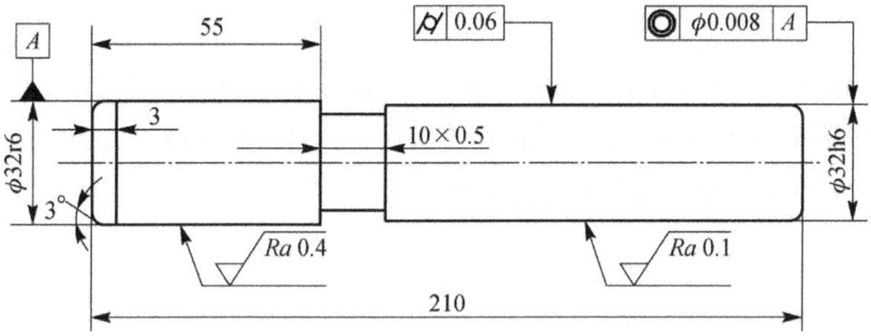

（a）

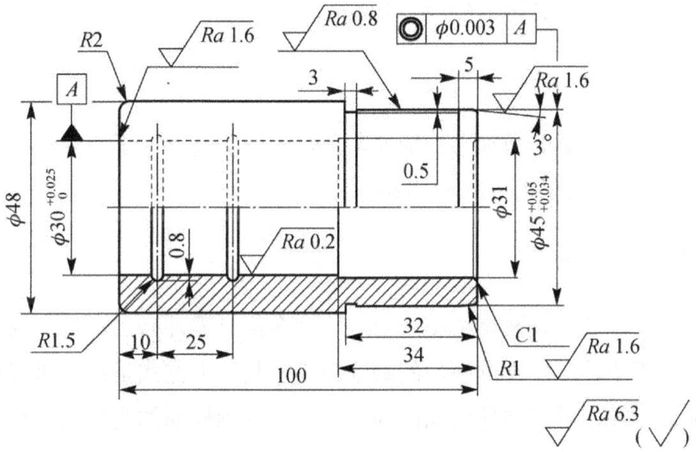

（b）

图 2-1 后侧布置的标准冷冲模导柱和导套

（a）导柱；（b）导套

相关知识链接

一、车削加工工艺

车床的种类很多，其中，卧式车床的通用性好，应用最为广泛。在模具零件制造中卧式车床主要用于加工凹模、凸模、导柱、导套、顶杆、型芯和模柄等零件。机械零件的加工通常经过粗车、半精车和精车等工序而达到要求。根据模具零件的精度要求，车削一般是外旋转表面加工的中间工序，或作为最终工序。

车削加工是圆柱形零件常用的加工方法。车削加工一般可分为四种，即粗车、半精车、精车和精细车。

1. 粗车

粗车主要用于工件的粗加工，作用是去除工件上大部分加工余量和表层硬皮，为后续加工作准备，粗车去除的加工余量约为 1.5～2mm，加工后的精度等级可达 IT13～IT11，表面粗糙度可达 Ra50～12.5μm.

2. 半精车

在粗车的基础上对工件进行半精加工，可进一步减少加工余量，提高表面光洁度，半精节去除的加工余量约为 0.8～1.5mm，加工后的精度等级可达 IT10～IT8，表面粗糙度可达 Ra5.3～3.2μm，一般用作中等精度要求零件的最终工序，

3. 精车

在半精车的基础上对工件进行精加工，精车去除的加工余量为 0.5～0.8mm。加工后的精度等级可达 1T8～1T7，表面粗糙度可达 Ra3.2～1.6μm。

4. 精细车

精细车主要用于有色金属的精加工。精细车去除的加工余量小于 0.3mm，加工后的精等级可达 IT7～1T6，表面粗糙度可达 Ra1.25～0.32μm。

二、外圆磨削加工工艺

为了达到模具精度等级和表面粗糙度等要求，许多模具零件必须经过磨削加工。

外圆磨床主要用于各种工件外圆柱面的磨削加工。其加工方式是将高速旋转的砂轮和低速旋转的工件进行磨削，工件相对于砂轮做纵向往复运动。外圆柱面的磨削加工精度等级可达 IT6～IT5，表面粗糙度可达 Ra0.16～0.08μm。若采用高光洁磨削工艺，外圆柱面的表面粗糙度可达 Ra0.025μm。磨削加工可用于工件的粗加工，也可用于工件的精加工。是外圆柱面精加工的主要加工方法，特别适用于淬硬件的粗、精加工。外圆柱面磨削加工的工艺内容和工艺要点见表 2-1。

表 2-1　外圆柱面磨削加工的工艺内容和工艺要点

工艺内容		工艺要点
砂轮的选用	①磨非淬硬钢。棕刚玉，46#～60#，Z～Z2。 ②磨淬硬钢。HRC>50，棕刚玉、白刚玉、单晶刚玉 46#～60#，ZR2～Z2	①半精磨时，建议采用粒度为 36#～46#。 ②精磨时，建议采用粒度为 46*～60#的砂轮

工艺内容		工艺要点
外圆柱面的磨削用量	①砂轮圆周速度。陶瓷结合剂砂轮的磨削速度 ≤35 m/s，树脂结合剂砂轮的磨削速度<50m/s。 ②工件圆周速度。工件圆周速度一般为 13～20m/min，磨淬硬钢时为 26 m/min。 ③磨削深度。粗磨时，磨削深度为 0.02～0.05mm；精磨时，磨削深度为 0.005~0.015 mm。 ④纵向进给量。粗磨时，纵向进给量为 0.5~0.8 个砂轮宽度；精磨时，纵向进给量为 0.2~0.3 个砂轮宽度	①当被磨工件刚性差时，应将工件圆周速度降低，以免产生振动，影响磨削质量。 ②当要求工件表面粗糙度小和精度高时，精磨后在不进刀情况下再光磨几次
工件的装夹方法	①前、后顶尖装夹。前、后顶尖装夹具有装夹方便，加工精度高的特点、用于装夹长径比大的工件。 ②三爪自定心或四爪单动卡盘装夹。适用于装夹长径比小的工件，如凸模、顶块、型芯等。 ③卡盘和顶尖装夹。卡盘和顶尖装夹适用于装夹较长的工件。 ④配用心轴装夹。配用心轴装夹适用于磨削有内、外圆同轴度要求的薄壁套类工件，如凹模镶件等	①淬硬件的中心孔必须准确研磨，并使用硬质合金顶尖和适当的顶紧力。 ②用卡盘装夹的工件，一般采用工艺夹头装夹，能在一次装夹中磨出各段台阶外圆，保证同轴度。 ③由于模具是单件制造，一般采用带工艺夹头的心轴。心轴定位面锥度通常为 1:7000～1:5000
一般外圆柱面的磨削	①纵向磨削法，纵向磨削法是指工件与砂轮同向转动，工件相对砂轮做纵向运动。 ②横向磨削法（切入法）。横向磨削法是指工件与砂轮同向转动。 ③阶段磨削法。阶段磨削法是横向磨削法与纵向磨削法的综合，先用横向磨削法去除大部分加工余量，留 0.01～0.03 mm 作为纵向磨削的加工余量。该方法用于磨削余量大，刚度高的工件	①台阶轴如凸模的磨削，在精磨时要减小磨削深度，并多用光磨行程，以提高各段外圆柱面的同轴度。 ②磨削台阶轴时，可先用横向磨削法沿台阶切入，留 0.03～0.04 mm 的加工余量，然后用纵向磨削法精磨。 ③为消除磨削重复痕迹，减小磨削表面粗糙度和提高精度，应在终磨前使工件作短距离手动纵向往复磨削。 ④在磨削余量大的情况下，可提高磨削效率
台阶端面的磨削	①磨削轴上带退刀槽的台阶端面时，先用纵向磨削法磨削外圆柱面应修成内四形。 ②磨削轴上带圆角的台阶端面时，先用横向磨削法磨削外圆柱面，并留小于 0.05 mm 的加工余量，再纵向移动工件（工作台）磨削端面	①磨削轴上带退刀槽的台阶端面时，端面应修成内凹形；磨削带圆角的台阶端面时，端面应修成圆弧形。 ②为保证台阶端面的磨削质量，在磨至无火花后，还需光磨一段时间

工艺内容		工艺要点
外圆锥面的磨削	①转动工作台磨削外圆锥面。受一般外圆磨床工作台的最大回转角的限制，只能磨削圆锥角小于 14° 的圆锥体。该方法装夹方便，加工质量好。 ②转动头架磨削外圆锥面。将工件直接装在头架卡盘上，找正后 为基准，配磨外圆锥面的方法磨削，适于短而大锥度的工件。 ③转动砂轮架磨削外圆锥面。该方法适于磨削长而大锥度的工件。磨削时工件用前后顶尖装夹，工件不做纵向运动，砂轮做横向连续进给运动。若圆锥母线大于砂轮宽度，则采用分段接磨	磨削外圆锥面时，通常采用以内圆锥面为基准，配磨外圆锥面的方法

三、模具表面光整加工工艺

光整加工是指以降低零件表面粗糙度，提高零件表面形状精度和增加零件表面光洁为主要目的的研磨加工和抛光加工。光整加工可以获得比一般机械加工更高的表面质量，一般作为产品、零件的最终工序。

冲压模具经研磨、抛光后，改善了其表面粗糙度，有利于板料的流动，可减小流动阻力，极大地提高了冲压件的表面质量，对汽车外覆盖件尤为明显。经研磨刃口后的冲裁模可消除模具刃口的磨削伤痕，使冲裁件毛刺高度降低；塑料模具型腔经研磨、抛光后，极大地提高了型腔表面质量和成型性能。其浇注系统研磨、抛光后，可降低注射时塑料的流动阻力。另外，研磨与抛光可提高塑料模具配合，防止树脂渗漏，防止出现粘黏等。

电火花成型的模具表面会形成一层薄薄的变质层，变质层上许多缺陷需要用研磨、抛光 去除。研磨与抛光还可改善模具表面的力学性能，减少应力集中，增加型面的疲劳强度。

1. 光整加工的特点

模具零件随着社会的进步，对模具成型表面的精度和表面粗糙度的要求越来越高，特别是对高精度、高寿命的模具要求到微米级的精度。一般的磨削表面不可避免地要留下磨痕、微裂纹和划痕等缺陷，这些缺陷对一些精密模具影响很大。某些成型表面可采用超精密磨削加工达到设计要求，但大多数异型面和高精度成型表面都要进行光整加工。光整加工主要有以下几个特点。

（1）光整加工的加工余量小，一般只有上道工序公差带宽度的几分之一。一般情况下，光整加工只改善表面质量（减小表面粗糙度，消除划痕、裂纹和毛刺等），不影响加工精度。如果加工余量太大，不仅生产效率低，有时还可能导致工件原有精度下降。

（2）光整加工所用机床设备不需要很精确的成型运动，但磨具与工件之间的相对运动应尽量复杂，因为光整加工是用细粒度的磨料对工件表面进行微量切削、挤压、划擦和刻划的过程，只要保证磨具与工件加工表面具有较大的随机性接触，就能使工件加工表面的误差逐步均化到最终消除，从而获得很高的表面质量。

（3）光整加工时，磨具相对于工件的定位基准没有确定的位置，一般不能修正工件加工表面的形状和位置误差，其精度要靠上道工序来保证。

（4）光整加工可有效地清除铸件、锻件和热处理件表面的残渣、杂质及氧化皮。

（5）光整加工可改善工件表面层应力状态，形成抗疲劳破坏的均匀压应力（一般比原值增大50%以上）。

（6）光整加工可改善工件表面层金相组织状态，提高工件表面显微硬度，一般可提高 6%～20%，形成一定深度的耐磨损、抗疲劳的致密金属层，且可将深度提高四倍以上。

（7）光整加工可提高工件清洁度，完成传动件的初期磨损，改善整机的性能指标，缩短整机磨合期。

（8）光整加工可降低工艺成本，减轻工人劳动强度，提高生产效率，便于进行机械化和自动化生产。

2. 光整加工的分类

1）按研磨抛光过程中人参与的程度分

光整加工按研磨抛光过程中人参与的程度可分为手工作业研磨抛光和机械设备研磨抛光。

（1）手工作业研磨抛光。手工作业研磨抛光主要依靠操作者个人技艺或采用辅助工具进行的研磨抛光。其加工质量主要依赖操作者个人的技艺水平，而且劳动强度较大，工作效率较低。鉴于目前非手工作业研磨抛光应用范围的局限，特别是型腔中窄缝、盲孔、深孔和死角部位的加工，仍然以手工作业研磨抛光为主。

（2）机械设备研磨抛光。机械设备研磨抛光是主要依靠机械设备进行的研磨抛光。它包括一般研磨抛光设备和智能自动抛光设备。机械设备研磨抛光质量不依赖操作者个人的技艺水平，具有工作效率高的特点，如挤压研磨抛光、电化学研磨抛光等。

2）按磨料在研磨抛光过程中的运动轨迹分

光整加工按磨料在研磨抛光过程中的运动轨迹可分为游离磨料研磨抛光和固定磨料研磨抛光。

（1）游离磨料研磨抛光。在研磨抛光过程中，利用研磨抛光工具系统给游离状态的研磨抛光剂以一定压力，使磨料以不重复轨迹运动进行微切割作用和微塑性挤压变形。

（2）固定磨料研磨抛光。固定磨料研磨抛光是指研磨抛光工具本身含有磨料，在加工过程中研磨抛光工具以一是压力直接和工件表面接触，磨料和工具的运动轨迹一致。

3）按研磨抛光的机理分

光整加工按研磨抛光的机理可分为机械式研磨抛光和非机械式研磨抛光。

（1）机械式研磨抛光。机械式研磨抛光是利用磨料的机械能对工件表面进行微切割为主的研磨抛光。

（2）非机械式研磨抛光。非机械式研磨抛光主要依靠电能、化学能等非机械能对工件表面进行研磨抛光。

4）按研磨抛光剂使用的条件分

光整加工按研磨抛光剂使用的条件可分为湿研、干研和半干研。

（1）湿研。湿研是将游料和研磨液组成的研磨抛光剂连续加注或涂敷于研磨工具表面，磨料在研磨工具和工件表面之间滚动或滑动，形成对工件表面的切削运动。其加工效率高，但加工表面的几何形状和尺寸精度不如干研，多用于粗研或半精研。

（2）干研。干研是将磨料均匀地压嵌在研磨工具表层中，施以一定压力使嵌砂进行的加工。其可获得很高的加工精度，且表面粗糙度小，但加工效率低，一般用于精研。

（3）半干研。半干研类似湿研，使用糊状研磨抛光膏，可用于粗研或精研。

3. 研磨加工

研磨是使用研磨工具、游离磨料对工件表面进行微量加工的精密加工方法，在工件的面和研具之间加入游离磨料和润滑剂使其产生相对运动，并施以一定的压力，从工件上去除微小的表面凸起层。研磨时直接与工件表面接触的研磨工具称为研具。

1）研磨的机理

（1）物理作用。研磨时，在研具的研磨面上均匀地涂上研磨剂，若研具的硬度低于工件，当研具和工件在压力作用下做相对运动时，研磨剂中具有尖锐棱角和高硬度的磨粒会入研具表面上产生刮削作用（塑性变形），提高了研磨效率；若研具的硬度高于工件，研具和工件表面产生滑擦（弹性变形），这些磨粒如同无数的切削刃，对工件表面产生微刀削作用，均匀地从工件表面切去一层极薄的金属，如图 2-2 所示为研磨加工过程。同时，钝化了的磨粒在研磨压力的作用下挤压工件表面的粗糙凸峰，使工件表面产生微挤压塑性变形，从而使工件逐渐得到很高的加工精度和很小的表面粗糙度。

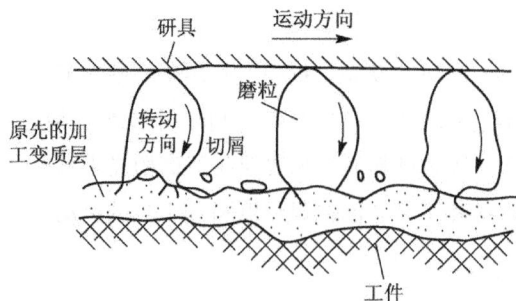

图 2-2　研磨加工过程

（2）化学作用。当采用氧化铬、硬脂酸等研磨剂时，在研磨过程中研磨剂在工件表面上产生化学作用，形成一层极薄的氧化膜，氧化膜很容易被磨掉，但不会破坏材料基体。研磨的过程就是氧化膜的不断迅速生成和被磨掉的过程，如此反复进行，使工件表面粗糙度减小。

2）研磨的特点

（1）表面相益度低。研磨属于微量进给磨削，磨削深度小，磨削运动轨迹不重复，有利于降低工件表面粗糙度，工件表面粗糙度可达 $Ra0.1\mu m$。

（2）形状精度高。研磨时，工件基本处于自由状态，受力均匀、运动平稳，不受运动精度音响，形状精度高。圆柱体的圆柱度可达 $0.1\mu m$，球体的圆度可达 $0.025\mu m$，

（3）尺寸精度高。研磨采用极细的微粉磨料，机床、研具和工件处于弹性浮动工作状态。能以点速在低压作用下逐次磨去工件表面的凸峰点，尺寸精度可达 $0.1\sim0.01\mu m$。

（4）改善工件表面力学性能。研磨的切削热量小，工件变形小，变质层薄，工件表面不会出现微裂纹。由于研磨表面质量的提高使工件表面摩擦系数降低，同时又因为研磨有效接触表面积增大，从而提高了工件表面的耐磨性和耐腐蚀性。此外，研磨零件表层时，存在残余应力，这种残余压应力有利于提高工件表面的疲劳强度。

（5）对研具的要求不高。研磨时所用的研具与设备一般比较简单，不要求它们具有极高的精度，但研具材料一般比工件软，在研磨中会受到磨损，应注意及时修整与更换。

3）研磨工艺参数

（1）研磨压力。研磨压力是指研磨表面单位面积上所承受的压力，单位为 MPa。在研磨过程中，随着工件表面粗糙度不断减小，研具与工件表面的接触面积不断增大，因而研磨压力不断减小。研磨时，研具与工件的接触压力应适当。若研磨压力过大，会加快研具的磨损，使研磨表面粗糙度增大，影响被研磨工件的质量；若研磨压力过小，会降低磨制能力，最终导致研磨效率降低。

研磨压力的范围一般为 0.01～0.5 MPa。其中，手工研磨时的研磨压力为 0.01～0.2MPa，精研时的研磨压力为 0.01～0.05 MPa，机械研磨时的研磨压力为 0.01～0.3MPa，当研磨压力为 0.04～0.2MPa 时，减小工件表面粗糙度的效果较为明显。

（2）研磨速度。研磨速度是影响研磨质量和研磨效率的重要因素之一。一般情况下，研磨速度和研磨效率呈正比，但如果研磨速度过高，会产生较高的热量，可能会烧伤工件表面，从而影响研磨精度。粗研磨时宜采用较高的研磨压力和较低的研磨速度；精研磨时宜采用较低的研磨压力和较高的研磨速度。

在选择研磨速度时，应综合考虑加工精度、工件材料、硬度、研磨面积和加工方式等因素。一般研磨速度为 10～150 m/min，精研速度在 30m/min 以下。手工粗研磨时，每分 40～60 次的往复运动；精研磨时，每分钟做 20～40 次的往复运动。

（3）研磨余量。工件在研磨前的预加工质量与余量会直按影响研磨加工时的精度与质量。工件经过研磨前的预加工，已具有足够的尺寸精度、几何形状精度和表面粗糙度，原则上只需要去

除表面加工痕迹和变质层即可。研磨余量过大，会使加工时间延长，使研具材料的消耗增加，使加工成本提高；研磨余量过小，加工后达不到工件的表面粗糙度和尺寸精度的要求。一般对表面积大或形状复杂，且加工精度要求高的工件，研磨余量取较大值；对预加工的质量要求高的工件，研磨余量取小值。研磨余量的大小还应结合工件的材料、尺寸精度、工艺条件及研磨效率等而确定。此外，研磨余量应尽量小，一般手工研磨余量不应大于 10μm，机械研磨余量应小于 15μm。研磨余量见表 2-2。

表 2-2　研磨余量

工件形状	上道工序	表面粗糙度 Ra/μm	研磨余量/μm	研磨后表面粗糙度 Ra/μm
平面	精磨	0.8～0.4	3～15	0.1
	刮研	1.6～0.8	3～20	0.1
内圆	内圆磨	0.8～0.2	5～20	0.1
	精车	1.6	20～40	0.1
	铰孔	3.2～1.6	20～50	0.1
型腔	电火花线切割	细钼丝：1.6	5～10	0.1
		粗钼丝：6.3	10～20	0.1
外圆	外圆磨	0.8～0.4	10～30	0.1
	精车	1.6	20～35	0.1

（4）研磨阶段和磨料的运动轨迹。研磨加工一般经过粗研磨、细研磨、精研磨、抛光四个阶段。在这四个阶段中总的研磨次数依据研磨余量以及初始和最终的表面粗糙度与加工精度而定。磨料的粒度从粗到细，每次更换磨料都要清洗工具和工件。各部位的研磨顺序根据工件表面的具体情况确定。

研磨时，磨料的运动轨迹要使工件表面各点有相同（或近似）的切削（磨削）条件，其运动轨迹可以往复、交叉，但不应重复，且要根据工件表面的大小和形状来选择，有直线式、螺旋式、8 字式、摆动式等，见表 2-3。

表 2-3　研磨的运动轨迹

磨料的运动轨迹	直线式	螺旋式	8 字式	摆动式
简图				
说明	研磨键槽面和有台阶的狭长面	研磨圆面和圆柱形工件端面	研磨小平面	研磨某些圆弧面

（5）研磨效率。研磨效率是指每分钟研磨去除表面层的厚度。工件表面的硬度越高，研磨效率越低。一般淬火钢的研磨效率为 1μm/min，合金钢的研磨效率为 0.3μm/min，超硬材料的研磨效率为 0.1μm/min。通常在研磨的初始阶段，工件几何形状误差的消除和表面糙度的改善较快，而后则逐渐减慢。这与所用磨料的粒度有关，磨粒粗，磨削能力强，研磨效率高，但所得研磨表面质量低；磨粒细，磨削能力弱，研磨效率低，但所得研磨表面质量高因此，为提高研磨效率，选用磨料的粒度时，应从粗到细分级研磨，循序渐进地达到所要求的表面粗糙度。

4）研具

研具是研磨剂的载体，可使游离的磨粒嵌入研具工作表面发挥切削作用。

（1）研具材料。研具材料很广泛，原则上研具材料硬度应比工件材料硬度低，但研具材料过软，会使磨粒全部嵌入研具工作表面而使切削作用降低。研具材料的软硬程度、耐磨性应该与工件材料相适应。一般研具材料有灰铸铁、球墨铸铁、软钢、各种有色金属及其合金和非金属材料。

①灰铸铁。灰铸铁的晶粒细小，具有良好的润滑性，硬度适中，磨耗低，研磨效果好，价廉易得，因此应用广泛。

②球墨铸铁。球墨铸铁比一般铸铁容易嵌入磨料，可使磨料嵌入牢固、均匀，同时能增加研具的耐用度，可获得高质量的研磨效果。

③软钢。软钢韧性较好，强度较高，常用于制作小型研具，可用来研磨小孔和窄槽等。

④各种有色金属及其合金。各种有色金属及其合金包括铜、黄铜、青铜、锡、铝、铅锡合金等。它们的材质较软，表面容易嵌入磨料，适宜做软钢类工件的研具。

⑤非金属材料。非金属材料包括木、竹、皮革、毛毡、纤维板、塑料、玻璃等。除玻璃以外，其他非金属材料质地较软，磨料易于嵌入，可获得良好的研磨效果。

（2）研具种类。研具包括研磨平板、研磨环、研磨棒和普通油石。

①研磨平板。研磨平板主要用于单一平面及中、小镶件端面的研磨抛光，如冲裁凹模端面、塑料模中的单一平面分型面等。研磨平板用灰铸铁材料，并在平板上开设相交成 60°或 90°、宽 1～3mm、距离 15～20mm 的槽，研磨抛光时在研磨平板上放些微粉和抛光剂、如图 2-3 所示。

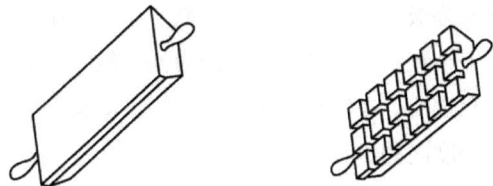

(a)无槽的用于精研　　　　　(b)带槽的用于粗研

图 2-3　研磨平板

②研磨环。研磨环主要研磨外圆柱表面，如图 2-4 所示。研磨环的内径比工件的外径大 0.025～0.05 mm，当研磨环内径增大时，可通过调节螺钉使研磨环的内径缩小。

图 2-4　研磨环
1—调节圈；2—外环；3—调节螺钉

③研磨棒。研磨棒主要用于圆柱孔的研磨，分固定式和可调式两种，如图 2-5 所示。固定式研磨棒分有槽和无槽两种，有槽的用于粗研，无槽的用于精研。

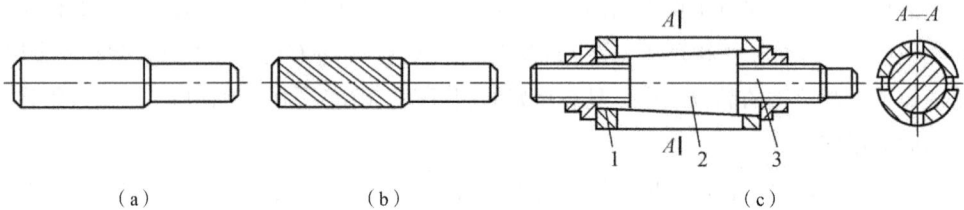

（a）　　　　　　　（b）　　　　　　　（c）

图 2-5　研磨棒
（a）固定式无槽研磨棒；（b）固定式有槽研磨棒；（c）可调式研磨棒
1—开槽研磨套；2—锥度芯棒；3—调节螺钉

④普通油石。普通油石一般用于粗研磨。它由氧化铝、碳化硅磨料和黏结剂压制烧结完成。使用时根据型腔形状磨成所需形状，并根据工件表面的粗糙度和工件材料硬度选择相应的油石。当工件材料较硬时，应该选择较软的油石；当工件材料较软时，应该选择较硬的油石。当工件表面粗糙度要求较高时，油石要细些，组织要致密些。

（3）研具硬度。研具是一类特殊工艺装备，它的硬度定义仍沿用磨具硬度的定义。磨具程度是指磨粒在外力作用下从磨具表面脱落的难易程度，反映了结合剂把持磨粒的强度。磨具硬度主要取决于结合剂加入量的多少和磨具的密度。磨粒容易脱落的表示磨具硬度低，磨粒不易脱落的表示磨具硬度高。研具硬度的等级一般可分为超软、软、中软、中、中硬、硬和超硬七大级。从这些等级中还可再细分出若干小级。测定磨具硬度的方法，较常用的有手推法、机械锥法、洛氏硬度计测定法和喷砂硬度计测定法。在研磨加工中，若工件材料硬度高，则选用硬度低的研具；若工件材料硬度低，则选用硬度高的研具。

5）研磨剂

研磨剂由磨料、研磨液与研磨辅料组成。正确选择研磨剂是提高研磨效率和研磨质量的关键。

（1）磨料。磨料在研磨过程中起微切削和微挤压塑性变形的作用。磨料的选择包括磨料的种类和磨料的粒度。磨料的种类主要取决于研磨工件材料的种类，磨料的种类很多，常用磨料的种类及其适用范围见表 2-4。

表 2-4 常用磨料的种类及其适用范围

磨料		适用范围
系列	名称	
刚玉系（氧化铝系）	棕刚玉	粗、精研磨钢、铸铁和硬青铜
	白刚玉	粗研淬火钢、高速钢和有色金属
	铬刚玉	研磨低粗糙度表面、钢件
	单晶刚玉	研磨不锈钢等强度高、韧性大的工件
碳化物系	黑碳化硅	研磨铸铁、黄铜、铝
	绿碱化硅	研磨硬质合金、硬铬、玻璃、陶瓷、石材
	碳化硼	研磨和抛光硬质合金、陶瓷、人造宝石等
超硬磨料系	天然金刚石	研磨高硬度淬火钢、高矾高钼钢、高速钢、镍基合金
	人造金刚石	
	立方氮化硼	研磨硬质合金、人造宝石、玻璃、陶瓷、半导体材料等高硬难切材料
软磨料系	氧化铁	精细研磨和抛光钢、淬硬钢、铸铁、光学玻璃氧化铬及单晶硅
	氧化铬	

磨料粒度的选择主要取决于研磨表面粗糙度。磨料的粒度是指磨料的颗粒尺寸。磨料按其颗粒尺寸的大小可分为磨粒、磨粉、微粉和超微粉四种。其中，磨粒和磨粉这两组磨料的粒度号用每一英寸筛网长度上的网眼数表示，其标志是在粒度号的数值右上角加符号"#"。粒度号的数值越大，表明磨粒越细小。微粉和超微粉这两组磨料的粒度号用颗粒的实际尺寸数值表示，其标志是在颗粒的实际尺寸数值前加一个字母"W"。磨料的粒度号及其可达到的表面粗糙度见表 2-5。

表 2-5 磨料的粒度号及其可达到的表面粗糙度

研磨方法	磨料的粒度号	可达到的表面粗糙度 $Ra/\mu m$
粗研磨	100#～120#	1.25～0.63
	150#~280#	1.25~0.16
精研磨	W14～W40	0.32～0.08
精密件粗研磨	W10~W14	<0.08
精密件半精研磨	W5～W7	0.08～0.04
精密件精研磨	W0.5~W5	0.04～0.01

（2）研磨液。研磨液主要起调和磨料，使磨料均匀分布和润滑冷却的作用。其应具有一定的黏度和稀释能力，且表面张力要低，化学稳定性要好，对被研磨工件没有化学腐蚀作用，能与磨料很好地混合，易于沉淀研磨脱落的粉尘和颗粒物，对操作者无害，易于清洗。各种工件材料所对应的研磨液见表 2-6。

表 2-6 各种工件材料所对应的研磨液

工件材料		研磨液
钢	粗研	煤油 3 份，10 号机油 1 份，透平油或锭子油少量，轻质矿物油适量
	精研	10 号机油
铸铁		煤油
铜		动物油（熟猪油与磨料拌成糊状，再加 3 倍爆油），适量锭子油和植物油
淬火钢、不锈钢		植物油、透平油或乳化油

（3）研磨辅料。研磨辅料是一种混合脂，在研磨过程中起吸附、润滑及化学作用，以提高研磨效率和研磨质量。常用的研磨辅料有硬脂酸、油酸、脂肪酸、蜂蜡和工业甘油等。

6）研磨机

研磨机是用涂上或嵌入磨料的研具对工件表面进行研磨的机床，主要用于研磨工件中的高精度平面、内外圆柱面、圆锥面、球面、螺纹面和其他型面。研磨机的主要类型有圆盘式研磨机、转轴式研磨机和专用研磨机。

（1）圆盘式研磨机。圆盘式研磨机有单盘研磨机和双盘研磨机两种，其中双盘研磨机的应用最为普遍。在双盘研磨机上，多个工件同时放入位于上、下研磨盘之间的保持架内，保持架和工件由偏心或行星机构驱动做平面运动。下研磨盘旋转，上研磨盘可以不转，也可以与下研磨盘反向旋转，并可上、下移动以压紧工件（压力可调）。此外，上研磨盘还可随摇臂绕立柱转动一个角度，以便装卸工件。双盘研磨机主要用于加工两个平行面、一个平面（需增加压紧工件的附件）、外圆柱面和球面（采用带 V 形槽的研磨盘）等。加工外圆柱面时，因工件既要滑动又要滚动，须合理选择保持架孔槽形式和排列角度。单盘研磨机只有一个下研磨盘，用于研磨工件的下平面，可使形状和尺寸各异的工件同盘加工，研磨精度较高。有些研磨机还带有能在研磨过程中自动校正研磨盘的机构。

（2）转轴式研磨机。转轴式研磨机可由正、反向旋转的主轴带动工件或研具（可调式研磨环或研磨棒）旋转。其结构比较简单，主要用于研磨内外圆柱面。

（3）专用研磨机。专用研磨机根据被研磨工件的不同可分为中心孔研磨机、钢球研磨机和齿轮研磨机等。此外，还有一种采用类似无心磨削原理的无心研磨机，可用于研磨圆柱形工件。

4. 抛光加工

通常所说的研磨与抛光并没有本质上的区别，只是抛光工具由软质材料制成。抛光是利用柔性抛光工具和微细磨料颗粒或其他抛光介质对工件表面进行的修饰加工，可去除上道工序留下的加工痕迹（如刀痕、磨纹、麻点、毛刺）。抛光加工不能提高工件的尺寸精度或几何形状精度，而以得到光滑表面或镜面光泽为目的。研磨与抛光的机理是相同的，习惯上把使用硬质研具的加工称为研磨，把使用软质研具的加工称为抛光。抛光一般用于模具零件的最终加工，其加工原理如图 2-6 所示。

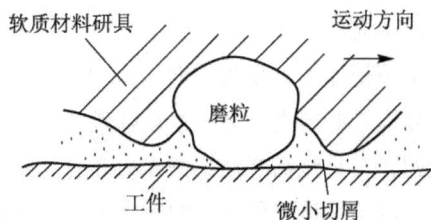

图 2-6　抛光加工的原理

1）抛光工具

抛光除可采用研磨工具外，还有适合快速减小表面粗糙度的专用抛光工具，即油石、砂纸、研磨抛光膏、抛研液和机械抛光工具。

（1）油石。油石是用磨料和结合剂等压制烧结而成的条状固结磨具。油石在使用时通常会加油润滑。油石一般用于手工修磨零件，也可装夹在机床上进行研磨和超精加工。油石有人造油石和天然油石两类。

人造油石由于所用磨料不同而有两种结构类型，即无基人造油石和有基人造油石，如图 2-7 所示。无基人造油石是用刚玉系或碳化物系磨料和结合剂制成的无基体的人造油石。它按横断面形状可分为正方形无基人造油石、长方形无基人造油石、三角形无基人造油石、楔形无基人造油石、圆形无基人造油石和半圆形无基人造油石等，见图 2-7（a）。有基人造油石是用金刚石或立方氮化硼磨料和结合剂制成的有基体的人造油石，它按横断面形状可分为长方形有基人造油石、三角形有基人造油石和弧形有基人造油石等，见图 2-7（b）。

图 2-7　人造油石的种类

（a）无基人造油石；（b）有基人造油石

天然油石是选用质地细腻又具有研磨和抛光能力的天然石英岩加工而成的，适用于手工精密修磨。

（2）砂纸。砂纸由氧化铝或碳化硅等磨料与纸黏结而成，主要用于粗抛光。其粒度号常用的有 400#、600#、800#、1000# 等。

（3）研磨抛光膏。研磨抛光膏是由磨料和研磨液组成的研磨抛光剂，可分为硬磨料研磨抛光膏和软磨料研磨抛光膏两类。硬磨料研磨抛光膏中的磨料有氧化铝、碳化硅、碳化硼和金刚石等，常用磨料的粒度号有 200#、240#、W40 等。软磨料研磨抛光膏中含有油质活性物质，使用时可用煤油或汽油稀释，它主要用于精抛光。

（4）抛研液。抛研液常用于超精加工，是由粒度号为 W0.5~W5 的氧化铬和乳化液混合而成的。它多用于外观要求极高产品模具的抛光，如光学镜片模具等。

（5）机械抛光工具。机械抛光工具包括圆盘式抛光机和电动式抛光机。

如图 2-8 所示为圆盘式抛光机。它是一种常见的电动工具，可用于去除一些大型模具仿型加工后的走刀痕迹及倒角。其抛光精度不高，抛光程度接近粗磨。

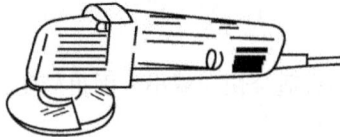

图 2-8　圆盘式抛光机

电动式抛光机主要由电动机、传动软轴及手持式研抛头组成。使用时电动机挂在悬挂架上，启动电动机后通过传动软轴和手持式抛光头旋转或往复运动。这种抛光机备有以下三种不同的研抛头，以适应不同的研抛工作。

①手持往复式研抛头。手持往复式研抛头工作时一端连接传动软轴，另一端安装研具、油石或锉刀等。在传动软轴作用下研抛头往复运动，可适应不同的加工需要。手持往复式研抛头的工作端还可根据需要在 0°～270° 调整。这种研抛头装上球头杆，配上圆形或方形铜（塑料）环作为研具，可沿研磨表面不停地均匀移动，可对某些小曲面或复杂形状的表面进行研磨，如图 2-9 所示。研磨时常采用金刚石研磨抛光膏作为研磨剂。

②手持直式旋转研抛头。手持直式旋转研抛头可装夹 2～12mm 的特形金刚石砂轮，在传动软轴作用下，做高速旋转运动。加工时就像握笔一样握住手持直式旋转研抛头进行操作，可对型腔的细小复杂的凹弧面进行修磨，如图 2-10 所示。

图 2-9　手持往复式研抛头的应用

1—工件；2—研磨环；3—球头杆；4—传动软轴

图 2-10　用手持直式旋转研抛头进行加工

从手持直式旋转研抛头上取下特形金刚石砂轮，装上打光球用的轴套，用塑料研磨套可研抛圆弧部位。在手持直式旋转研抛头上装上各种尺寸的羊毛毡抛光头可进行抛光工作。

③手持角式旋转研抛头。手持角式旋转研抛头与手持直式旋转研抛头相比，其砂轮回转轴与研抛头的直柄部成一定夹角，便于对型腔的凹入部分进行加工，与相应的研磨和抛光工具配合，

可进行相应的研磨和抛光工序。使用电动式抛光机进行研磨或抛光时应根据工件表面的原始粗糙度和加工要求，选用适当的研抛工具和研磨剂，由粗到细逐步加工。

2）抛光工艺顺序

首先了解被抛光零件的材料和热处理硬度，以及上道工序的加工方法和加工后的表面粗糙度，检查被抛光表面有无划伤和压痕，明确工件最终的表面粗糙度要求，并以此为依据，分析确定具体的抛光工序，准备抛光用具及抛光剂等。抛光工艺的工艺顺序包括粗抛、半精抛和精抛。

（1）粗抛。粗抛是指在经铣削、电火花成型、磨削等工艺加工出的工件表面被清洗后，选择转速为 35000～40000r/min 的旋转表面抛光机或超声波研磨机进行抛光。常用的抛光方法是先利用直径为 3mm、磨料的粒度号为 400# 的轮子去除白色电火花表面的加工痕迹，然后用油石加煤油作为润滑剂或冷却剂进行手工研磨，再用由粗到细的砂纸逐级进行抛光。对于精磨削的表面，可直接用砂纸进行粗抛，逐级提高砂纸的粒度号，直至达到模具表面粗糙度的要求。砂纸粒度号的使用顺序为 180#—240#—320#—400#—600#—800#—1000#。许多模具制造商为了节约时间，选择从粒度号为 400# 的砂纸开始。

（2）半精抛。半精抛主要使用砂纸和煤油。砂纸粒度号的使用顺序为 400#—600#—800#—1000#—1200#—1500#。一般粒度号为 1500# 的砂纸只适用于淬硬的模具钢（52HRC 以上），而不适用于硬钢，因为这样可能会导致预硬钢表面烧伤。

（3）精抛。精抛主要使用研磨抛光膏。用抛光布轮混合研磨粉和研磨抛光膏进行研磨时，通常磨料粒度号的使用顺序为 1800#—3000#—8000#。抛光布轮和磨料粒度号为 1800# 的研磨抛光膏可用来去除粒度号为 1200# 和 1500# 的砂纸留下的发状磨痕。接着用黏毡和金刚石研磨抛光膏进行抛光时，磨料粒度号的使用顺序为 14000#—60000#—100000#。精度要求在 1μm 以上（包括 1μm）的抛光工艺在模具加工车间一个清洁的抛光室内即可进行。若进行更加精密的抛光，则必须有一个绝对洁净的空间。灰尘、烟雾、头皮屑等都有可能使数个小时工作后得到的高精密抛光表面报废。

3）抛光工艺措施

抛光工艺的工艺措施包括工具材料的选择、抛光方向的选择和抛光面的清理。

（1）工具材料的选择。用砂纸抛光需要选用软木棒可更好地配合圆面和球面的弧度。而较硬的木条如樱桃木则更适用于平整表面的抛光。修整木条的末端使其能与钢件表面形状保持吻合，这样可以避免木条（或竹条）的锐角接触钢件表面而造成较深的划痕。

（2）抛光方向的选择和抛光面的清理。当换用不同型号的砂纸时，抛光方向应与上一次抛光方向变换 45°～90° 进行抛光，这样前一种型号的砂纸抛光后留下的条纹阴影即可分辨出来。对于塑料模具，最终的抛光纹路应与塑料件的脱模方向一致。

在换不同型号的砂纸之前，必须用脱脂棉蘸取酒精之类的清洁液对抛光表面进行仔细地擦拭，不允许有上道工序的研磨抛光膏进入下道工序。尤其到了精抛阶段，从砂纸抛光换成金刚石研磨抛光膏抛光时，这个清洁过程更为重要。在抛光继续进行之前，所有颗粒和煤油都必须被完全清洁干净。

4）抛光的注意事项

抛光时应注意以下事项。

（1）为了避免擦伤和烧伤工件表面，在用粒度号为 1200#和 1500#的砂纸进行抛光时必须特别小心。因此，加载一个轻载荷以及采用两步抛光法对表面进行抛光是有必要的。

（2）金刚石研磨抛光膏必须在较轻的压力下进行，特别是抛光预硬钢时。

（3）当使用金刚石研磨抛光膏时，不仅要求工件表面洁净，而且工作者的双手也必须仔细清洁。

（4）每次抛光时间不应过长。如果抛光过程过长，将会因摩擦烧伤使局部变色。

（5）为获得较好的抛光效果，容易发热的抛光方法和抛光工具都应避免使用。

（6）当抛光过程停止时，不但应保证工件表面洁净，还应仔细去除所有研磨剂和润滑剂，随后应在工件表面喷淋一层模具防锈层。

5）抛光中可能产生的缺陷及解决办法

如果抛光过程过长将会造成过抛光，反而使工件表面更粗糙。过抛光将产生"橘皮"和"点蚀"。抛光中产生的热量和抛光用力过大也会产生"橘皮"。工件材料中的杂质在抛光过程中从金属组织中脱离出来也会产生"点蚀"。

解决上述问题的办法是提高工件材料的表面硬度，采用软质的抛光工具、优质的合金钢材，在抛光时施加合适的压力，并用最短的时间完成抛光。

6）手工抛光

由于模具生产属于单件生产，与模具成型表面不同，抛光部位形状比较复杂，特别是型腔中的窄缝、盲孔、深孔和死角很多，使得手工抛光仍然占有重要地位。

（1）坯料的准备。模具零件在抛光前应满足下述两个条件：一是在抛光前坯料应留有 0.1～0.12 mm 的抛光余量，二是预抛光的坯料表面粗糙度为 Ra 6.3～1.6μm。

（2）手工抛光用的工具及材料。手工抛光用的工具主要有手砂轮、抛光机（砂轮机可代用）、布砂轮、毡布、镊子、海军呢碎片、细砂纸、丝绸布和油石等。硬磨料研磨抛光膏可选用金刚砂研磨抛光膏。软磨料研磨抛光膏主要用煤油或煤油与机油的混合物、乙醇等。

（3）手工抛光的工艺过程。手工抛光可按下述工艺过程进行。

①先粗加工坯料表面，然后用细锉进行交叉锉削或用刮刀刮平。锉削后，坯料表面不应有明显的刀纹和加工划痕。

②用纱布进行表面磨光。

③用金刚砂研磨抛光膏，并用毡布或海军呢碎片蘸取煤油或煤油与机油的混合物在被抛光表面研磨。

④经研磨后的表面，用毡布或海军呢碎片蘸取细号金刚砂的干粉面再进行一次抛光，以获得美观光洁的表面。抛光后的表面应用丝绸布擦干净。

对于拉伸、弯曲、冷挤压及塑料模的回转体凸模、型芯等，可直接在抛光机上用布砂轮行抛光，然后再用海军呢碎片打光即可。

（4）手工地光的注意事项。手工抛光时，抛光的运动方向应经常变换，否则会有纹路出现，上道工序结束后，必须将杂物清除。此外，复茶的凸、凹模及型腔型面的抛光，可以采用乙醇作为软磨料研磨抛光膏。

（5）影响手工抛光质量的因素。手工抛光质量与工件材料硬度及工件表面状况等有关。

①工件材料硬度对手工抛光质量的影响。工件材料硬度增加使研磨的困难增大，但抛光后的工件表面粗糙度减小。

②工件表面状况对手工抛光质量的影响。钢材在机械切削加工的破碎过程中，其表层会因热量、内应力或其他因素而使工件表面状况不佳；电火花加工后会在工件表面形成硬化薄层。因此，抛光前最好增加一道粗磨加工，彻底清除工件表面状况不佳的表面层，为抛光加工提供一个良好的基础。

5. 其他光整加工方法

1）挤压研磨抛光

挤压研磨抛光属于磨料流动加工。它不仅可对工件表面进行光整加工，还可以去除零件内部通道上的毛刺。

挤压研磨抛光是使用一种含有磨料和油泥状的弹黏性高分子介质混合组成的黏性研磨抛光剂，在一定压力作用下通过工件表面，利用磨料颗粒的刮削作用去除工件表面微观不平材料的工艺方法。磨料颗粒相当于"软砂轮"，在流动中紧贴零件加工表面，由于压力摩擦和切削作用，将切屑从工件表面刮离。如图 2-11 所示为挤压研磨抛光的原理。工件安装在夹具中，夹具和上、下磨料室相通，磨料室内充满研磨抛光膏，由上、下活塞依次轮流对研磨抛光膏施加压力，并做往复运动，使研磨抛光剂在一定压力作用下，反复从工件表面滑擦通过，从而达到研磨抛光的目的。

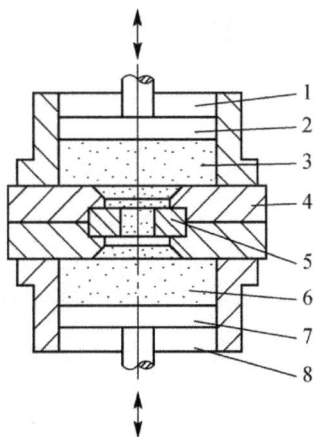

图 2-11　挤压研磨抛光的原理

1—上磨料室；2—上活塞；3、6—研磨抛光膏；4—夹具；5—工件；7—下活塞；8—下磨料室

挤压研磨抛光具有以下特点。

（1）适用范围广。由于挤压研磨抛光的研磨抛光剂是一种半流体状态的弹黏性介质，可以和各种复杂形状工件表面相吻合，因而适用于各种复杂形状工件表面的加工。此外，挤压研磨抛光的加工材料范围广，可以是高硬度模具材料（如铸铁、铜、铅等）以及陶瓷、硬塑料等非金属材料。

（2）挤压研磨抛光的效果好。挤压研磨抛光后尺寸精度、表面粗糙度和抛光前的原始状态有关。电火花线切割加工后的表面，经挤压研磨抛光后表面粗糙度可达 $Ra0.05\sim0.04\mu m$，尺寸精度可达 0.01～0.0025mm，完全可以去除电火花线切割加工的表面质量缺陷。但是挤压研磨抛光属于均匀磨削，不能修正原始加工的形状误差。

（3）挤压研磨抛光的效率高。挤压研磨抛光的加工余量一般为 0.01～0.1mm，所需要的研磨抛光时间为几分钟至十几分钟，与手工研磨抛光相比极大提高了生产率。

2）电解修磨抛光

电解修磨抛光是在工件和抛光工具之间施加直流电压，利用通电后工件与抛光工具在电解液中发生的阳极溶解作用来进行抛光的一种工艺方法，如图 2-12 所示。

电解修磨抛光工具可采用导电油石制造。这种油石以树脂作为黏结剂与石墨和磨料（碳化硅或氧化铝）混合压制而成，应将导电油石修整成与加工表面相似的形状。抛光时，手持抛光工具在工件表面轻轻摩擦，伴随电解作用，因此，加工效率高。

如图 2-13 所示为电解修磨抛光的原理。从图中可以看出，加工时仅工具表面凸出的磨粒与工件加工表面接触，磨粒不导电，防止了两极间发生短路现象。由于砂轮基体（含石墨）导电，当电流及电解液从两极间通过时，在工件表面产生电化学反应，电解并生成很薄的氧化膜，这层氧化膜不断地被移动的抛光工具上的磨粒刮除，使加工表面重新露出新的金属表面，并继续被电解。电解作用和刮除氧化膜交替进行，从而使工件加工表面的粗糙度逐渐减小，工件被抛光。电源可采用全波桥式整流，晶闸管调压。其最大输出电流为 10A，电压为 0～24 V，也可采用一般直流稳压电源。电解液采用每升水溶入 150g 硝酸钠（$NaNO_3$）、50g 氯酸钠（$NaClO_3$）制成。

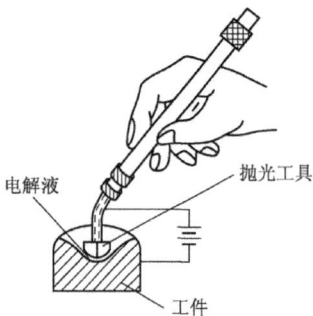

图 2-12 电解修磨抛光

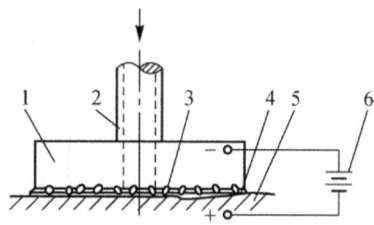

图 2-13 电解修磨抛光的原理

1—工具；2—电解液管；3—磨粒；
4—电解液；5—工件；6—电源

电解修磨抛光具有以下特点。

（1）电解修磨抛光不会使工件产生热变形或热应力。

（2）电解修磨抛光时，工件硬度不影响其加工速度。

（3）电解修磨抛光时，对型腔中用一般的方法难以修磨的部位（如深槽、窄缝及不规则圆弧等），可采用相应形状的修磨工具进行加工。其操作方便、灵活。

（4）电解修磨抛光后，模具表面粗糙度一般为 $Ra6.3\sim3.2\mu m$，对表面粗糙度小于上述范围的表面再采用其他方法加工。

（5）电解修磨抛光的装置简单，工作电压低，电解液无毒，可实现安全生产。

3）超声波抛光

超声波抛光是超声加工的一种形式，是利用超声振动的能量，通过机械装置对型腔表面进行抛光加工的一种工艺方法。如图 2-14 所示为超声波抛光的原理。超声发生器能将 50Hz 的交流电转变为具有一定功率输出的超声频电振荡。超声换能器将输入的超声频电振荡转换成超声机械振动，并将这种振动传递给变幅杆加以放大，最后传至固定在变幅杆端部的抛光工具，使抛光工具也产生超声频振动。

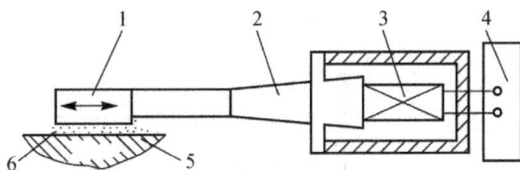

图 2-14　超声波抛光的原理

1—抛光工具；2—变幅杆；3—超声换能器；4—超声发生器；5—磨粒；6—工作液

在抛光工具的作用下，使工作液中悬浮的磨粒产生不同的剧烈运动，大磨粒高速旋转，小磨粒产生上下左右的高速跳跃，均对加工表面有微弱的切削作用，减小加工表面微观不平度，使加工表面光滑平整。按这种原理设计的抛光机称为散粒式超声波抛光机。此外，还可以将磨料与工具制成一个整体，如同油石一样，使用这种工具抛光，不需要另加磨料，只要加入工作液即可。如图 2-15 所示为超声波抛光机。

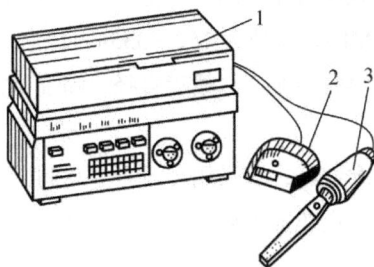

图 2-15　超声波抛光机

1—超声波发生器；2—脚踏开关；3—手持工具头

超声波抛光常采用碳化硅、碳化硼、金刚砂等作为磨料，粗、中抛光用水作为工作液，精细抛光一般用煤油作为工作液。超声波抛光前，工件的表面粗糙度为 $Ra2.5\sim1.25\mu m$，经抛光后表面粗糙度可达 $Ra0.63\sim0.08\mu m$ 或更高。抛光精度与操作者的经验和技术熟练程度有关。

超声波抛光的加工余量，与抛光前被抛光表面的质量及抛光后的表面质量有关。最小抛光余量应保证能完全消除由上道工序形成的表面的微观几何形状误差或变质层的深度。如对于采用电火花加工成型的型腔，对应于粗、精加工规范，所采用的抛光余量也不一样。电火花中、精加工后的抛光余量一般为 0.02~0.05mm。

超声波抛光具有以下特点。

（1）抛光效率高，能减轻劳动强度。

（2）适用于各种型腔模具，对窄缝、深槽、不规则圆弧的抛光尤为适用。

（3）适用于不同材质的抛光。

4）喷丸抛光

喷丸抛光是利用含有微细玻璃球的高速干燥流对工件表面进行喷射，去除工件表面微量金属材料，降低工件表面粗糙度。喷丸抛光不同于喷砂所使用的磨料类型，其所用的玻璃球更细，喷射后的玻璃球不可循环使用。喷丸抛光的加工示意图如图 2-16 所示。

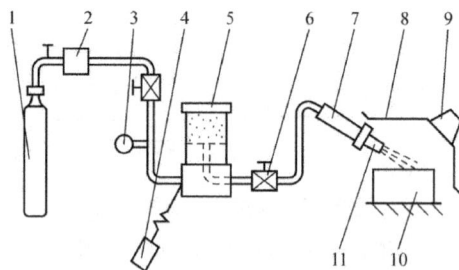

图 2-16　喷丸抛光的加工示意图

1—压缩气瓶；2—过滤器；3—压力表；4—振动器；5—磨料室和混合室；6—控制阀；
7—手柄；8—排气罩；9—收集器；10—工件；11—喷嘴

喷丸抛光的工艺参数有磨料、载体气体和喷嘴。

（1）磨料。喷丸抛光所用的磨料为玻璃球，磨料颗粒尺寸为 10~150μm。

（2）载体气体。喷丸抛光的载体气体可用干燥空气、二氧化碳，但不得用氧气。气体流量为 28 L/min 左右，压力为 0.2~1.3 MPa，流速为 152~335m/s。

影响喷丸抛光的因素主要有磨料的粒度、喷嘴直径、喷嘴到加工表面的距离、喷射速度和喷射角度等。

（3）喷嘴。喷嘴材料要求耐磨性好，多采用硬质合金材料。喷嘴直径为 0.13~1.2mm。喷丸抛光在模具加工中主要用于去除电火花加工后的成型表面变质层。

5）磁研磨抛光

磁研磨抛光是利用磁性磨料在磁场作用下形成磨料刷，对工件进行磨削加工的。这种抛光方法加工效率高，质量好，加工条件容易控制，工作条件好。若采用合适的磨料，可使工件的表面粗糙度达到 $Ra0.1\mu m$。

6）流体抛光

流体抛光依靠高速流动的液体及其携带的磨粒冲刷工件表面以达到抛光目的。常用的流体抛光有磨料喷射加工、液体喷射加工和流体动力研磨等。流体动力研磨由液压驱动，可使携带磨粒的液体介质高速往复流过工件表面。其介质主要采用在较低压力下流动性好的特殊化合物掺上磨料制成，磨料可采用碳化硅粉末。

7）程序控制抛光

为了解决高质量表面抛光和复杂形状表面的抛光，研制出了程序控制抛光机，它适用于各种复杂形状表面高精度的研磨抛光。

程序控制抛光机由专用计算机、数控系统、机械系统和附件等部分组成。加工前，将工件材料状态、抛光前的表面质量参数和加工尺寸参数，研磨抛光后的表面质量要求等参数输入到计算机后，计算机自动设定各项加工工艺参数。此外，程序控制抛光机还可以进行人机对话，修正加工工艺参数，并且进行各种形状曲面的运动轨迹控制、加工压力控制。为了保证加工的均匀性，可以改变抛光头的运动速度，移动加工表面，根据需要变化工作台的回转速度。

程序控制抛光能有效地保证加工质量，减轻人工研磨抛光的随意性，同时降低了劳动强度，提高了生产效率。

任务实施

1. 导柱的加工

导柱的加工工艺路线见表 2-7。

表 2-7 导柱的加工工艺路线

工序号	工序名称	工序内容	设备	工序简图
1	下料	按尺寸 $\phi 35mm \times 215mm$ 切断	锯床	
2	车端面，钻中心孔	①车端面保证长度为212.5mm，钻中心孔。 ②调头车端面保证长度为 210mm，钻中心孔	卧式车床	
3	车外圆	①车外圆至 $\phi 32.4$ mm。 ②车 10mm×0.5mm 退刀槽，车端部。 ③调头车外圆至 $\phi 32.4mm$，车端部	卧式车床	

工序号	工序名称	工序内容	设备	工序简图
4	检验			
5	热处理	按热处理工艺进行，保证渗碳层深度为 0.8～1.2mm，表面硬度为 58～62HRC		
6	研磨中心孔	①研磨中心孔。②调头研磨另一端中心孔	卧式车床	
7	磨削外圆	①磨削外圆至 ϕ32.01mm，留研磨余量为 0.01mm。②调头磨削外圆至 ϕ32r6mm	外圆磨床	
8	研磨外圆	研磨外圆至 ϕ32h6mm，抛光圆角	卧式车床	
9	检验			

在加工过程中，导柱外圆柱面的车削和磨削都是以两端的中心孔定位的，这样可使导柱外圆柱面的设计基准与工艺基准重合，使各主要工序的定位基准统一，易于保证导柱外圆柱面间的位置精度，使各磨削表面都有均匀的磨削余量。由于要用中心孔定位，因而在外圆柱面进行车削和磨削之前应先加工中心孔，以便为后续工序提供可靠的定位基准。

中心孔的形状精度和同轴度对加工质量有直接影响，特别是加工精度要求高的轴类零件时，保证中心孔与顶尖之间的良好配合是十分重要的。导柱在热处理后修正中心孔，目的是消除中心孔在热处理过程中可能产生的变形和其他缺陷，使磨削外圆柱面时能获得精确定位，以保证外圆柱面的形状精度和位置精度要求。若中心孔有较大的同轴度误差，将使中心孔和顶尖不能良好接触，影响加工精度，如图 2-17 所示。

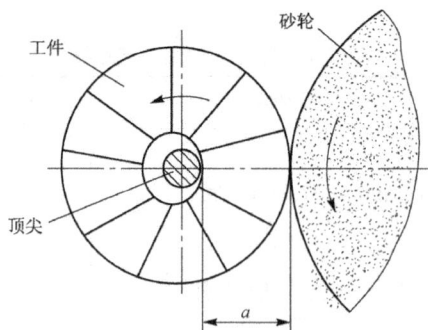

图 2-17 中心孔的同轴度误差使工件产生圆度误差

修正中心孔可以采用磨削、研磨和挤压等方法，可以在车床，钻床或专用机床上进行。如图 2-18 所示为在车床上用磨削方法修正中心孔。可在被磨削的中心孔处加入少量煤油或机油，手持工件进行磨削。用这种方法修正中心孔效率高，质量较好，但砂轮磨损快，需要经常修整。

图 2-18　在车床上用磨削方法修正中心孔

1—三爪自定心卡盘；2—砂轮；3—工件；4—尾顶尖

用研磨法修整中心孔，是用锥形的铸铁研磨头代替锥形砂轮，在被研磨的中心孔表面加研磨剂进行研磨的。如果用一个与磨削外圆的磨床顶尖相同的铸铁顶尖作为研具，将铸铁顶尖和磨床顶尖一道磨出 60° 角后研磨出中心孔，则可保证中心孔和磨床顶尖达到良好配合，且能磨削出圆度和同轴度误差不超过 0.002 mm 的外圆柱面。

如图 2-19 所示为挤压中心孔的硬质合金多棱顶尖。挤压时多棱顶尖装在车床主轴的锥孔内，利用车床的尾顶尖将工件压向多棱顶尖，通过多棱顶尖的挤压作用来修正中心孔的几何误差。此方法生产率极高（只需几秒钟），但质量稍差，一般用于修正精度要求不高的中心孔。

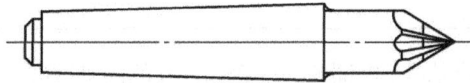

图 2-19　挤压中心孔的硬质合金多棱顶尖

2. 导套的加工

导套的加工工序见表 2-8 所示。

表 2-8　手套的加工

工序号	工序名称	工序内容	设备	工序简图
1	下料	按尺寸 φ52mm×110mm 切断	锯床	
2	车外圆及镗孔	①车端面保证长度为 113mm。 ②钻孔至 φ30mm。 ③车外圆至 φ45.4。 ④倒圆角。 ⑤车 3mm×1mm 退刀槽。 ⑥镗孔至 φ31.6mm。 ⑦镗油槽。 ⑧镗孔至 φ33mm。 ⑨倒角	卧式车床	

续表 2-8

工序号	工序名称	工序内容	设备	工序简图
3	车外圆及倒角	①车外圆至φ48mm。②车端面保证长度为110mm。③倒圆角	卧式车床	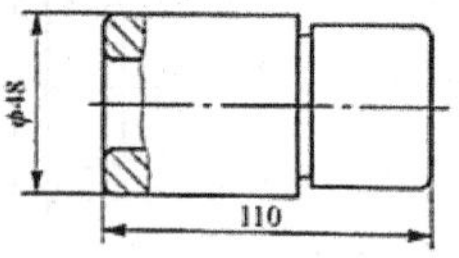
4	检验			
5	热处理	按热处理工艺进行，保证渗碳层深度为 0.8~1.2mm，表面硬度58~62HRC		
6	磨削外圆及内孔	①磨削外圆至φ45r6mm。②磨削内孔至φ32mm，留研磨余量为0.01mm	万能外圆磨床	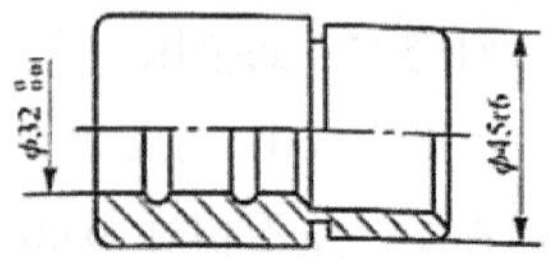
7	研磨内孔	研磨内孔至φ32H7mm，研磨圆弧	卧式车床	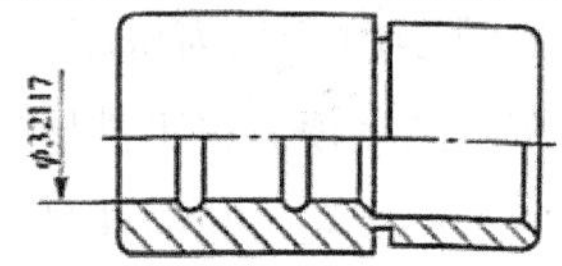
8	检验			

磨削导套时正确选择定位基准，保证外圆柱面和内孔的同轴度要求是十分重要的。例如，表2-8中工件热处理后，在万能外圆磨床上，利用三爪自定心卡盘夹持 48 mm 外圆柱面，一次装夹后磨削出 45r6 mm 的外圆柱面和32mm 的内孔，可以避免由于多次装夹所带来的误差，容易保证外圆柱面和内孔的同轴度要求。但每磨削一次都要重新调整机床，因此，这种方法只宜在单件生产的情况下采用。如果加工同一尺寸的导套数量较多，可以先磨好内孔，再把导套装在专门设计的锥度心轴上。如图 2-20 所示，以小锥度心轴两端的中心孔定位（使定位基准和设计基准重合），借小锥度心轴和导套间的摩擦力带动工件旋转，从而实现磨削外圆柱面的目的。这种操作能获得较高的同轴度要求，并且可使操作过程简化，使生产率提高。此外，这种小锥度心轴应具有较高的制造精度，其锥度为 1/5000~1/1000，硬度在 60 HRC 以上。

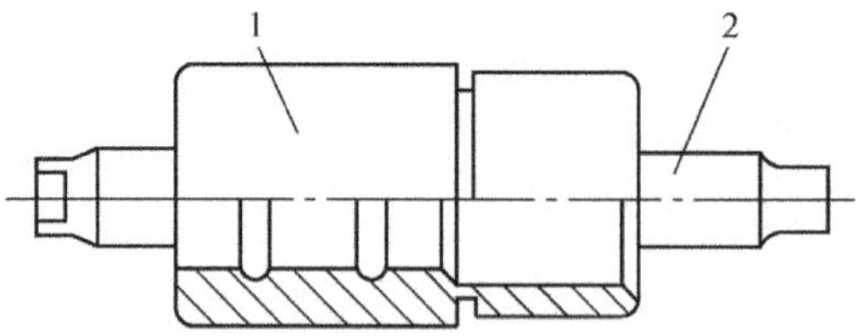

图 2-20 用小锥度心轴安装导套

3. 导柱和导套的研磨加工

导柱和导套研磨加工的目的在于进一步提高被加工表面的质量，以达到设计要求

在生产数量大的情况下（如专门从事模架生产），可以在专用研磨机床上研磨。在单件、小批量生产中，可以采用如图 2-21 和图 2-22 所示的简单研具在普通车床上进行研磨。研磨时将导

柱安装在车床上，由主轴带动旋转，在导柱表面均匀涂上一层研磨剂，套上研具，并用手将其握住，做轴线方向的往复直线运动。研磨导套与研磨导柱相类似，是由主轴带动研具旋转，手握套在研具上的导套，做轴线方向的往复直线运动。调节导套研具上的调整螺母和螺帽，可以调整研磨套的直径，以控制研磨余量的大小。

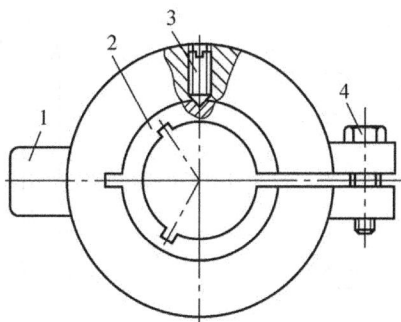

图 2-21　导柱研具

1—研磨架；2—研磨套；3—限位螺钉；4—调整螺栓

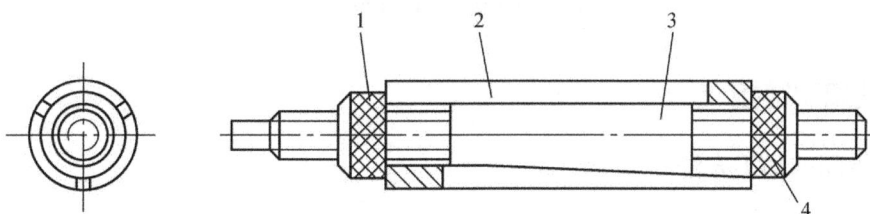

图 2-22　导套研具

1、4—调整螺母；2—研磨套；3—锥度心轴

研磨导柱和导套用的研磨套一般用铸铁制造。研磨剂用氧化铝或氧化铬（磨料）与机油或煤油（研磨液）混合而成。磨料的粒度号一般在 220~W7 中选取。按被研磨表面的尺寸大小和要求，一般导柱和导套的研磨余量为 0.01~0.02 mm。

任务二　冲模模座板零件的加工工艺

任务描述

冲模上、下模座板零件通常是用铸铁或铸钢作为坯料经过铣（或刨）削加工后，在平面磨床上磨削上、下平面，以保持其平行度。为了保证安装导柱和导套的孔垂直于底面，应在磨削好上、下平面后再加工孔。孔的加工可在坐标镗床、铣床、摇臂钻床或在专门的双轴镗孔机上进行，也可在数控铣床或加工中心上进行。上、下模座的结构形式较多，如图 2-23 所示为后侧导柱标准冷冲模模座，试编制其加工工艺路线。

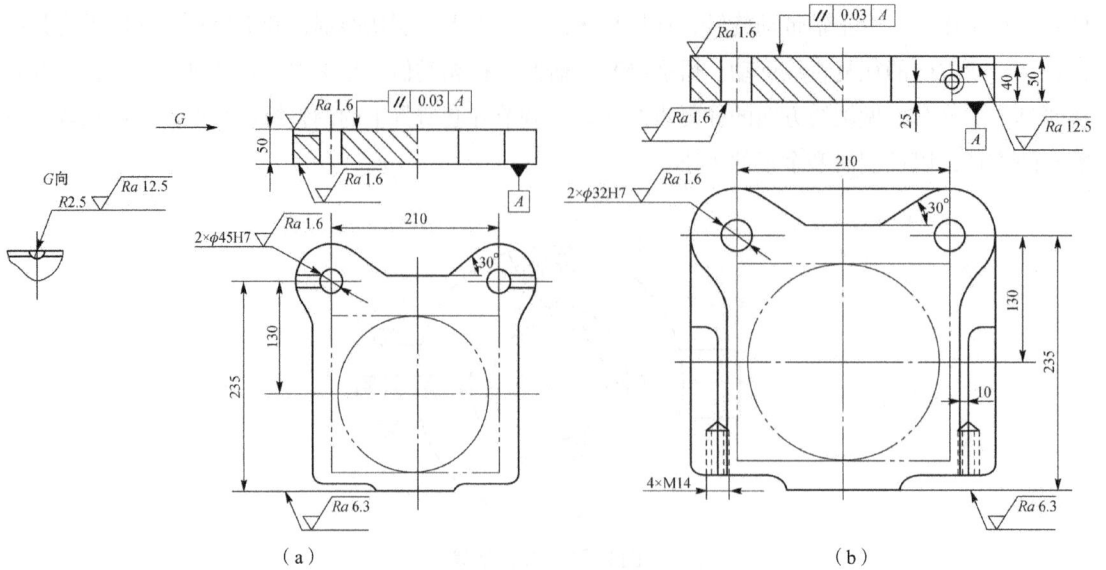

图 2-23　后侧导柱标准冷冲模模座

（a）上模座；（b）下模座

相关知识链接

一、平面的加工方法

模具零件中有许多平面需要加工，如一些板类零件，模具的板类零件主要包括塑料模具中的定模型腔板模、动模型腔板、定模和动模固定板、支承板、推杆固定板、推板拉板、定距拉板、滑板、导滑板楔紧板、支承块，以及冲压模具中的模板、凸模固定板、凸模垫板、卸料板、导向板等。

板类零件一般由六个平面组成，上面有沟槽和孔，其主要的加工表面为平面。在平面中常用的加工方法为铣削加工、刨削加工和磨削加工三种。其相应的加工机床是铣床、刨床和磨床。

1. 平面的铣削加工

铣削加工是由铣刀做圆周旋转运动，工件随工作台做直线进给运动，两者配合完成加工。铣削加工后的精度等级可达 IT10~IT8，表面粗糙度可达 $Ra12.5~0.8\mu m$，可以用作半精加工和精加工工序，生产率较高。

铣削方法有圆周铣削法和端铣铣削法两种。

1）圆周铣削法

圆周铣削法有逆铣和顺铣两种。

（1）逆铣。铣削时铣刀旋转切入工件的方向与工件的进给方向相反称为逆铣。

（2）顺铣。铣削时铣刀旋转切入工件的方向与工件的进给方向相同称为顺铣。

顺铣时刀齿的切削厚度从大到小，避免了挤压、滑行，而且垂直分力的方向始终压向工作台，从而使切削过程平稳，提高了铣刀的使用寿命和工件的表面质量。但由于纵向分力只与进给方向相同，致使工作丝缸与螺母之间产生间隙而发生晃动，使铣削进给量不均，严重时会损坏铣刀。一般情况下，工作台丝杠与螺母之间间隙很小时才采用顺铣加工。

2）端铣铣削法

端铣有对称端铣、不对称逆铣和不对称顺铣三种。采用端铣铣削法时，铣刀与被加工表面接触的弧长比采用圆周切削法时的弧长，参加切削的刀齿数多，故切削平稳，加工质量好。

（1）对称端铣。铣刀位于工件对称中心线处，切入为逆铣，切出为顺铣。该方法切入和切出的厚度相同，有较大的平均切削厚度，故采用端铣铣削法时多用此法。此外，该方法特别适用于加工淬硬钢。

（2）不对称逆铣。铣刀位于工件对称中心线一侧，切入时切削厚度最小，切出时切削厚度最大，故切入冲击力小、切削过程平稳，适用于加工普通碳钢的和高强度低合金钢，该方法具有刀具寿命长、加工表面质量好的特点。

（3）不对称顺铣。铣刀位置偏于工件对称中心线一侧，切入时切削厚度最大，切出时厚度最小，故适用于加工不锈钢等中等强度的材料和高塑性材料。

2. 平面的刨削加工

刨削主要用于模具零件表面的加工。其中。经常采用牛头刨床加工中、小型零件。采用龙门刨床加工大型零件。刨削加工后的精度等级可达 IT10，表面粗糙度可达 $Ra1.6\mu m$。

牛头刨床主要用于加工平面与斜面。加工原理如图 2-24 所示。

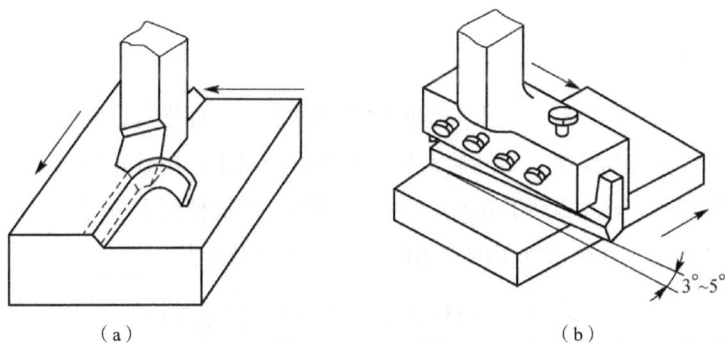

（a）　　　　　　　　　　　　（b）

图 2-24　牛头刨床的加工原理

（a）加工平面；（b）加工斜面

1）加工平面

尺寸较小的工件，通常采用平口钳装夹，尺寸较大的工件，可直接安装在牛头刨床的工作台上。

2）加工斜面

刨削斜面时，在工件底部垫入斜整块使之倾斜，并用支承板夹紧工件，如图 2-25 所示。斜垫块是预先制成的一批角度不同的垫块，可选用两块或两块以上组成其他不同角度的斜垫块。

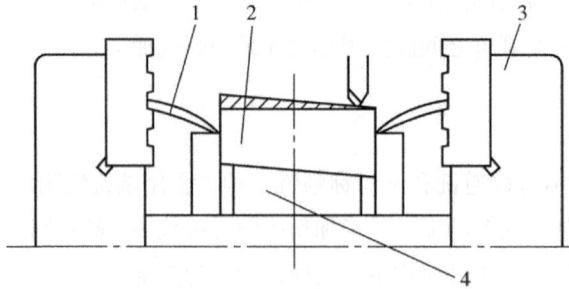

图 2-25　利用斜垫块刨斜面

1—支承板；2—工件；3—虎钳；4—斜垫板

对于工件的内斜面，一般采用倾斜刀架的方法进行创建。如图 2-26 所示为 V 形槽的刨削加工过程

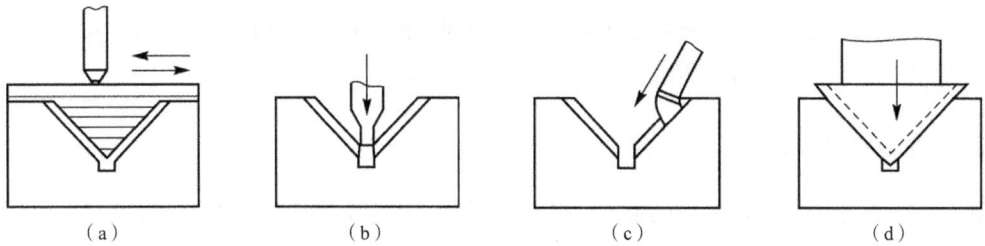

（a）　　　　　　　（b）　　　　　　　（c）　　　　　　　（d）

图 2-26　V 形槽的刨削加工过程

（a）粗刨；（b）切槽；（c）刨斜面；（d）用样板刀精刨

3. 平面的磨削加工

用平面磨床加工模具零件时，要求分型面与模具的上、下面平行，同时，还应保证分型面与相关平面之间的垂直度。加工时，工件通常装夹在电磁吸盘上，用砂轮的圆周表面对工件进行磨削，工件上、下两平面的平行度小于 0.01：100。磨削加工后的精度等级可达 IT6～IT5，表面粗糙度可达 Ra0.4～0.2μm。平面磨削加工的工艺内容和工艺要点见表 2-9。

表 2-9　平面磨削加工工艺内容与工艺要点

工艺内容		工艺要点
周面磨削用量	①砂轮圆周速度:对于钢件而言，粗磨时，砂轮圆周速度为 22~25 m/s；精磨时，砂轮圆周速度为 25~30 m/s。 ②工件纵向进给量。工件纵向进给量一般为 1~12 m/min。 ③砂轮垂直进给量。粗磨时，砂轮垂直进给量为 0.015~0.05 mm；精磨时，砂轮垂直进给量为 0.005~0.01 mm	①磨削时，工件横向进给量与砂轮垂直进给量应相互协调。 ②精磨前应修整砂轮。 ③精磨后砂轮应在垂直进给下继续光磨 1-2 次

	工艺内容	工艺要点
平行面磨削	①一般工件磨削顺序。粗磨去除 2/3 加工余量—修整砂轮—精磨—光磨 1~2 次—副转工件粗、精磨削第二面。 ②海工件磨削。在工件与磁力台间垫一层约 0.5 mm 厚的磨橡皮或海绵，工件吸紧后磨削，并使工件两平面反复交替磨削，最后直接吸在磁力台上磨平。 ③垫纸法。在工件间隙内垫入电工纸后，反复交替磨削	①若工件左、右方向平行度有误差，则工件翻转磨削第二面时.应左、右翻；若工件前、后方向有误差，则工件翻转磨削第二面时，应前、后翻。 ②在对带孔工件端平面进行磨削时，要注意选准定位基面，以保证孔与平面的垂直度。在一般情况下上道工序应对基面做上标记。 ③要提高两平面的平行度，须对两平面反复交替磨削
垂直面磨削	用精密平口钳装夹工件，磨削垂直平面 	①用磨削平行平面的方法，磨削上、下平面。 ②用精密平口钳装夹工件，磨平相邻两垂直平面。 ③以相邻两垂直平面为基面，用磨削平行平面的方法磨出其余两相邻垂直平面
	用精密角尺圆柱或精密角尺找正，磨削垂直平面。找正时用光隙法，借垫纸调整位置后，在磁力台上磨削。该方法能够获得比精密平口钳装夹更高的垂直度	①用磨削平行平面的方法，磨削上、下平面。 ②用光隙法找正，置于磁力台上磨削出相邻两垂直平面。 ③以找正后磨削出的相邻两垂直平面为基面，磨削出其余两垂直平面
	用精密角铁 2 和平行夹头装夹工件 1，适用于磨削工件尺寸较大的垂直平面 	①工件装夹在精密角铁上，用百分表找正后磨削出垂直平面。 ②以找正后磨削出的垂直平面为基面，在磁力台上磨削对称平行平面。 ③需要刨六面，对角尺，磨削上、下平面及两侧面
	用导磁角铁 1 和垫铁 3 装夹工件 2，磨削垂直平面。该方法适用于磨削比较狭长的工件 	①装夹时应将工件上面积较大的平面作为定位基面，并使其紧贴于导磁角铁。 ②磨削顺序。磨削出一平面—用导磁角铁磨削出垂直平面—以相互垂直的两平面作为基面，磨削出与其对称的平面
	用精密 V 形铁 1 和夹紧爪 2 装夹带台肩的圆柱形工件 3，磨削端面 	在螺钉夹紧工件外圆柱面处垫入铜皮，保护工件已加工表面

二、孔和孔系的加工方法

很多模具中的零件需要进行孔加工，而孔的类型主要有圆形、方形、矩形、多边形及不规则的异形。

1. 一般孔的加工方法

常用的孔加工方法有钻孔、扩孔、锪孔、纹孔、控孔、磨孔、拉孔、内圆磨削等方法。下面介绍几种常用的孔加工方法。

1）钻孔

钻孔主要用于在实体材料上加工孔，是相加工序。钻孔加工后的精度等级可达 IT10～IT12，表面粗糙度可达 $Ra50～12.5\mu m$。由于钻孔加工精度不高，因而主要用于加工精度要求不高的孔或精加工孔的预孔。钻孔常用的刀具为麻花钻。

2）扩孔

扩孔主要用于对已有的孔进行再加工，从而扩大孔径。扩孔加工后的精度等级可达 IT10～IT9，表面粗糙度可达 $Ra6.3～3.2\mu m$。扩孔是半精加工工序，通常作为铰孔前的预加工工序或者精度要求不高的孔的最终加工工序。扩孔常用的刀具为扩孔钻。

3）锪孔

锪孔主要用于在已加工的孔的基础上加工出圆柱形和锥形沉头孔以及端面凸台，如图 2-27 所示。锪孔常用的刀具为锪钻。

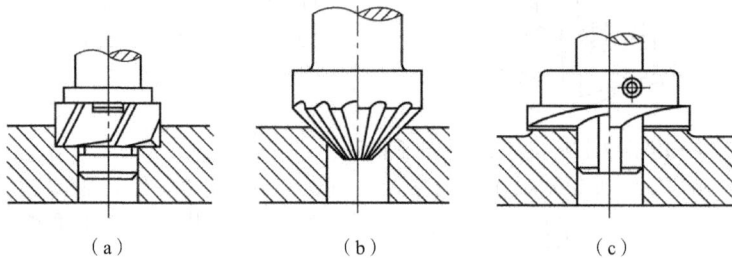

图 2-27 锪孔

（a）锪圆柱形沉头孔；（b）锪锥形沉头孔；（c）锪端面凸台

4）铰孔

铰孔主要用于中、小孔的半精加工和精加工。铰孔加工后的精度等级可达 IT9~IT6，表面粗糙度可达 $Ra3.2~0.4\mu m$。铰孔的主要加工方法有手铰和机铰两大类。

5）内圆磨削

利用砂轮的高速回转、行星运动和轴向往复运动，即可完成内圆磨削。进行内圆磨削时，由于砂轮的直径受到孔径大小的限制，因而磨小孔时砂轮直径为孔径的 3/4 左右。砂轮高速回转的线速度一般不超过 35m/s，行星运动速度大约是砂轮高速回转的线速度的 15%。慢的行星运动速度将减小磨削量，但对加工表面的质量有好处。砂轮轴向往复运动的速度与磨削的精度有关，粗磨时，行星每转 1 周，砂轮轴向往复运动的距离略小于砂轮高度的 2 倍；精磨时，行星每转 1 周，砂轮轴向往复运动的距离应小于砂轮高度，尤其在精加工结束时要用很低的行星运动速度。

2. 深孔加工

通常孔的长度 L 与孔的直径 D 之比大于 5 的孔称为深孔。深孔加工同一般的孔加工不同，其加工的难度大，需要采用专用的工装才能完成。

塑料模具中的冷却水道孔、顶杆孔等都需要进行深孔加工。一般冷却水道孔的精度要求不高，但顶杆孔的精度要求高，其孔径的精度等级一般为一级（IT8），并有垂直度及表面粗糙度的要求。

常用的深孔加工包括以下几种。

（1）中、小型模具的冷却水道孔常用普通钻头或加长钻头在立钻、摇臂钻床上加工，加工时要及时排屑、冷却，进刀量要小，防止孔偏斜。

（2）大、中型模具的孔一般在摇臂钻床、镗床及深孔钻床上加工，较先进的方法是在加工中心机床上与其他孔一起加工。

（3）过长的低精度孔可采用划线后从两面对钻加工。

（4）垂直度要求较高的孔应采取工艺措施予以导向，如采用钻模等。

3. 精密孔加工

常用的精密孔加工包括镗削加工和浮动铰孔。

1）镗削加工

深孔钻削加工后，精度较低，如果要进一步提高精度，可以采用深孔镗削加工，加工后孔的尺寸精度、形状精度、位置精度和表面光洁度都有很大的提高。镗削加工采用的机床为深孔钻床，采用的刀具为在钻杆上安装的深孔镗刀头。在深孔镗刀头前、后端均有导向块，前端有两块，后端有四块，材料为硬质合金，有很好的耐磨性。

2）浮动铰孔

浮动铰孔是深孔镗削加工后的一种精加工方法，其所用设备与深孔镗削加工一样，只需将深孔镗刀头换成深孔铰刀头即可。刀块可以在刀体的矩形槽内自由滑动，加工过程中借助作用在对称刀刃上的切削力来平衡其位置，从而抵消刀块的制造、安装误差，以及加工中镗杆振动引起的误差，因此，浮动铰孔可以得到很高的尺寸精度和很小的表面粗糙度。

4. 孔系的加工

模具零件如凸模、凹模固定板、推件板和上、下模座等常带有一系列圆孔，这些圆孔称为孔系。加工孔系时，除了要保证孔本身的尺寸精度外，还要保证孔与基准平面、孔与孔的中心距的尺寸精度，以及各平行孔的轴线平行度、各同轴孔的同轴度、孔与基准平面的平行度和垂直度等。加工这种孔系时，一般先加工好基准平面，然后再加工所有的孔。

1）单件孔系加工

同一零件的孔系加工有以下几种。

（1）划线法加工。

（2）找正法加工。

（3）通用机床坐标加工法。

（4）坐标镗床加工。

2）相关孔系的加工

相关孔系的加工有以下几种。

（1）同镗加工法。

（2）配镗加工法。

（3）坐标磨削法。

三、成型磨削加工

成型磨削加工是成型表面精加工的一种方法，具有高精度、高效率的优点。在模具制造中，成型磨削主要用于精加工凸模、凹模拼块及电火花加工用的电极等模具零件。形状复杂的模具零件一般是由若干平面、斜面和圆柱面等简单形状组成的，其轮廓线为若干直线和圆弧，如图 2-28 所示。成型磨削加工的原理就是把零件的轮廓分成若干直线与圆弧，然后按照一定的顺序逐段磨削，使之达到图样上的技术要求。

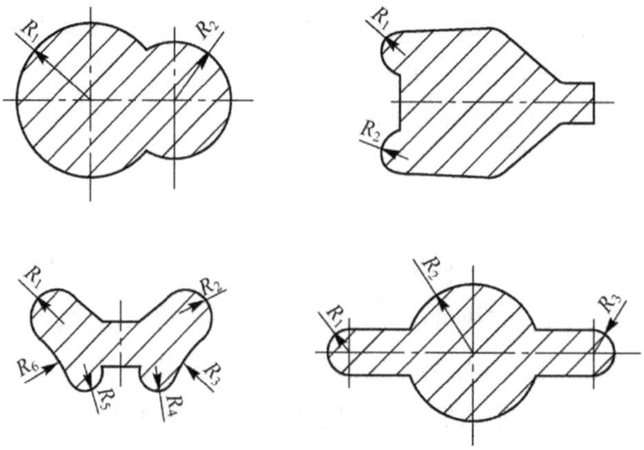

图 2-28　模具轮廓

成型磨削加工包括以下两种。

（1）成形砂轮磨削加工，利用工具将砂轮修整成与工件型面完全吻合的相反型面，然后用此砂轮磨削工件，如图 2-29（a）所示。

（2）夹具磨削加工。将工件按一定的条件装夹在专用的夹具上，在加工过程中通过调节夹具使工件固定或不断改变位置，从而获得所需的形状，如图 2-29（b）所示。

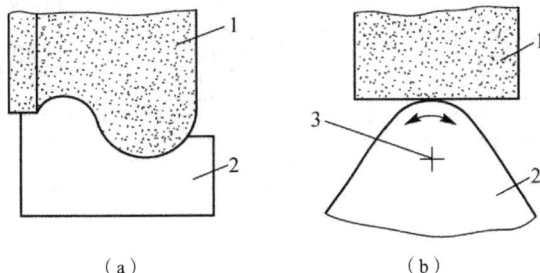

（a）　　　　　　　　（b）

图 2-29　两种成型磨削加工

（a）成形砂轮磨削加工；（b）夹具磨削加工

上述两种成型磨削加工虽各有特点，但在加工模具零件时，为了保证质量、提高效率、降低成本，常需要联合使用。

1. 成形砂轮磨削加工

1）成形砂轮的选择

砂轮的磨削性能随组成砂轮的磨料粒度、硬度、组织和结合剂等参数的不同而异。由于成型磨削加工用的砂轮的修整精度将直接影响工件的成型精度，因此，必须选用磨损量小、组织均匀的砂轮。

2）成形砂轮的修整

采用成形砂轮磨削之前，首先要把砂轮修整成所需的形状，然后用此砂轮磨削工件。按照砂轮的形状，成形砂轮的修整方法有两种：砂轮角度的修整和圆弧砂轮的修整。

（1）砂轮角度的修整。修整砂轮角度的工具是按照正弦原理设计的。当需要修整的砂轮角度为 $0° \leqslant \alpha < 45°$ 时，应利用平板垫块规，如图 2-30（a）所示，应垫的块规值为：

$$H = l - L \sin \alpha - d/2 \qquad\qquad (2\text{-}1)$$

式中，H 为应垫的块规值（mm）；l 为砂轮角度修整器的回转中心至块规底面的高度（mm）；L 为圆柱中心至砂轮角度修整器回转中心的距离（mm）；d 为圆柱直径（mm）。

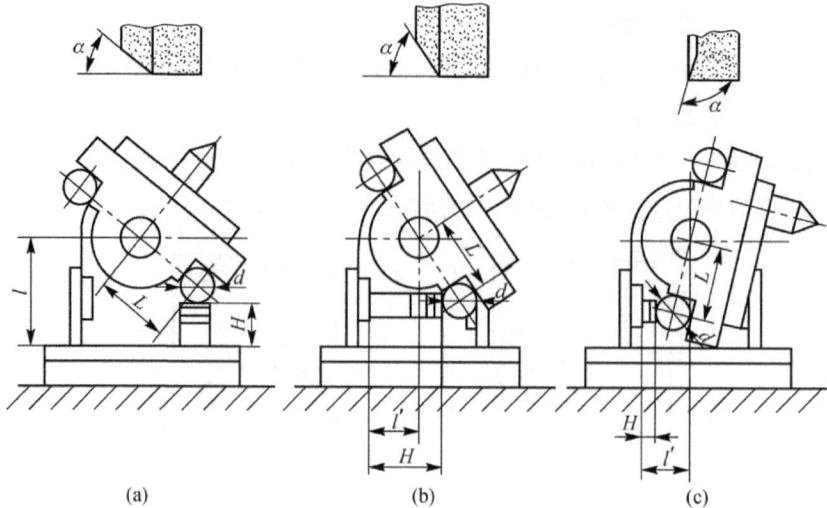

图 2-30　修整砂轮角度时块规的计算

通常砂轮角度修整器的 $l = 65$ mm，$L = 50$ mm，$d = 20$ mm，此时应垫的块规值为：

$$H = 65 - 50\sin\alpha$$

当需要修整的砂轮角度为 $45° \leqslant \alpha \leqslant 90°$ 时，应利用垫板的侧面垫块规，如图 2-30（b）所示，应垫的块规值为：

$$H = l' + L \sin(90° - \alpha) - d/2 = l' + L \cos\alpha - d/2 \qquad (2\text{-}2)$$

式中，l' 为砂轮角度修整器的回转中心至垫板侧面的距离（mm）。

通常砂轮角度修整器的 $l' = 30$ mm，$l = 50$ mm，$d = 20$ mm，此时应垫的块规值为：

$$H = 20 + 50\cos\alpha$$

当需要修整的砂轮角度为 $90° < \alpha \leqslant 100°$ 时，应利用垫板的侧面垫块规，如图 2-30（c）所示，应垫的块规值为：

$$H = l' - L\sin(\alpha - 90°) - d/2 \qquad (2\text{-}3)$$

将常用的 l'、L 和 d 的值代入式（2-3）得

$$H = 20 - 50\sin(\alpha - 90°)$$

上述为尺座顺时针旋转，在砂轮角度修整器右边的圆柱下垫块规时的情况。当尺座逆时针方向旋转 $0° \sim 100°$，在砂轮角度修整器左边的圆柱下垫块规时，可用相应的公式计算应垫的块规值。

（2）圆弧砂轮的修整。修整圆弧砂轮工具的结构虽有多种形式，但其原理都相同。如图 2-31 所示为修整圆弧砂轮的工具。金刚刀 1 固定在摆杆 2 上，通过螺杆 3 使摆杆 2 在滑座 4 上移动，以调节金刚刀尖至工具回转中心的回转中心转动，其转动角度用刻度盘 5、角度标 6 和挡块 9 来控制。

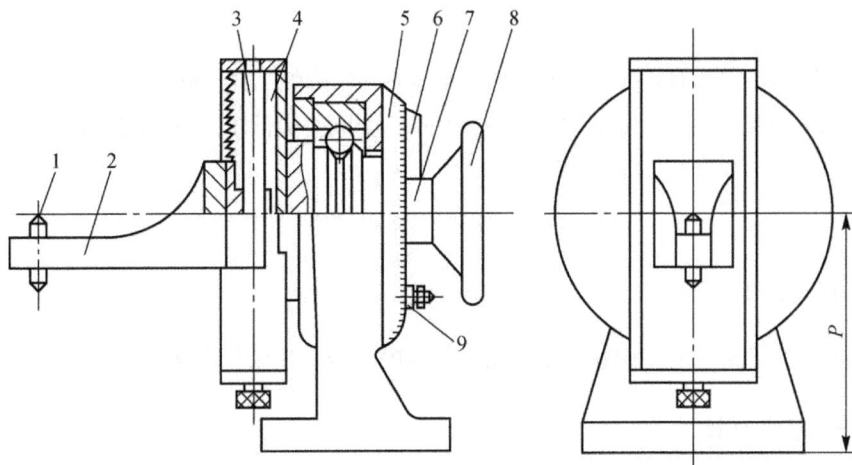

图 2-31　修整圆弧砂轮的工具

1—金刚刀；2—摆杆；3—螺杆；4—滑座；5—刻度盘　6—角度标；7—主轴；8—手轮；9—挡块

　　修整圆弧砂轮时，先根据所修砂轮的情况（凸形或凹形）及半径大小计算块规值，并调好金刚刀尖的位置，然后安装工具，使金刚刀尖处于砂轮下面，旋转手轮，使金刚刀绕工具的回转中心来回摆动则可修整出圆弧，如图 2-32 所示。

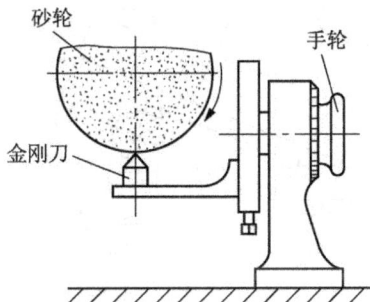

图 2-32　修整圆弧砂轮的工作原理图

　　金刚刀尖到工具回转中心的距离就是圆弧半径的大小。此值需先用垫块规的方法调整好。

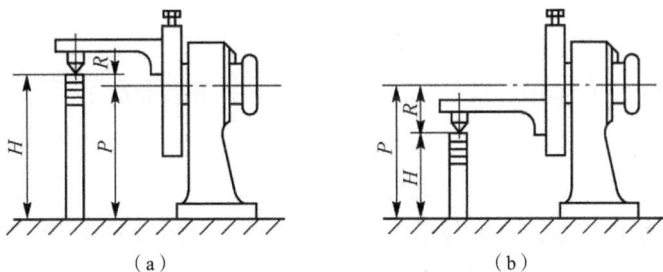

（a）　　　　　　　　　　　（b）

图 2-33　修整圆弧砂轮时块规的计算

　　当修整凸形圆弧砂轮时，如图 2-33（a）所示，金刚刀尖高于工具回转中心，此时应垫的块规值为：

$$H = P + R \qquad (2\text{-}4)$$

式中，P 为工具回转中心的高度（mm）；R 为修整的砂轮圆弧半径（mm）。

当修整凹形圆弧砂轮时，如图 2-33（b）所示，金刚刀尖低于工具回转中心，此时应垫的块规值为：

$$H = P - R \qquad (2\text{-}5)$$

2. 夹具磨削加工

用于成型磨削的夹具有正弦精密平口钳、正弦磁力台、正弦分中夹具和万能夹具。

1）正弦精密平口钳

正弦精密平口钳按正弦原理构成，主要由精密平口钳和底座组成，如图 2-34 所示。工件 3 装夹在精密平口钳 2 上，在正弦圆柱 4 和底座 1 的定位面之间垫块规 5，可使工件 3 倾斜一定的角度。这种夹具用于磨削工件上的斜面，其最大的倾斜角度为 45°。

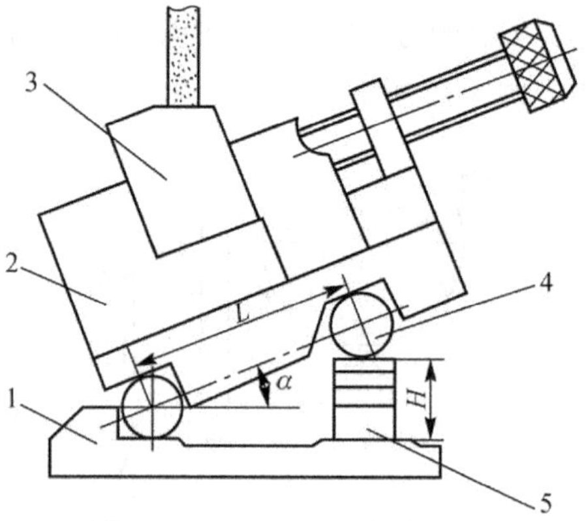

图 2-34　正弦精密平口钳

1—底座；2—精密平口钳；3—工件；4—正弦圆柱；5—块规

为了使工件倾斜一定角度，可按下列公式计算应垫的块规值

$$H = L \sin \alpha \qquad (2\text{-}6)$$

式中，L 为两正弦圆柱之间的中心距（mm）；α 为工件所需倾斜的角度。

2）正弦磁力台

如图 2-35 所示为正弦磁力台。它与正弦精密平口钳的区别在于它是用电磁吸盘代替精密平口钳来装夹工件的。这种夹具也用于磨削工件上的斜面，其最大倾斜角度也为 45°，适于磨削扁平工件。

上述两种磨削斜面的夹具配合成形砂轮使用时，还可磨削直线与圆弧组成的复杂几何形状。

图 2-35 正弦磁力台

1—电磁吸盘；2、6—正弦圆柱；3—块规；4—底座；5—偏心锁紧器；7—挡板

3）正弦分中夹具

正弦分中夹具主要用于磨削具有同一个回转中心的凸圆柱和斜面，如图 2-36 所示。工件装在前顶尖 7 和后顶尖 6 之间，两顶尖分别装在前顶座 1 和支架 4 上，前顶座 1 固定在底座 2 上，而支架 4 是可以在底座 2 的 T 形槽中移动的。安装工件时，根据工件的长短调好支架 4 的位置，用螺钉 3 将支架 4 锁紧，然后旋转手轮 5 使后顶尖 6 移动，以调节顶尖与工件间的松紧程度。工件的回转是手动的，转动手轮 5，通过蜗杆 13 和蜗轮 9 的传动，使主轴 8 通过鸡心夹头带动工件回转。主轴 8 的后端装有分度盘 11，当磨削精度要求不高时，可直接用分度盘 11 的刻度和零位指标 10 来控制工件的回转角度；当磨削精度要求高时，可利用分度盘 11 上的正弦圆柱 12 下面垫块规的方法控制工件的回转角度。

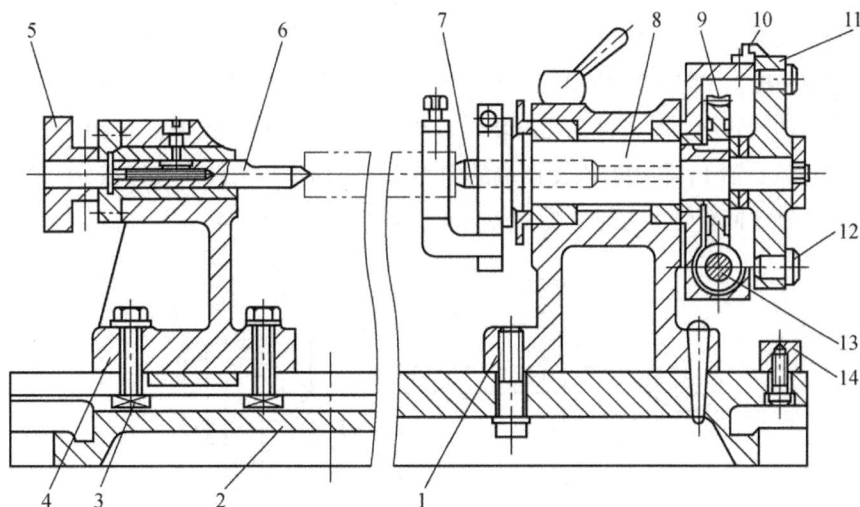

图 2-36 正弦分中夹具

1—前顶座；2—底座；3—螺钉；4—支架；5—手轮；6—后顶尖；7—前顶尖；8—主轴
9—蜗轮； 10—零件指标；11—分度值；12—正弦圆柱；13—蜗杆；14—垫板

设正弦圆柱中心至夹具主轴中心的距离为 L（$L = d/2$，d 为正弦圆柱中心所在圆的直径），

当其中一对正弦圆柱处于水平位置时，在该正弦圆柱下面所垫的块规高度为 H，如图 2-37（a）所示。

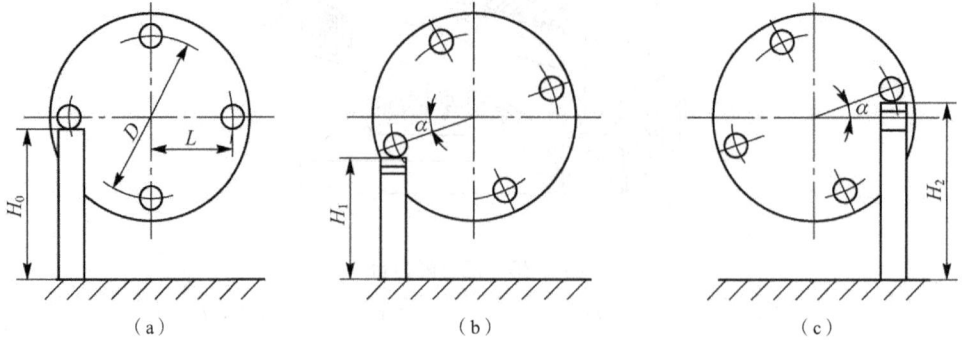

图 2-37 应垫块规值的计算

当垫块规的正弦圆柱在过夹具回转中心的水平线之下时，如图 2-37（b）所示，应垫的块规值为：

$$H_1 = H_0 - L\sin\alpha \qquad (2\text{-}7)$$

式中，α 为工件所需转动的角度。

当垫块规的正弦圆柱在过夹具回转中心的水平线之上时，如图 2-37（c）所示，应垫的块规值为：

$$H_2 = H_0 + L\sin\alpha \qquad (2\text{-}8)$$

为了减少磨削时的计算，可根据式（2-7）和式（2-8）计算出 $0° \leqslant \alpha \leqslant 45$ 时应垫的块规值。

在正弦分中夹具上，工件的装夹方法通常有心轴装夹法和双顶尖装夹法。

（1）心轴装夹法。如图 2-38 所示为心轴装夹法的示意图。如果工件 2 上有内孔，当此孔的中心是外成型表面的回转中心时，可在孔内装入心轴 1。如果工件 2 无内孔，则可在工件 2 上做出工艺孔，用来安装心轴 1。利用心轴 1 两端的中心孔将心轴 1 和工件 2 夹持在分中夹具的两顶尖之间。当夹具主轴 5 回转时，可通过鸡心夹头 4 带动工件 2 一起回转。

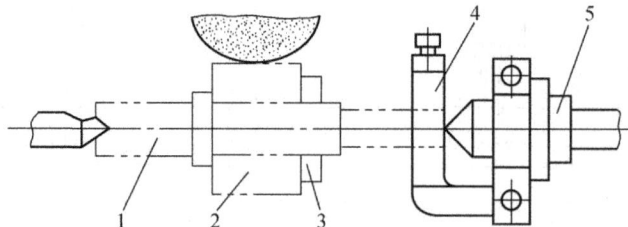

图 2-38 心轴装夹法的示意图

1—心轴；2—工件；3—螺母；4—鸡心夹头；5—夹具主轴

（2）双顶尖装夹法。当工件没有内孔，也不允许在工件上做工艺孔时，可采用双顶尖装夹法。如图 2-39 所示为双顶尖装夹法的示意图。工件除带有一对主中心孔外，还有一个副中心孔，用于拨动工件。加长顶尖 1 装在夹具的主轴孔内。副顶尖 2 可在叉形滑板 4 的槽内上下移动，并能借助螺母 3 调节其所需的长度。若将副顶尖 2 制作成弯的，可增加其使用范围。

采用这种方法装夹时，要求加长顶尖、副顶尖与中心孔的锥度密切配合，而且要顶紧才能保证加工精度，但副顶尖对工件的推力不能过大，否则会使工件产生歪斜和扭曲。

用正弦分中夹具磨削工件时，被磨削表面的尺寸是用测量调整器、块规和百分表进行比较测量的。

测量调整器由三脚架与块规座组成，如图 2-40 所示。块规座 2 能沿着三脚架 1 斜面上的 V 形槽上、下移动，当移动到所需位置时，可用螺母将它锁紧。为了保证测量精度，测量调整器应制造得很精确，要求块规座 2 沿三角架 1 斜面移到任意位置上，块规座 2 支承面 A、B 分别与测量调整器的安装基准面 D、C 保持平行。

图 2-39 双顶尖装夹法的示意图

1—加长顶尖；2—副顶尖；3—螺母；4—叉形滑板

图 2-40 测量调整器

1—三脚架；2—块规座

因此，应首先调整块规座的位置，使它能反映出夹具的中心高。为了便于测重，通常把块规座支承面 B 调节到比夹具中心线低 50 mm 处，如图 2-41 所示。在夹具的双顶尖间装上一根直径为 d 的标准圆柱，并在块规座支承面 B 上安放一只 50 mm 的块规以及尺寸为 $d/2$ 的块规组。调整块规座的位置，使百分表在块规组上表面和圆柱上表面的读数相同。

取下块规组，则块规的上表面与夹具中心线等高。

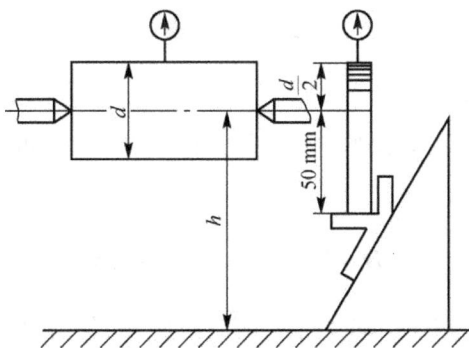

图 2-41 夹具中心高的测量

当被测量表面高于夹具中心线时，可在 50mm 的块规上加入块规组，使百分表在块规组上表面与被测量表面的读数相同。这样，块规组的高度就等于被测量表面至夹具中心线的距离。设被测量表面至夹具中心线的距离为 s，则块规组上表面的测量高度为：

$$H = h + s \qquad (2\text{-}9)$$

式中，H 为块规组上表面的测量高度（mm）；h 为夹具中心高（mm）。

当被测量表面低于夹具中心时，应将 50mm 的块规取下，在块规座支承面 B 上安装尺寸为（$50 - s$）mm 的块规组即可。此时块规组上表面的测量高度为

$$H = h - s \qquad (2\text{-}10)$$

例 2-1 如图 2-42 所示的凸模已粗加工外形，各面所留磨削余量为 0.15~0.20mm，并在圆弧的中心做出 $\phi 10$mm 的工艺孔（留磨），热处理淬硬后，磨两端面及 $\phi 10$mm 的工艺孔到图 2-42 标注出的尺寸，然后在平面磨床上，利用正弦分中夹具进行成型磨削。磨削前，用心轴装夹法安装工件，校正工件的方向后紧固鸡心夹头，然后开始磨削。

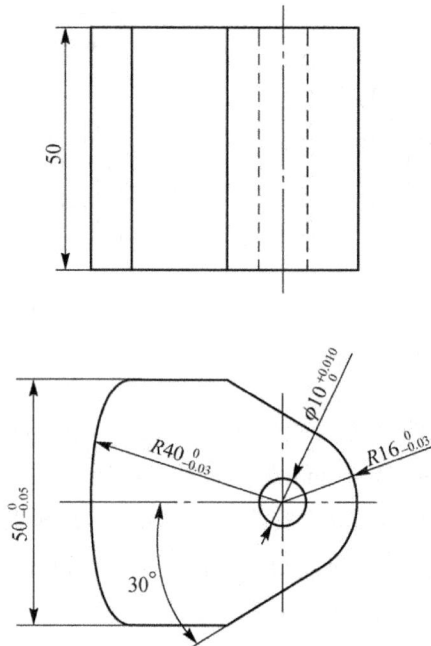

图 2-42　凸模

解　该凸模的磨削次序如下。

（1）磨削平面 1。旋转工件，使平面 1 处于水平位置磨削，如图 2-43（a）所示。其测量高度为：

$$H = h + \frac{50^{0}_{-0.05}}{2} = h + 24.975$$

（2）磨削平面 2。将工件旋转 180°，使平面 2 呈水平位置磨削，如图 2-43（b）所示。其测量高度为：

$$H = h + \frac{50^{0}_{-0.05}}{2} = h + 24.975$$

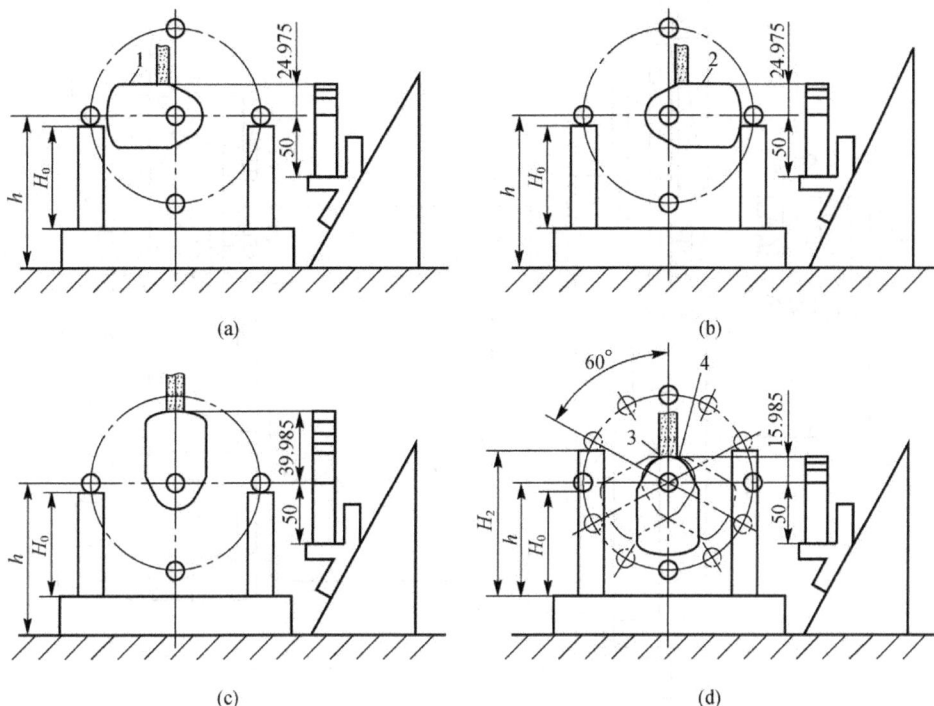

图 2-43 利用正弦分中夹具磨削凸模

（3）磨削 R40mm 的凸圆弧面。如图 2-43（c）所示，当磨削这个凸圆弧面时，转动正弦分中夹具的手轮，使工件回转，使凸圆弧面的测量高度磨削至 h+39.985 为止。

（4）磨削 R16mm 的凸圆弧面和两个 30°斜面。如图 2-43（d）所示，将工件转动 180°，使 R16mm 的凸圆弧面向上，用回转法磨削凸圆弧面，转至极限位置时，斜面 3 和斜面 4 将处于水平位置，故可在磨削凸圆弧面的同时，利用砂轮的横向进给将斜面 3 和斜面 4 一起磨出，R16mm 的凸圆弧面及斜面 3 和斜面 4 的测量高度均为 h+15.985。控制工件回转 60°时，应垫的块规值为：

$$H_2 = H_0 + L\cos 60°$$

若所用的正弦分中夹具的 $L = 50$mm，$H_0 = 70$mm，则

$$H_2 = (70 + 50 \sin 30°)\text{mm} = 95 \text{ mm}$$

正弦分中夹具适于磨削同一个中心的凸圆弧面和多角形，若与成形砂轮配合使用，则可磨削比较复杂的几何线形。对于具有不同中心的凸圆弧面的凸模，需要利用万能夹具进行磨削。

4）万能夹具

万能夹具是成型磨床的主要部件，也可作为平面磨床的成型磨削夹具。它主要由工件装夹部分、回转部分、十字拖板和分度部分组成，如图 2-44 所示为万能夹具。

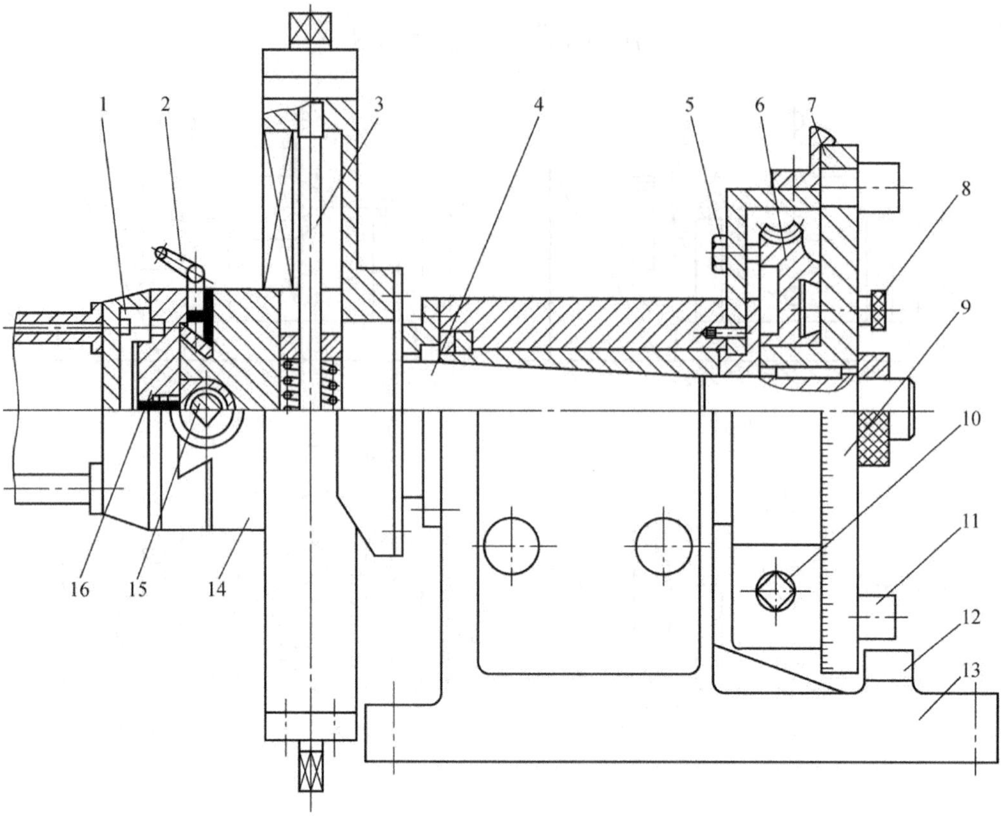

图 2-44 万能夹具

1—转盘；2—手柄；3、15—丝杆；4—主轴；5—六角螺钉；6—蜗轮；7—游标；8—螺钉；9—正弦分度盘；
10—蜗杆；11—圆柱；12—垫板；13—夹具体；14—中滑板；15—旋转丝杠；16—横滑板

工件通过夹具或螺钉 8 与转盘 1 连接在一起，它们的回转运动通过一对蜗轮蜗杆的传动而获得。用手轮旋转蜗杆 10，通过蜗轮 6 带动正弦分度盘 9 及主轴 4 转动，并使工件也绕夹具的轴线回转。松开螺钉 8 后，可用手直接转动主轴 4，以调节工件的位置。

分度部分用来控制夹具的回转角度。在正弦分度盘 9 上带有刻度，当对工件回转角度要求不高时，可直接从游标 7 所指的刻度读出，其精度为 3'。当对工件回转角度要求精确时，应采用在正弦分度盘 9 上的圆柱 11 和垫板 12 之间垫块规的方法来控制夹具的回转角度，其精度为 10"~30"。块规值的计算及分度部分的用法均与正弦分中夹具相同。

万能夹具与正弦分中夹具相比更为完善，它除了能使工件回转外，还可使工件在两个互相垂直的方向上移动，以调整工件的回转中心，使其与夹具主轴的中心重合。工件在两个互相垂直的方向上移动是通过十字拖板实现的。旋转丝杠 3、15 可使工件在两个互相垂直的方向上移动。当工件移动至所需的位置后，转动手柄 2 可将横滑板 16 锁紧。

万能夹具上工件的装夹方法通常有螺钉装夹法、精密平口钳装夹法、磁力平台装夹法、磨回转体的夹具装夹法。

（1）螺钉装夹法。如图 2-45 所示为螺钉装夹法的示意图。在工件 4 上预先做好工艺螺钉孔（直径为 M8～M10），用螺钉 3 和垫柱 2 将工件 4 紧固在转盘 1 上。螺钉的数目视工件大小而定，较大的工件用 2～4 个，较小的工件只用一个。垫柱的数目与螺钉的数目相同，其长度应适当，要保证砂轮退出时不致碰坏夹具。此外，为了保证安装精度，要求各垫柱的高度一致。

用螺钉装夹法装夹工件，只需一次装夹便能把工件的整个轮廓磨削出来。

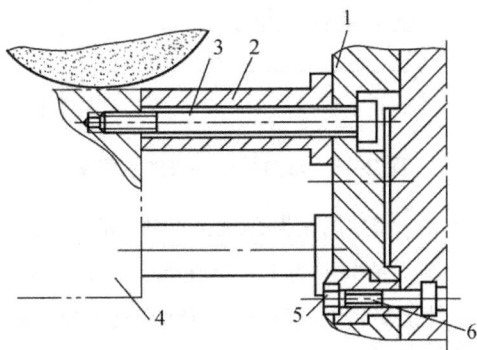

图 2-45　螺钉装夹法的示意图

1—转盘；2—垫柱；3、6—螺钉；4—工件；5—滚花螺母

（2）精密平口钳装夹法。如图 2-46 所示为精密平口钳。它主要由底座、活动钳口和传动螺杆组成。它与一般的虎钳相似，但其制造精度较高。如图 2-47 所示为精密平口钳装夹法的示意图。图中用螺钉和垫柱将精密平口钳安装在转盘上。为了保证安装精度，工件上装夹与定位的面（a 面、b 面、c 面）应先经过磨削，这种方法装夹方便，但在一次装夹中只能磨削工件上的一部分表面。

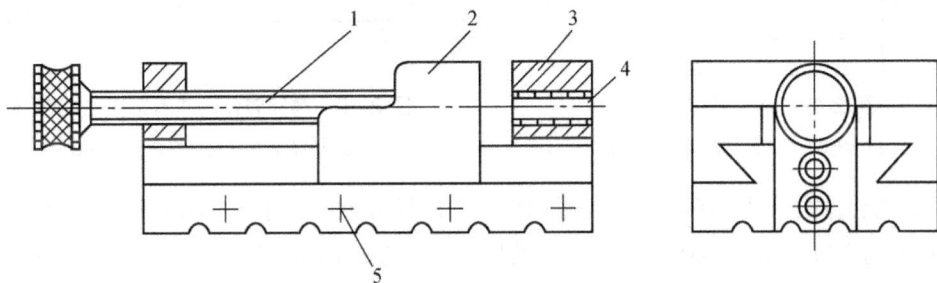

图 2-46　精密平口钳

1—传动螺杆；2—活动钳口；3—底座；4、5—螺孔

图 2-47　精密平口钳装夹法的示意图

（3）磁力平台装夹法。如图 2-48 所示为磁力平台装夹法的示意图。将磁力平台装在转盘上，

利用它来吸牢工件。这种方法装夹方便、迅速，适于磨削扁平工件。它与精密平口钳装夹法相似，在一次装夹中只能磨削工件的一部分表面。

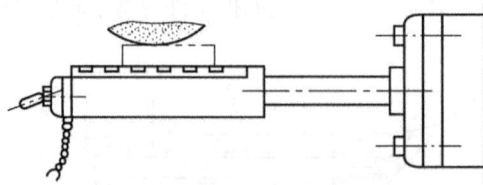

图 2-48 磁力平台装夹的示意图

（4）磨回转体的夹具装夹法。需要磨削圆球面或圆锥面时，可采用磨回转体的夹具装夹法。如图 2-49 所示为磨回转体的夹具。被磨削的工件装在弹簧夹头 1 内，拧紧螺母 2 将工件夹紧，旋转手轮 3 可使弹簧夹头 1 和工件绕夹具中心回转。将此夹具安放在磁力平台上，如图 2-50 所示，利用磁力将它吸牢。磨削时，借助于磨回转体的夹具 2 的回转，可以加工工件上的球面。若使磁力平台 1 倾斜一定的角度，则可利用磨回转体的夹具 2 的回转来磨削工件的锥面。

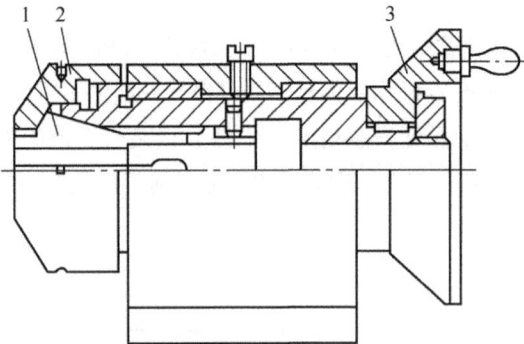

图 2-49 磨回转体的夹具

1—弹簧夹头；2—螺母；3—手轮

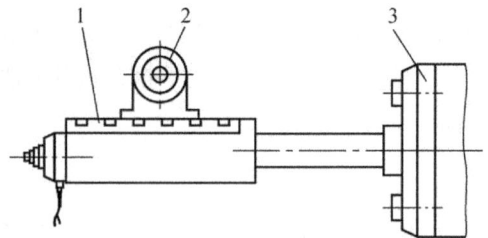

图 2-50 磨回转体的夹具装夹法的示意图

1—磁力平台；2—磨回转体的夹具；3—转盘

利用万能夹具磨削圆弧面时，也是采用比较法进行测量的。例如，磨削凸圆弧面时，砂轮处于夹具中心的上方，如图 2-51（a）所示，被加工表面的测量高度为 $H=h+R$；磨削凹圆弧面时，砂轮处于夹具中心的下方，如图 2-51（b）所示，被加工表面的测量高度为 $H=h-R$。

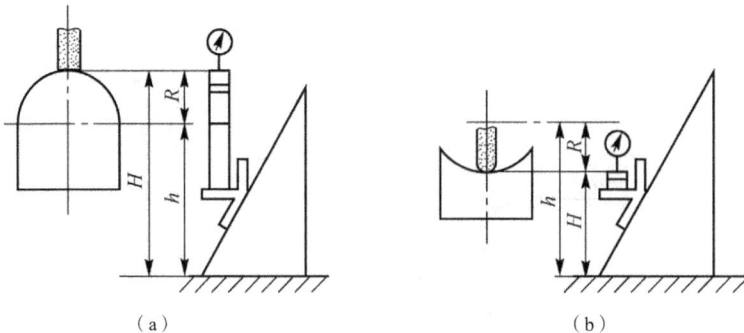

（a）   （b）

图 2-51 圆弧面的磨削

（a）磨削凸圆弧面；（b）磨削凹圆弧面

磨削凸圆弧面时，应采用平砂轮，如图 2-52（a）所示，这种砂轮可磨削的凸圆弧面最小半径为 0.5mm，磨削回圆面时，应采用圆弧形或较小接触面的砂轮，如图 2-52（b）所示，这种砂轮可磨制的半径由砂轮的宽度而定。对于半径过小的凹圆弧面，最好采用成形砂轮进行磨削。

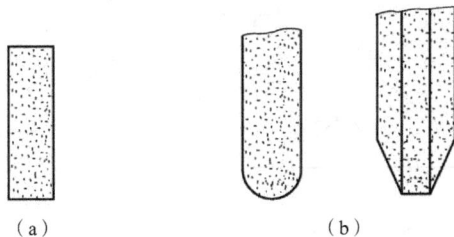

（a）　　　　　　　　　　　（b）

图 2-52　磨削圆弧面用的砂轮

（a）平砂轮；（b）圆弧形或较小接触面的砂轮

3. 成型磨削工艺尺寸的换算

模具零件由于结构的特殊性，用于加工的工艺基准常与设计基准不一致。因此，在成型磨削前，必须根据设计尺寸换算出所需的工艺尺寸，并绘制出成型磨削工艺（尺寸）图，以备磨削时使用。

根据磨削和测量的需要，在万能夹具上用回转法磨削由多个圆弧面组成的工件外型面时，首先要确定工件有几个工艺中心。通常，工件有几段圆弧面就有几个工艺中心。在成型磨削工艺图中建立平面坐标系，确定出各工艺中心的坐标和圆弧面的包角（又称为回转角），以便于用十字拖板准确移位和确定主轴的回转角度。

用万能夹具磨削工件时，其工艺尺寸的换算包括以下内容。

（1）确定各圆弧中心的相对坐标。

（2）确定回转中心至各斜面或平面的垂直距离。

（3）确定各斜面对坐标轴的倾斜角度。

（4）确定各圆弧面的包角。如果在磨削时工件可以自由回转而不伤及相邻表面，此角度可以不计算。

在正弦分中夹具上磨削工件时，工件只有一个回转中心，故在进行工艺尺寸换算时不必计算各圆弧中心的相对坐标，其余各项要求与万能夹具相同。

工艺尺寸可用代数、几何的方法进行换算。为了减少换算过程的积累误差，一般数值均取到小数点后六位，最终所得的数值取小数点后两位或三位。角度值采用六位三角函数表或电子计算器换算到 10″。当工件尺寸有公差时，为了减少工艺基准与设计基准之间的误差，最好根据其中间尺寸进行计算。

例 2-2　在万能夹具上磨削凸模。磨削前，先根据如图 2-53 所示的凸模零件图进行工艺尺寸换算，换算结果如图 2-54 所示，然后再对工件进行磨削。

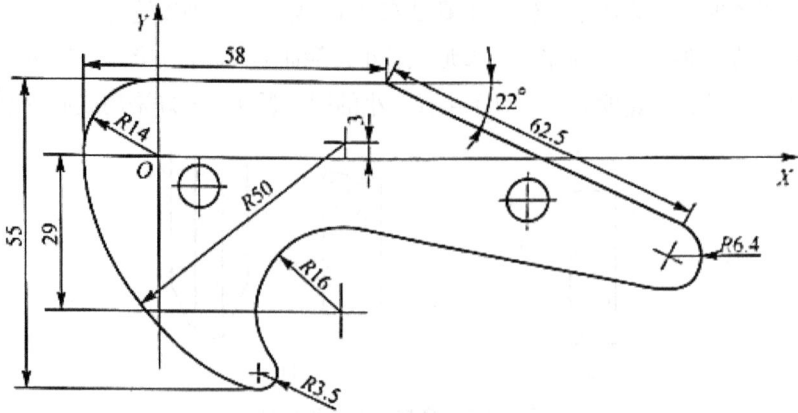

图 2-53　凸模零件图

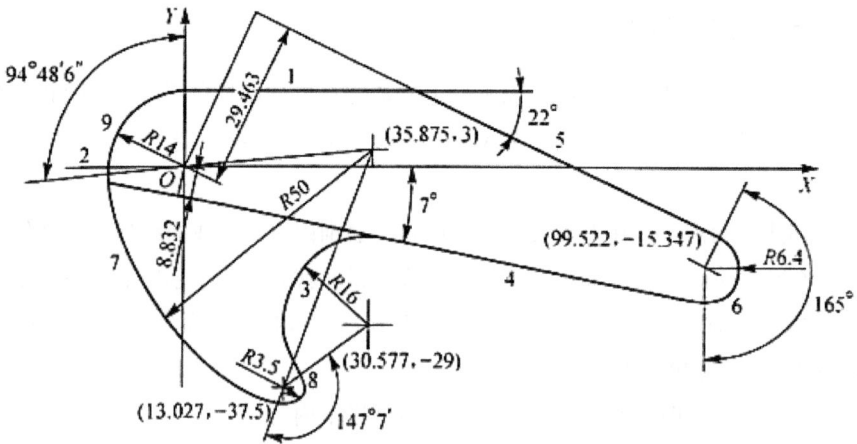

图 2-54　凸模工艺尺寸草图

解　凸模磨削顺序和操作要点见表 2-10。

表 2-10　凸模磨削顺序和操作要点

序号	工序名称	简图	操作说明
1	装夹找正		①用螺钉、等高垫柱将凸模装在夹具上。 ②按简图所示位置找正凸模轮廓最长的平面作为基准面，转动夹具圆盘，使基准面与万能夹具十字拖板某一运动方向相平行。 ③检查 R50 mm、R6.4 mm 和 R3.5 mm 处加工余量的均匀性，一般取单边余量为 0.15~0.35 mm
2	磨削基准面		磨削基准平面 1，将凸模逆时针转动 90°，磨削基准平面 2。磨削过程中都用测量调整器、块规和百分表进行比较来控制磨削尺寸

续表 2-10

序号	工序名称	简图	操作说明
3	磨削 R16mm 凹圆弧面	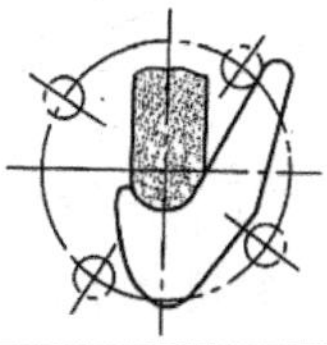	①将 R16mm 凹圆弧面的圆心调至万能夹具的中心。 ②调整夹具位置，使磨削砂轮回转中心对准万能夹具中心后，才能开始磨削
4	磨削斜面 4	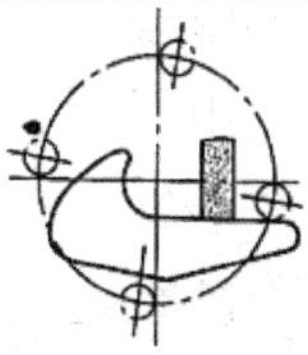	把斜面 4 调到水平位置后磨削，在其与 R16mm 凹圆弧面相接处，要注意圆滑过渡
5	磨削斜面 5	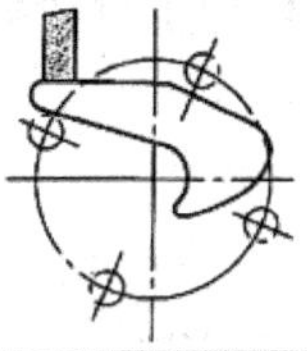	类似磨削斜面 4
6	磨削 R6.4mm 凸圆弧面	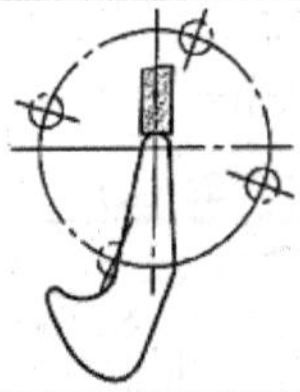	①将 R6.4mm 凸圆弧面的圆心调至万能夹具中心。 ②在正弦圆柱下垫块规或控制夹具回转角度，达到控制 R6.4 mm 凸圆弧面包角的目的。磨制时在与斜面 4 和斜面 5 相接处，要注意圆滑过渡
7	磨削 R50mm 凸圆弧面	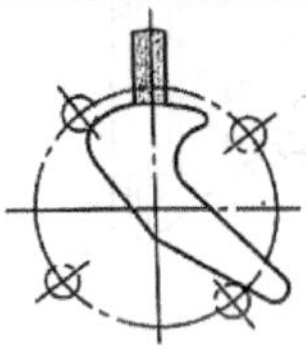	将 R50 mm 凸圆弧面的圆心调至万能夹具中心，由于磨削时砂轮可以自由越出，不需控制 R50 mm 凸圆弧面的包角
8	磨削 R3.5 mm 凸圆弧面	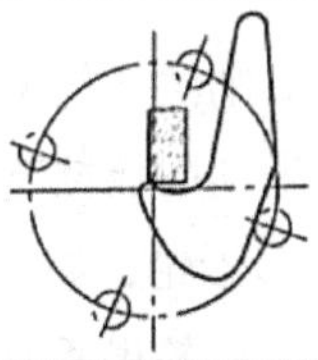	将 R3.5 mm 凸圆弧面的圆心调至夹具中心，控制 R3.5 mm 凸圆弧面的包角进行磨削。在 R3.5 mm 凸圆弧面与 R16 mm 凹圆弧面相接处，要在成形砂轮上修磨
9	磨削 R14 mm 凸圆弧面	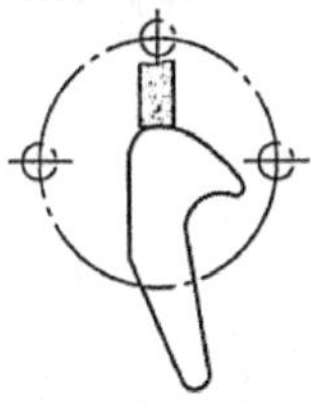	类似磨削 R6.4 mm 凸圆弧面

4. 在光学曲线磨床上和数控磨床上进行成型磨削加工

1）在光学曲线磨床上进行成型磨削加工

光学曲线磨床用于磨削平面、圆弧面和非圆弧形的复杂曲面，特别适合于单件或小批量生产中各种复杂曲面的磨削工作。磨床所使用的砂轮为薄片砂轮，其厚度为 0.5～0.8 mm，直径在 125 mm 以内，磨削精度为 ± 0.01 mm。

2）在数控磨床上进行成型磨削加工

在成型磨床或平面磨床上利用夹具或成形砂轮进行磨削，一般都采用手动操作，因此，加工精度在一定程度上依赖于工人的操作技巧。为了提高加工精度，可采用计算机辅助设计制造模具，使模具制造朝着高质量、高效率、低成本和自动化的方向发展。

如图 2-55 所示为数控磨床，它以平面磨床为基体，其中工作台做纵向往复直线运动和前、后（横向）进给运动，砂轮除了做旋转运动外，还可做垂直进给运动。其特点是对于砂轮的垂直进给运动和工作台的横向进给运动采用了数控装置。所谓数控是指用数字指令来控制机器的动作。在加工工件时，首先根据图样编出程序，使机器按预定的要求自动实现工件的加工。

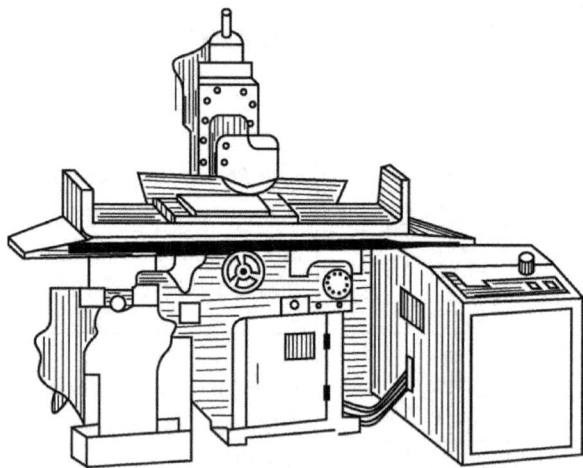

图 2-55　数控磨床

在数控磨床上进行成型磨削的方法主要有成形砂轮磨削法、仿型磨削法和复合磨削法。

（1）成形砂轮磨削法。采用成形砂轮磨削法时，首先利用数控装置控制安装在工作台上的砂轮修整装置，使它与砂轮架做相对运动而得到所需的成形砂轮，如图 2-56（a）所示。然后用此成形砂轮磨削工件，磨削时，工件做纵向往复直线运动，砂轮做垂直进给运动，如图 2-56（b）所示。这种方法适合加工面窄且批量大的工件。

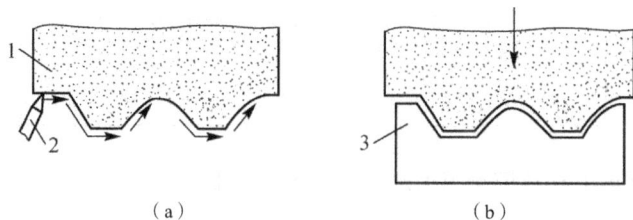

（a）　　　　　　　　　　　（b）

图 2-56　成形砂轮磨削法的示意图

1—砂轮；2—金刚刀；3—工件

（2）仿型磨削法。采用仿型磨削法时，首先利用数控装置把砂轮修整成圆形或 V 形，如图 2-57（a）所示，然后由数控装置控制砂轮架的垂直进给运动和工作台的横向进给运动，使砂轮的切削刃沿着工件的轮廓进行仿型加工，如图 2-57（b）所示。这种方法适于加工面宽的工件。

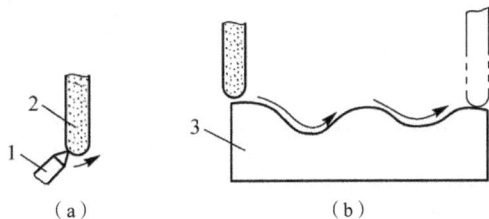

图 2-57　成形砂轮磨削法的示意图

1—砂轮；2—金刚刀；3—工件

（3）复合磨削法。复合磨削法是将成形砂轮磨削法和仿型磨削法两种方法结合在一起，用来磨削具有多个相同型面（如齿条形和梳形等）的工件。磨削前先利用数控装置修整砂轮（只是工件形状的一部分），如图 2-58（a）所示，然后用修整后的成形砂轮依次磨削工件，如图 2-58（b）所示。

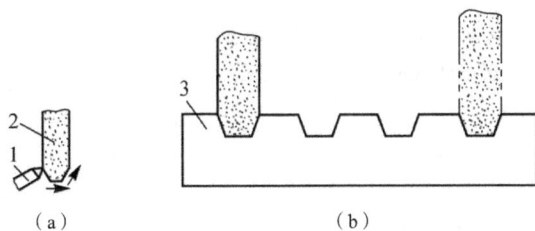

图 2-58　成形砂轮磨削法的示意图

1—砂轮；2—金刚刀；3—工件

任务实施

图 2-23（a）所示上模座的加工路线见表 2-11，下模座的加工相同，在此不再重复讲述。

表 2-11　上模座的加工工艺路线

工序号	工序名称	工序内容	设备	工序简图
1	下料	铸造坯料		
2	刨平面	刨上、下平面保证尺寸为 50.8mm	牛头刨床	
3	磨平面	磨上、下平面保证尺寸为 50mm	平面磨床	

续表 2-11

工序号	工序名称	工序内容	设备	工序简图
4	钳工划线	划前部平面和导套孔中心线	—	
5	铣前部平面	按划线铣前部平面	立式铣床	
6	钻孔	按划线钻两个导套孔至 43mm	立式钻床	
7	镗孔	镗两个孔至 ϕ45H7mm	镗床或立式铣床	
8	铣槽	铣两个 R2.5mm 的圆弧槽	卧式铣床	
9	检验			

课后练习

1. 模具零件的机械加工大致有哪些?

2. 模具加工时,车削加工一般分为哪几种?

3. 什么是光整加工?简述光整加工的特点及其分类。

4. 什么是研磨?简述研磨的机理、特点及其工艺参数。

5. 简述手工抛光的工艺过程。

6. 导柱、导套的加工工艺路线是怎样安排的?

7. 为什么外圆柱面在进行车削和磨削之前总是先加工中心孔?

8. 磨削导套时,怎样通过定位基准的选取来保证内、外圆柱的同轴度?

9. 简述平面磨削加工的工艺要点。

10. 孔系加工的基本方法有哪些?

11. 成型磨削加工的方法有哪几种?

12. 试述砂轮角度的修整方法。

13. 试述圆弧砂轮的修整方法。

14. 正弦精密瓶口钳与正弦磁力台分别用于什么场合?

15. 工件在正弦分中夹具中有哪几种装夹方法?

16. 万能夹具的分度部分起什么作用?

17. 用万能夹具磨削工件时,其工艺尺寸的换算内容有哪些?

18. 试编写出图 2-23(b)所示下模座零件的加工工艺路线。

19. 简述孔加工中各工序的加工方法。

20. 有一副冲模的凸模、凹模如图 2-59 所示,生产数量为各 4 件,试制订其加工工艺规程。

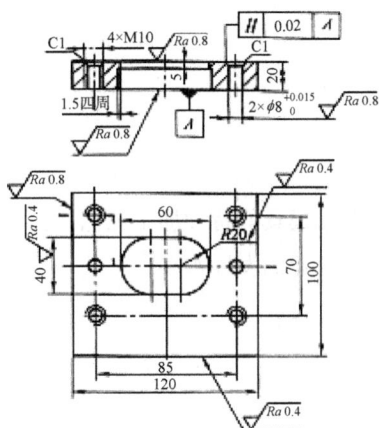

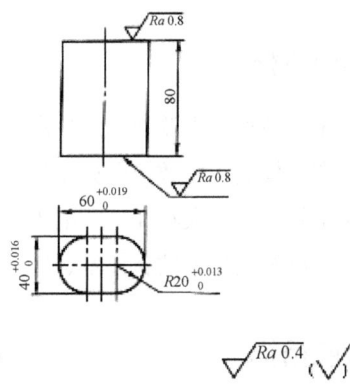

材料:Cr12
热处理:淬火硬度为 60 ~ 62HRC
与凸模配作,保证冲裁间隙 0.04 ~ 0.06mm

(a)

材料:Cr12
热处理:淬火硬度为60 ~ 62HRC

(b)

图 2-59　冲模的凸模与凹模

(a)凸模;(b)凹模

项目三　模具零件数控电加工工艺

随着模具工业技术的发展，对一些有高熔点、高硬度、高脆性等性能的新材料的使用日益增多，模具零件的形状越来越复杂，对其表面精度、表面粗糙度和某些特殊的要求也越来越高，使得采用传统机械加工方法不能加工或难以加工。数控电火花加工与电火花线切割加工利用电能、热能对零件进行加工，不仅克服了传统机械加工要求刀具硬度必须大于工件硬度的弊端，而且能加工形状复杂、精度要求高的零件，因此，在模具制造中得到广泛的应用。

本项目以任务形式引出模具数控电火花、电火花线切割加工技术，在相关理论知识基础上，结合工厂实践生产的案例，详细阐述了模具生产过程中所依据的重要工艺。

知识目标

（1）了解数控电火花加工的特点和应用范围；
（2）掌握模具零件数控电火花加工的基本原理；
（3）了解数控电火花加工、电火花线切割加工等典型模具的特种加工工艺；
（4）了解模具加工的新技术、新工艺及国内外模具工业的发展水平。

技能目标

（1）能够进行数控电火花成型机床的操作；
（2）能够进行数控线切割加工的数控程序编制和操作；
（3）具备制订模具数控电火花加工、电火花线切割加工工艺规程的能力。

素质目标

（1）培养学生良好的职业道德和生产节约意识；
（2）培养学生良好的团队合作、产品质量和安全生产意识；
（3）培养学生必要的创新精神和环保意识；
（4）培养学生分析和解决实际问题的能力。

任务一　冲模零件电火花加工工艺

任务描述

如图 3-1 所示是级进模的凹模和凸模 1（$10_0^{+0.03}$ mm、$4_0^{+0.01}$ mm 两个圆形凸模没有画出），凸模、凹模材料都为 Cr12，淬火硬度为 60—63HRC。凸模的刃口尺寸有公差，凹模的刃口尺寸没有公差，必须按凸模刃口尺寸配作。如何用电加工方法配作冲裁间隙？如何编制其机械加工工艺过程？

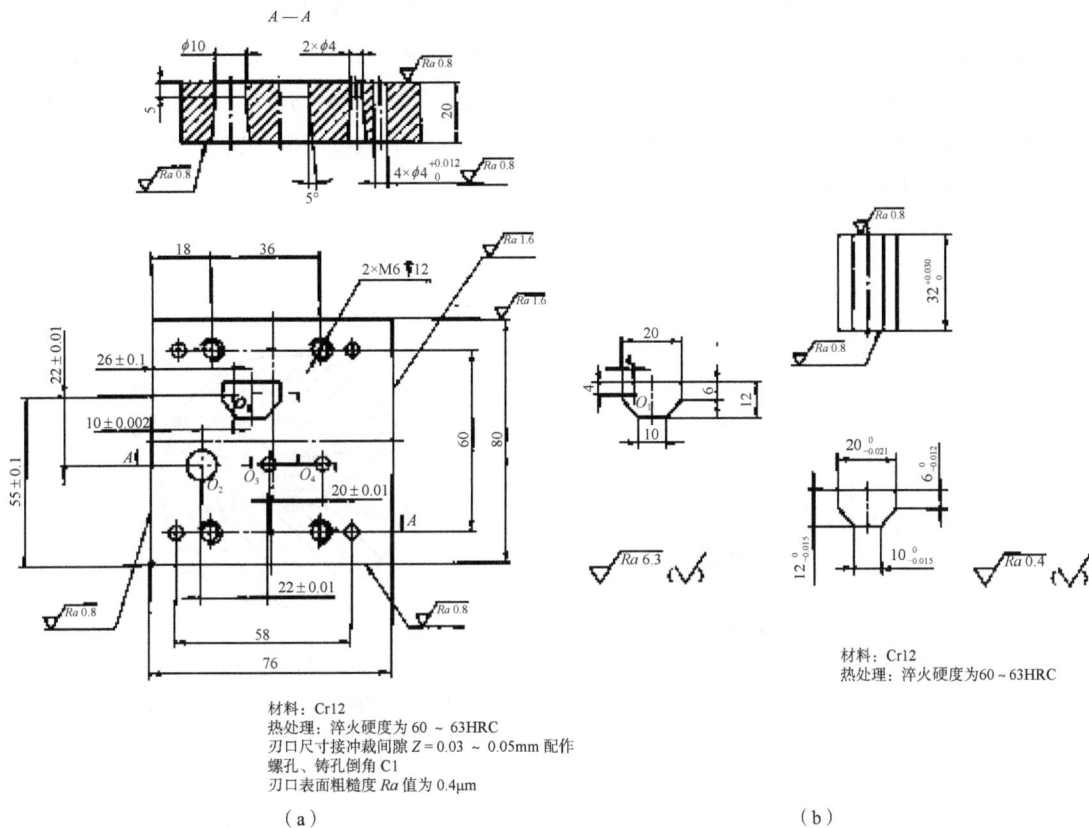

图 3-1　级进模

（a）凹模；b）凸模 1

相关知识链接

一、电火花成型加工

电火花加工是特种加工方法之一，特种加工是直接利用电能、热能、光能、化学能、电化学能、声能等进行加工的工艺方法。与传统的切削加工方法相比，其加工机理完全不同。在模具生产中常用的有电火花加工、电铸加工、电解加工、超声加工和化学加工等。

电火花加工又称放电加工（Electrical Discharge Machining，简称 EDM），它是在加工过程中，使工具和工件之间不断产生脉冲性的火花放电，靠放电时局部、瞬时产生的高温把金属蚀除下来。按加工方式不同电火花加工又分为电火花成型加工、电火花线切割加工、电火花高速小孔加工、电火花磨削、电火花同步共轭回转加工和电火花表面强化与刻字等六种。

1. 电火花加工的原理、特点及应用

1）电火花加工的原理

电火花加工的原理如图 3-2 所示，工件 1 和工具电极 4 分别与脉冲电源 2 的两输出端相连接，自动进给调节装置 3 能使工件和工具电极保持给定的放电间隙。脉冲电源输出的电压加在液体介质中的工件和工具电极（以下简称电极）上，当电压升高到液体介质的击穿电压时，会使液体介质在绝缘强度最低处被击穿，产生火花放电。瞬间高温使工件和电极表面都被蚀除掉一小块材料，形成小的凹坑，如图 3-3 所示。

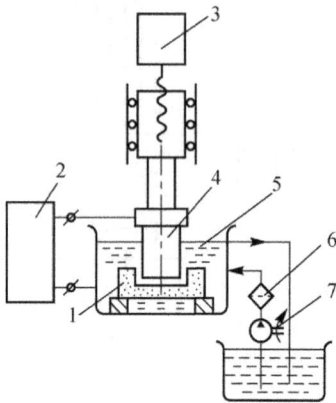

图 3-2　电火花加工原理

1—工件；2—脉冲电源；3—自动进给调节装置
4—工具电极；5—工作液；6—过滤器；7—泵

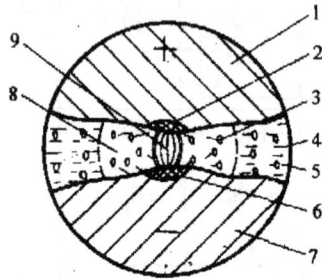

图 3-3　放电状况微观图

1—阳极；2—阳极汽化、熔化区；3—熔化的金属；
4—工作介质；5—凝固的金属微粒；6—阴极汽化、熔化区
7—阴极；8—气泡；9—放电通道

一次脉冲放电之后，经过一段间隔时间（即脉冲间隔时间 t_0），使工作液恢复绝缘状态，第二个脉冲放电又开始火花放电，产生的高温使另一处绝缘强度最小的地方电蚀出一个小凹坑。这样以相当高的频率连续不断地重复放电，电极不断地向工件进给，使整个被加工表面由无数个小的放电凹坑构成。如图 3-4 所示。电极的轮廓形状便被复制在工件上，达到加工的目的。

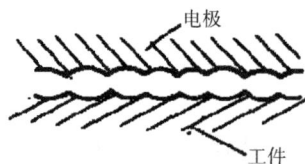

图 3-4　加工表面局部放电图

基于上述原理，电火花加工是基于电极和工件（正、负电极）之间脉冲火花放电时的电腐蚀现象来蚀除多余的金属，以达到对零件的尺寸、形状及表面质量预定的加工要求的。实际上早在一百多年前，人们就发现电器开关在断开或闭合时，往往会产生火花而把触点腐蚀成粗糙不平的凹坑，并逐渐损坏。这是一种有害的电腐蚀现象。随着人们对电腐蚀现象的研究，认识到在液体介质内进行重复性脉冲放电能对导电材料进行加工，因而发明了电火花加工。要使脉冲放电能够

用于零件加工，应具备下列基本条件：

（1）必须使接在不同极性上的工具和工件之间保持一定的距离以形成放电间隙，如图 3-5 所示。这个间隙的大小与加工电压、加工介质等因素有关，一般为 0.01～0.1mm 左右。在加工过程中还必须通过电极的进给和调节装置来保持这个放电间隙，使脉冲放电连续进行。

（2）脉冲波形基本是单向的，如图 3-6 所示。放电延续时间 t_i 称为脉冲宽度，t_i 应小于 10^{-3} s，以使放电产生的热量来不及从放电点过多传导扩散到其他部位，只在极小的范围之内使金属局部熔化，直至汽化。相邻脉冲之间的间隔时间 t_0 称为脉冲间隔，它使放电介质有足够的时间恢复绝缘状态，以免引起持续电弧放电，烧伤加工表面。$T = t_i + t_0$ 称为脉冲周期。

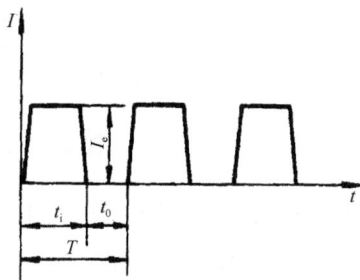

图 3-5 放电间隙　　　　　　　　　图 3-6 脉冲电流波形

t_i—脉冲宽度；t_0—脉冲间隔；T—脉冲周期；I_e—电流峰值

（3）放电必须在具有一定绝缘性能的液体介质（工作液）中进行。液体介质能够将电蚀产物从放电间隙中排除，还可以对电极表面进行冷却。目前大多数电火花机床采用煤油作工作液进行穿孔和型腔加工。在大功率工作条件下（如大型复杂型腔模的加工），为了避免煤油着火，采用燃点较高的机油、煤油与机油或混合油等作为工作液。近年来，新开发的水基工作液可使粗加工效率大幅度提高。

（4）有足够的脉冲放电能量，以保证放电部位的金属被熔化或气化。

2）电火花加工的机理

火花放电时，电极表面的金属材料被蚀除的微观物理过程即所谓电火花加工的机理，了解这一微观过程，有助于掌握电火花加工的基本规律。一次脉冲放电过程大致可分为以下几个连续的阶段：极间介质的电离、击穿，形成放电通道；电极材料熔化，汽化热膨胀；电极材料的抛出；极间介质的消电离。

（1）极间介质的电离、击穿，形成放电通道。当脉冲电压施加于电极与工件之间时，两极之间立即形成一个电场，电场强度与电压成正比，与距离成反比。随着极间电压的升高或极间距离的减小，极间电场强度也将随着增大，最终在最小间隙处使介质击穿而形成放电通道，电子高速奔向阳极，正离子奔向阴极，并产生火花放电，形成放电通道。放电状况如图 3-3 所示。

（2）电极材料熔化，汽化热膨胀。由于放电通道中电子和离子高速运动时相互碰撞，产生大量的热能，两极之间沿通道形成了一个温度高达 10000℃以上的瞬时高温热源，电极和工件表面层金属会迅速熔化，甚至汽化。汽化后的工作液和金属蒸气瞬时体积猛增，迅速热膨胀，具有爆炸的特性。

（3）电极材料的抛出。通道和正、负极表面放电点瞬时高温使工作液汽化和金属材料熔化、汽化，热膨胀产生很高的瞬时压力。通道中心的压力最高，使汽化的气体体积不断向外膨胀，形成一个扩张的"气泡"，气泡上下、内外的瞬时压力并不相等，压力高处的熔融金属液体和蒸汽，就被排挤、抛出而进入工作液中冷却，凝固成细小的圆球状颗粒，其直径视脉冲能量而异（一般为0.1～500μm），电极表面则形成一个周围凸起的微小圆形凹坑，如图3-7所示。

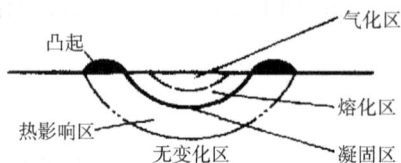

图 3-7　放电凹坑剖面示意图

（4）极间介质的消电离。随着脉冲电压的结束，脉冲电流也迅速降为零，标志着这一次脉冲放电结束。但此后仍应有一段间隔时间，使间隙介质消电离，恢复本次放电通道处间隙介质的绝缘强度，以实现下一次脉冲击穿放电。如果电蚀产物和气泡来不及很快排除，就会改变间隙内介质的成分和绝缘强度，破坏电离过程，易使脉冲放电转变为连续电弧放电，影响加工。

3）电火花加工的特点及其应用

（1）主要优点。

①便于机械加工方法难于加工的材料的加工，如淬火钢、硬质合金、耐热合金等。

②电极和工件在加工中不接触，两者间的宏观作用力很小，所以便于可加工特小孔、深孔、窄缝及复杂形状的零件，而不受电极和工件刚度的限制；对于各种型孔、立体曲面、复杂形状的工件，均可采用成形电极一次加工。

③电极材料不必比工件材料硬。

④直接利用电、热能进行加工，易于实现加工过程的自动化控制。

（2）加工的局限性。

①主要用于加工金属等导电材料，须制作电极，但在一定条件下也可以加工半导体和非导体材料（必须作导电处理）。

②一般加工速度慢且加工部分形成残留变质层。因此通常安排工艺时多采用切削加工来去除大部分余量，然后再进行电火花加工，以提高生产效率。但已有新的研究成果表明，采用特殊水基不燃性工作液进行电火花加工，其生产率甚至不亚于切削加工。

③由于存在电极损耗，加工精度受限制。由于电极损耗多集中在尖角或底面，影响成形精度。但近年来粗加工时已能将电极的相对损耗比降至0.1%以下，甚至更小。

④放电间隙使加工误差增大。

由于电火花加工具有许多传统切削加工所无法比拟的优点，加上电火花加工工艺技术水平的不断提高，电火花机床的普及，其应用领域日益扩大，已在模具制造、机械零件加工等领域用来解决各种难以加工的材料和复杂形状零件的加工问题。

2. 电火花成形加工机床

电火花加工机床种类繁多。不同的企业生产的电火花加工机床在机床设备上有所差异。常见的电火花加工机床组成包括机床主体、脉冲电源、伺服进给系统和工作液循环过滤系统等几个部分，另外还有一些机床的附件，如平动头、角度头等。如图 3-8 所示为一种典型的电火花成形加工机床。

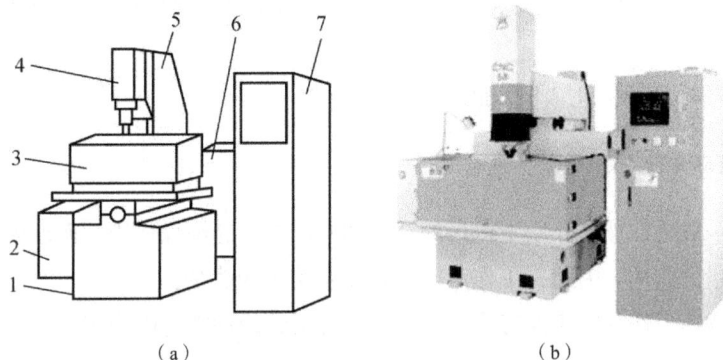

（a） （b）

图 3-8 电火花成形加工机床

（a）结构组成；（b）外观
1—床身；2—液压油箱；3—工作液槽；4—主轴头；5—立柱；6—电源箱

1）机床主体

主体是机床的进给部分，用于夹持工具电极及支承工件，保证它们的相对位置，并实现电极在加工过程中的稳定进给运动。机床主体主要由床身、立柱、主轴头、工作台及润滑系统组成。

2）脉冲电源

电火花进给机床的脉冲电源是整个设备的重要组成部分，把交流电流转换成一定频率的单向脉冲电流。脉冲电源输出的两端分别与电极和工件连接，在加工过程中不断输出脉冲。对脉冲电源有以下要求：

（1）能输出一系列脉冲。

（2）每个脉冲应具备一定的能量，波形要适合，脉冲电压、电流峰值、脉冲宽度和间隔都要满足加工要求。

（3）工作稳定可靠，不受外界干扰。

3）伺服系统

在电火花加工过程中，电极与工件之间必须保持一定的间隙，但是由于放电间隙很小，而且与加工面积、工件蚀除速度等有关，因此电火花加工的进给速度既不是等速的，也不能靠人工控制，而必须采用伺服进给系统。这种不等速的伺服进给系统也称为自动进给装置。伺服进给系统安装在主轴头内。电火花进给机床的伺服进给系统的功能就是在进给过程中始终保持合适的火花放电间隙。它是电火花机床设备中的重要组成部分，它的性能将直接影响加工质量，对其有以下要求：

（1）高度的灵敏性。电火花的加工状态随电极材料、极性、工作液、电规准以及加工方式的不同而不同，自动调节器应该能够适应各种状态下的间歇特性。

（2）运动特性要适合各种加工状态。

（3）在加工过程中，各种异常放电经常发生，自动调节器要对各种异常放电有所反应，调节、滞后尽量要小。

（4）要有较好的稳定性和抗干扰能力。

4）工作液循环系统

电火花加工一般是在液体介质中进行的，液体介质主要起绝缘作用，而液体的流动又起到排出电蚀产物和热量的作用。因此，工作液循环过滤系统的功能是：

（1）通过过滤使工作液始终保持清洁而具有良好的绝缘性能。因为工作液中炭黑和微小金属颗粒的含量增加，将使工作液成为具有一定电阻的导电液体，可能导致电弧。

（2）根据加工对象的要求，采用适当的强迫循环方式，从加工区域把电蚀产物和热量排出。工作液循环的方式主要有非强迫循环、强迫冲油和强迫抽油几种。

①非强迫循环。工作液仅作简单循环，用清洁工作液替代脏的工作液。电蚀产物不能被强迫排出，粗、中规准加工时可采用。

②强迫冲油。将清洁的工作液强迫冲入放电间隙，工作液连同电蚀产物一起从电极侧面间隙排出，如图3-9所示。这种方法排屑力强，但电蚀产物通过已加工区，排除时易形成二次放电，容易形成大间隙斜度。此外，强迫冲油对自动调节系统有干扰作用，过大时冲油会影响加工的稳定。

③强迫抽油。将工作液连同电蚀产物经过电极的间隙和工件的待加工面被吸出，如图3-10所示。这种排屑方式可得到较高的加工精度，但排屑力比强迫冲油方式小。强迫抽油不能用于粗加工，因为强迫电蚀产物经过加工区域抽出困难。

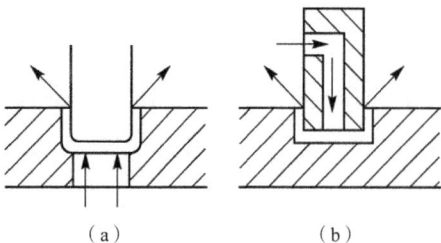

图3-9 强迫冲油

（a）下冲油；（b）上冲油

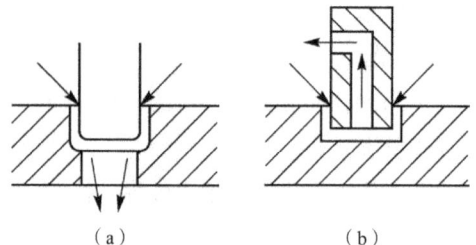

图3-10 强迫抽油

（a）下抽油；（b）上抽油

3. 影响电火花加工的主要因素

1）影响材料放电腐蚀的主要因素

电火花加工过程中，材料被放电腐蚀的规律是十分复杂的问题。研究影响放电腐蚀的因素，对于应用电火花加工方法，提高电火花加工的生产率，降低电极的损耗是极为重要的。

（1）极性效应。

在脉冲放电过程中，工件和电极都要受到电腐蚀。但正、负两极的蚀除速度不同。这种两极蚀除速度不同的现象称为极性效应。产生极性效应的基本原因是电子的质量小，其惯性也小，在电场力作用下容易在短时间内获得较大的运动速度，即使采用较短的脉冲进行加工也能大量、迅速地到达阳极，轰击阳极表面。而正离子因质量大，惯性也大，在相同时间内所获得的速度远小于电子。当采用短脉冲进行加工时，大部分正离子尚未达到负极表面，脉冲便已经结束，所以负极的蚀除量远小于正极。但是，当用较长的脉冲加工时，正离子可以有足够的时间加速，获得较大的运动速度，并有足够的时间达到负极表面，加上它的质量大，因而正离子对负极的轰击作用远大于电子对正极的轰击，负极的蚀除量则大于正极。在电火花加工过程中，极性效应越显著越好，通过充分利用极性效应，合理选择加工极性，以提高加工速度，减少电极损耗。在实际生产中把工件接正极的加工，称为"正极性加工"或"正极性接法"，工件接负极的加工称为"负极性加工"或"负极性接法"。极性的选择主要靠实验确定。

（2）电参数对电蚀量的影响。

单位时间内从工件上蚀除的金属量就是电火花加工的生产率。生产率的高低受加工极性、工件材料的热学物理常数、脉冲电源、电蚀产物的排除情况等因素的影响。生产率与脉冲参数之间的关系可用经验公式表示为：

$$V_w = K_w W_e f \tag{3-1}$$

式中，V_w 为电火花加工的生产率（g/min）；K_w 为系数（与电极材料、脉冲参数、工作液成分等因素有关）；W_e 为单个脉冲能量（J）；f 为脉冲频率（Hz）。

由式（3-1）可知，提高电蚀量和生产率的途径在于：提高脉冲频率 f；增加单个脉冲能量 W_e，或者说增加矩形脉冲的峰值电流和脉冲宽度 t_i，减小脉冲间隔 t_0；设法提高系数 K_w。实际生产时，要考虑到这些因素之间的相互制约关系和对其他工艺指标的影响。

增加单个脉冲能量将使单个脉冲的电蚀量增大，使电蚀表面粗糙度的评定参数 Ra 值增大。从而使被加工表面的粗糙度显著增大。因此用增大单个脉冲能量的办法来提高生产率，只能在粗加工或半精加工时可采用。提高脉冲频率，脉冲间隔太小会使得工作液来不及通过消电离恢复绝缘，使间隙经常处于击穿状态，形成连接的电弧放电，破坏电火花加工的稳定性，影响加工质量。减少脉冲宽度虽然可以提高脉冲频率，但会降低单个脉冲能量，因此只能在精加工时采用。

通过提高系数 K_w 也可以相应地提高生产率。其途径很多，例如合理选用电极材料和工作液，改善工作液循环过滤方式、及时排除放电间隙中的电蚀产物等。

（3）金属材料热学物理常数对电蚀量的影响。

所谓热学物理常数是指熔点、沸点（汽化点）、热导率、比热容、熔化热、汽化热等。表 3-1 所列为几种常见材料的热学物理常数。

表 3-1　常用材料的热学物理常数

热学物理常数	材料				
	铜	石墨	钢	钨	铝
比热容 C/（J.KG^{-1}.K^{-1}）	393.56	1674.7	695.0	154.91	1004.8
密度 p/（Kg.m^{-3}）	$8.9×10^3$	$2.2×10^3$	$7.9×10^3$	$19.3×10^3$	$2.7×10^3$
热导率 Y/（W.m^{-1}.K^{-1}）	384.93	48.95	33.47	150.62	205.02
熔点 Tr/℃	1083	3500	1535	3410	657
熔化热 q$_r$/（J.KG^{-1}）	$1.80×10^5$	—	$2.09×10^5$	$1.59×10^5$	$3.85×10^5$
沸点 t$_f$/℃	2595	3700	2735	5930	2450
汽化热 q$_g$/（J.KG^{-1}）	$3.59×10^6$	$4.60×10^7$	$6.65×10^6$	$3.39×10^6$	$9.32×10^6$
传温系数 a（a=y/C$_p$）/（m^2.S^{-2}）	$1.1×10^{-4}$	$0.133×10^{-4}$	$0.061×10^{-4}$	$0.504×10^{-4}$	$0.756×10^{-4}$

注：1. 热导率为 0℃ 的值。

　　2. K 为热力学温度的单位。

当脉冲放电能量相同时，金属的熔点、沸点、比热容、熔化热、汽化热越高，电蚀量将越少，越难加工；另一方面，热导率越大的金属，由于较多地把瞬时产生的热量传导散失到其他部位，因而降低了本身的蚀除量。

另外，电火花加工过程中，工作液的作用是：形成火花击穿放电通道，并在放电结束后迅速恢复间隙的绝缘状态；对放电通道产生压缩作用；帮助电蚀产物的抛出和排除；对工具电极、工件的冷却作用。工作液对电蚀量也有较大的影响。

加工过程不稳定将干扰以致破坏正常的火花放电，使有效脉冲利用率降低。随着加工深度、加工面积的增加，或加工型面复杂程度的增加，都不利于电蚀产物的排出，影响加工稳定性；降低加工速度，严重时将造成结碳拉弧，使加工难以进行。为了改善排屑条件、提高加工速度和防止拉弧，常采用强迫冲油和电极定时抬刀等措施。

2）影响加工精度的因素

工件的加工精度除受机床精度、工件的装夹精度、电极制造及装夹精度影响之外，主要受放电间隙和电极损耗的影响。

（1）电极损耗对加工精度的影响。

在电火花加工过程中，电极会受到电腐蚀而损耗，电极的不同部位，其损耗不同。电极的尖角、棱边等突起部位的电场强度较强，易形成尖端放电，所以这些部位比平坦部位损耗要快。电极的不均匀损耗必然使加工精度下降。所以电火花穿孔加工时，电极可以贯穿型孔而补偿电极的损耗，型腔加工时则无法采用这一方法，精密型腔加工时可采用更换电极的方法。

（2）放电间隙对加工精度的影响。

电火花加工时，电极与工件之间发生脉冲放电需要保持一定的放电间隙。由于放电间隙的存在，使加工出的工件型孔（或型腔）尺寸和电极尺寸相比，沿加工轮廓要相差一个放电间隙（单边间隙）。若不考虑电蚀产物引起的二次放电（由电蚀产物在侧面间隙中滞留引起的电极侧面和已加工面之间的放电现象）和电极进给时机械误差的影响，放电间隙可用下面的经验公式表示为：

$$\delta = K_\delta t_i^{0.3} I_e^{0.3} \qquad (3-2)$$

式中，δ 为放电间隙（μm）；t_i 为脉冲宽度（μs）；I_e 为放电峰值电流（A）；K_e 为系数（与电极、工件材料有关）。

从式（3-2）可知，要使放电间隙保持稳定，必须使脉冲电源的电参数保持稳定。同时还应该使机床精度和刚度也保持稳定。特别要注意电蚀产物在间隙中的滞留而引起的二次放电对放电间隙的影响。一般单面放电间隙值为 0.01～0.1mm。加工精度与放电间隙的大小是否稳定和均匀有关，间隙越稳定、均匀，加工精度越高。

（3）加工斜度对加工精度的影响。

在加工过程中随着加工深度的增加，二次放电次数增多，侧面间隙逐渐增大，使被加工孔入口处的间隙大于出口处的间隙，出现加工斜度，使加工表面产生形状误差，如图 3-11 所示。二次放电的次数越多，单个脉冲的能量越大，则加工斜度越大。二次放电的次数与电蚀产物的排除有关。因此，应从工艺上采取措施及时排出电蚀产物，使加工斜度减小。

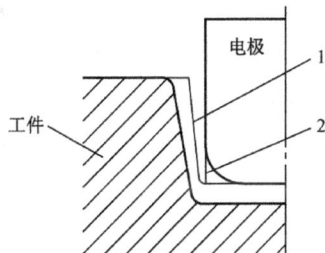

图 3-11 电火花加工斜度

1—电极无损耗时工件轮廓线；2—电极有损耗而不考虑二次放电时的工件轮廓线

3）影响表面质量的因素

（1）表面粗糙度。

电火花加工后的表面，是由脉冲放电时所形成的大量凹坑排列重叠而形成的。在一定的加工条件下，加工表面粗糙度 Ra 值可用以下经验公式表示为：

$$R_a = K_{Ra} t_i^{0.3} I_e^{0.4} \qquad (3-3)$$

式中，R_a 为实测的表面粗糙度评定参数；K_{Ra} 为系数（用铜电极加工淬火钢，按负极性加工时，$K_{Ra} = 2.3$）；t_i 为脉冲宽度（μs）；I_e 为电流峰值（A）。

由式（3-3）可以看出，电蚀表面粗糙度 Ra 随着脉冲宽度 t 和电流峰值 I_e 增大而增大。在一定加工条件下，脉冲宽度和电流峰值增大使单个脉冲能量增大，电蚀凹坑的断面尺寸也增大，所以表面粗糙度主要取决于单个脉冲能量。

电火花加工的表面粗糙度 Ra 值粗加工一般可达 25～12.5μm，精加工可达 3.2～0.8μm，微细加工可达 0.8～0.2μm。加工熔点高的硬质合金等可获得比钢更低的表面粗糙度值。由于电极的相对运动，侧壁粗糙度比底面小。近年来研制的超光脉冲电源已使电火花成形加工的表面粗糙度 Ra 值可达 0.20～0.10μm。

（2）表面变化层。

经电火花加工后的表面将产生包括凝固层和热影响层的表面变化层。凝固是工件表层材料在脉冲放电的瞬时高温作用下熔化后未能抛出，在脉冲放电结束后迅速冷却、凝固而保留下来的金属层。其晶粒非常细小，有很强的耐腐蚀能力。热影响层位于凝固层和工件基体材料之间，该层金属受到放电点传来的高温的影响，使材料的金相组织发生了变化。对于未淬火钢，热影响层就是淬火层。对于经过淬火的钢，热影响层就是重新淬火层。

表面变化层的厚度与工件材料及脉冲电源的电参数有关，它随着脉冲能量的增加而增厚。粗加工时，变化层一般为 0.1～0.5μm，精加工时一般为 0.01～0.05μm。凝固层的硬度一般比较高，故电火花加工后的工件耐磨性比机械加工好。但是随之而来的是增加了钳工研磨、抛光的困难。

变化层的硬度变化情况与电参数、冷却条件及工件材料原来的热处理状况有关。如图 3-12 所示为未淬火钢经过电火花加工后的表面显微硬度变化情况。如图 3-13 所示为已淬火的情况。

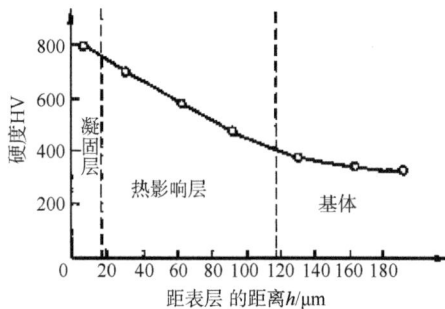

图 3-12 未淬火 T10 钢经电火花加工后的表面显微硬度变化情况
（ $t_i = 120μs, I_0 = 16A$ ）

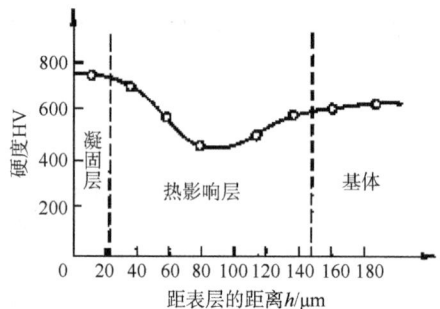

图 3-13 已淬火 T10 钢经电火花加工后的表面显微硬度变化情况
（ $t_i = 280μs, I_e = 50A$ ）

4. 冲模的电火花加工工艺

电火花穿孔加工和电火花型腔加工在模具制造中得到广泛应用。电火花型腔加工在后面会详细介绍，这里先介绍电火花穿孔加工。

用电火花加工方法加工通孔称为电火花穿孔加工。它在模具制造中主要用于切削加工方法难以加工的凹模型孔。用电火花加工凹模，容易获得均匀的配合间隙和所需的落料斜度，刃口平直耐磨，可以相应地提高冲件质量和模具的使用寿命。但加工电极的损耗影响加工精度，难以达到小的表面粗糙度值，要获得小的棱边和尖角也比较困难。与后面要讲的线切割相比，电极制造比较麻烦。所以凹模型孔较多时用电火花穿孔加工比较有利。冲模的电火花加工工艺过程如图 3-14 所示。

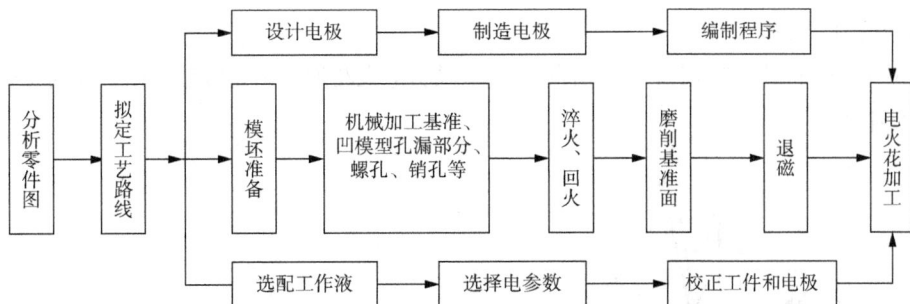

图 3-14　冲模的电火花加工工艺过程

　　如图 3-15、图 3-16 所示是一套电机定子模具的凸模和凸凹模，凸模（电极）刃口尺寸有公差，可按图加工。粗加工后可有光学曲线磨床或线切割进行精加工。凸模（电极）的机械加工工艺过程为：锻造—退火—粗、精刨—淬火与回火—磨上、下表面—成形磨削，或锻造—退火—刨（或铣）平面—淬火与回火—磨上、下表面—线切割加工。

　　凸凹模型孔有 24 个槽，冲件厚度为 0.5mm，加工后保证双面冲裁间隙为 0.02～0.03mm，模具材料为 Cr12MoV，淬火硬度为 60～62HRC。由于冲裁间隙较小，精度要求高，凹模型孔必须与已加工好的凸模配作。

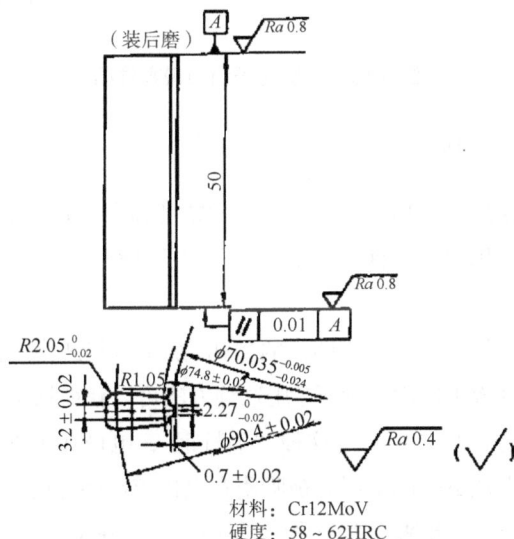

材料：Cr12MoV
硬度：58～62HRC

图 3-15　电机定子冲槽凸模零件图

　　分析电机定子凸凹模零件图得知，该凸凹模的加工关键技术是保证上、下表面的平行度和表面粗糙度，保证内、外形和腰形型孔的尺寸和相互位置精度，表面粗糙度以及它们和上、下表面的垂直度。为了保证精度，刃口尺寸必须淬火后精加工。内孔和外形的刃口尺寸用线切割精加工，腰形型孔用电火花按已加工好的凸模配作，其余表面用普通机床加工。为了方便排屑、提高生产率和便于工作液强迫循环，因为孔较小，电火花穿孔加工之前应在型孔内加工出冲油孔。电机定子凸凹模的机械加工工艺过程为：锻造—退火—车外圆、端面和中心孔—磨上、下表面—钳工划线—钻个孔—铣漏料孔—淬火与回火—磨上、下表面—退磁—线切割内孔及外形—电火花加工各腰形型孔—钳工—检验。

工艺中用到的线切割加工下一讲介绍，这里说明电火花加工工艺方法，以及如何保证型孔的精度和冲裁间隙。

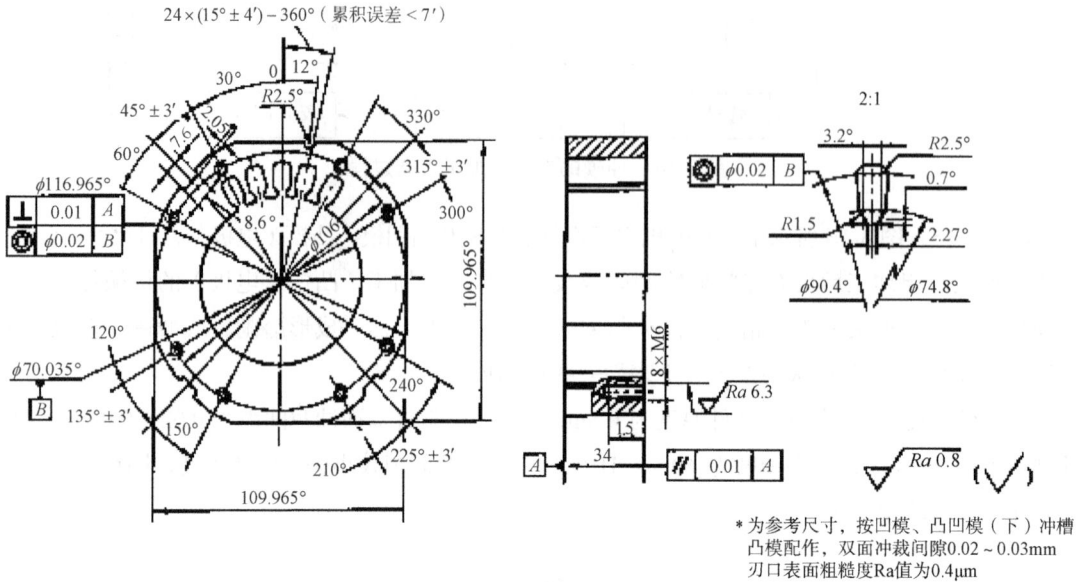

图 3-16　电机定子凸凹模零件图

1）保证凸、凹模冲裁间隙的方法

在电火花加工中，凹模型孔的加工精度与电极的精度和穿孔时的工艺条件密切相关，在电极精度符合要求的情况下，常用以下几种办法来保证冲模的冲裁间隙。

（1）直接法。

直接法是用加长的钢凸模作电极加工凹模的型孔，加工后将凸模的损耗部分去除的方法。凸、凹模的配合间隙考控制脉冲放电间隙来保证。用这种方法可以获得均匀的配合间隙，模具质量高，不需要另外制造电极，工艺简单。但对于这种"钢打钢"，电极和工件都是磁性材料，在直流分量的作用下易产生磁性，电蚀下来的金属屑被吸附在电极放电间隙的磁场中而形成不稳定的二次放电，使加工过程很不稳定。近年来，由于采用了具有附加 300V 的高压击穿（高低压复合回路）的脉冲电源，情况有了很大的改善。目前，电火花加工冲模时的单边间隙可小达 0.02mm，甚至达到 0.01mm，所以对一般的冲模加工，采用控制电极尺寸和火花间隙的方法可以保证冲模配合间隙的要求，故直接法在生产中已得到广泛的应用。

（2）混合法。

混合法是凸模的加长部分选用与凸模不同的材料，如铸铁等黏结或钎焊在凸模上，与凸模一起加工，以黏结或钎焊部分作为穿孔电极的工作部分的方法。加工后，再将电极部分去除。此方法电极材料可选择，因此，电加工性能比直接法好。电极与凸模连接在一起加工，电极形状、尺寸与凸模一致，加工后凸、凹模配合间隙均匀。混合法是一种使用较为广泛的方法。

当凸、凹模配合间隙很小时，过小的放电间隙使加工困难。此时，可将电极的工作部分用化学浸蚀除一层金属，使断面尺寸均匀缩小 $\delta-Z/2$（Z 为凸、凹模双边间隙；δ 为单边放电间隙）。反之，当凸、凹模的配合间隙较大，可以用电镀法将电极工作部位的断面尺寸均匀扩大 $Z/2-\delta$，以满足加工时的间隙要求，如图 3-17 所示。

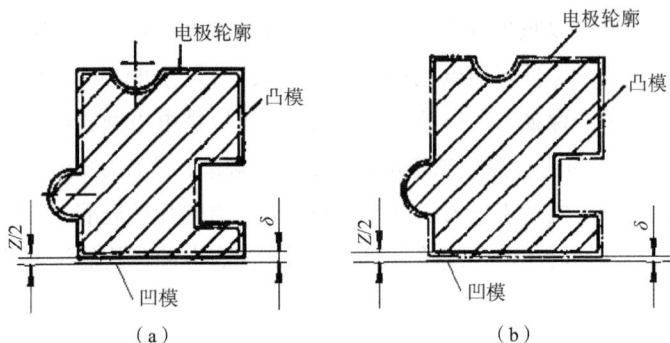

图 3-17　混合法保证凸、凹模冲裁间隙

（a）冲裁间隙较小时，电极按凸模均匀缩小（$\delta-Z/2$）；
（b）冲裁间隙较小时，电极按凸模均匀缩（$Z/2-\delta$）

（3）修配凸模法。

凸模和电极分别制造。在凸模上留有一定的修配余量，按电火花加工好的凹模型孔修配凸模，达到所要求的凸、凹模配合间隙。这种方法的优点是电极可以选用电加工性能好的电极材料。由于凸、凹模的配合间隙靠修配凸模来保证，所以，不论凸、凹模的配合间隙是大是小，均可采用这种方法。其缺点是增加了制造电极和钳工修配的工作量。故修配凸模法只适合于加工形状比较简单的冲模。

（4）二次电极法。

二次电极法加工是指利用一次电极制造出二次电极，再分别用一次和二次电极加工出凹模和凸模，并保证凸、凹模配合间隙。一般用于两种情况，一是一次电极为凹型，用于凸模制造有困难；二是一次电极为凸型，用于凹模制造有困难的情况。二次电极为凸型电极时的加工方法如图 3-18 所示。

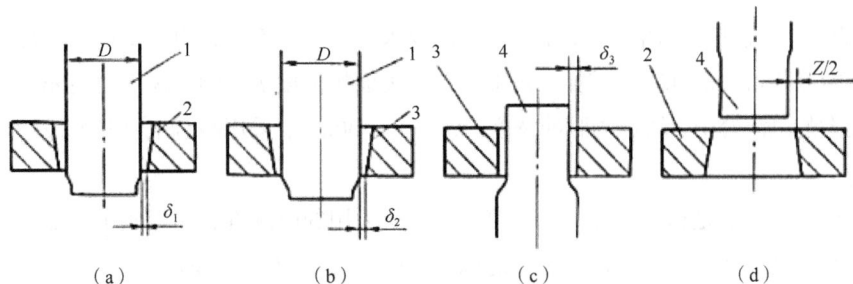

图 3-18　二次电极法

（a）加工凹模；（b）制造二次电极；（c）加工凸模；（d）凸、凹模冲裁
1——一次电极；2——凹模；3——二次电极；4——凸模

2）电火花加工过程和电规准

（1）电火花加工过程。

和普通机械加工同理，电火花穿孔加工也能进行粗加工和精加工，但实现粗、精加工的方式不同。粗加工时，用电极的前端部分，选用较大的脉冲峰值电流和脉冲宽度 t_i；减小脉冲间隔 t_0，既可以提高生产效率，又可以减少电极损耗。当穿孔通后，电极继续往下穿，用新的表面对型孔进行精加工。此时选用小的脉冲峰值电流和脉冲宽度 t_i；增大脉冲间隔 t_0 和频率，得到合格的刃口尺寸和表面粗糙度。为了保证有足够的精加工余量，可以把电极做成台阶形。用台阶形电极穿孔的过程如图 3-19 所示，首先按照要求选定粗加工的电规准；当使用台阶形电极进给到刃口时，转化为中规准；当台阶形电极加工进入刃口 1—2mm 时，再转为精规准，使用末档规准修光穿型孔。注意，在进行规准转换时，由于间隙逐渐减小，应注意电蚀产物的排除条件，应适当加大介质液的压力和流动速度。

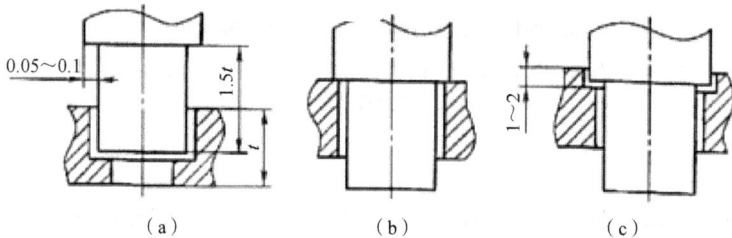

图 3-19　台阶形电极型孔加工电规准的转换

（a）采用粗规准加工；（b）转换为中规准加工；（c）转换为精规准加工

（2）电规准的选择与转换。

电火花加工中所选用的一组电脉冲参数（如电压、电流、脉冲宽度、脉冲间隔等）称为电规准。选择的电规准是否合理，不仅影响模具的加工精度，还直接影响加工的生产效率。应根据工件的要求、电极和工件的材料、加工工艺指标和经济效益等因素来选择电规准，并在加工过程中及时转换。通常要用几个电规准才能完成凹模型孔的加工。

电规准分为粗、中、精三种，每一种又可以分几档。从一个规准调整到另一个规准称为电规准的转换。

①粗规准。粗规准主要用于粗加工。对它的要求是：生产率高，电极损耗小，加工过程要稳定，当加工精度要求高的孔时，转换中规准之前的表面粗糙度 Ra 值应小于 12.5μm，所以粗规准一般采用较大的电流峰值，较长的脉冲宽度（$t_i = 50\sim500$μs），采用纯铜电极时电极的损耗率应低于 1%。

②中规准。中规准是粗、精加工间过渡性加工所采用的电规准，用以减小精加工余量，促进加工稳定性和提高加工速度。中规准采用的脉冲宽度一般为 10～100μs。

③精规准。精规准用来进行精加工，要求在保证冲模各项技术参数要求（如配合间隙、表面粗糙度和刃口斜度）的前提下尽可能提高生产率。故多采用小的电流峰值、高频率和短的脉冲宽度（$t_i = 2\sim6$μs）。

粗、精规准的正确配合，可以较好地解决电火花加工的质量和生产率之间的矛盾。电火花成形加工的工艺指标主要有表面粗糙度、精度（侧面放电间隙）、生产率（时除速度）和电极蚀除速度。在生产中主要通过经验或者试验得到的电火花加工工艺曲线图（或电火花成形机床生产厂家提供的数据）来正确选取。

对于脉冲间隔 t_0，粗加工（长脉冲）时取脉冲宽度的 $1/5\sim1/10$，精加工（短脉冲）时取脉冲宽度的 $2\sim5$ 倍。脉冲间隔大，生产率低，但过小则加工不稳定，易拉弧。

3）电极设计

为了保证型孔的加工精度，在设计电极时必须合理选择电极材料和确定电极尺寸。因此，还要使电极在结构上便于制造和安装。

（1）电极材料

根据电火花加工原理，应选择损耗小，加工稳定、生产率高、机械加工性能良好、来源丰富、价格低廉的材料作电极材料，常用电极材料的种类和性能见表 3-2。选择时应根据加工对象、工艺方法、脉冲电源的类型等原因综合考虑。

表 3-2 常用电极材料的种类和性能

电极材料	电火花加工性能		极性加工性能	说 明
	加工稳定性	电极损耗		
钢	较差	中等	好	在选择电参数时应注意加工稳定性，可以凸模作电极
铸铁	一般	中等	好	
石墨	较好	较小	较好	机械强度较差，易崩角
黄铜	好	大	较好	电极损耗太大
纯铜	好	较小	较差	磨削困难
铜钨合金	好	小	较好	价格贵，多用于深孔、直壁孔、硬质合金穿孔
银钨合金	好	小	较好	价格昂贵，用于精密及有特殊要求的加工

（2）电极结构。

电极的结构形式应根据电极外形尺寸和大小与复杂程度、电极的结构工艺性等综合考虑。

整体式电极。这种电极是用一种材料加工而成。对于横截面积及质量较大的电极，可在电极上开孔以减轻电极质量，但孔不能开通，孔口向上，如图 3-20 所示。

组合式电极。组合式电极适合于同一凹模有多个型孔时，可以把多个电极组合在一起（图 3-21），一次穿孔可完成各型孔的加工。

镶拼式电极。镶拼式电极是将电极分成几块，分别加工后再镶拼成整体。镶拼式电极既节省材料又便于电极制造，适合于整体加工有困难，形状复杂的电极。

分解式电极。分解式电极是电极制造困难且难以保证电加工精度（如内外尖角）时采用的电极形式。分解式电极是将复杂形状的电极分解成若干简单形状的电极。分若干次加工完成。

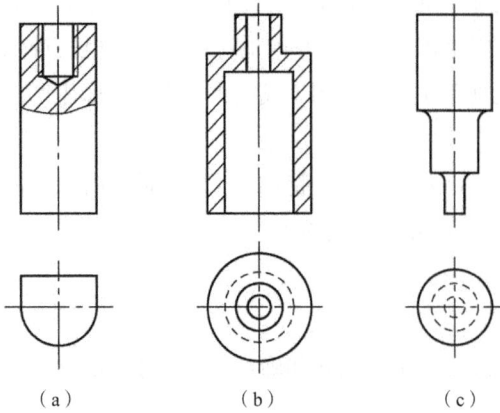

图 3-20　整体电极
（a）螺纹结构；（b）空心结构；（c）阶梯结构

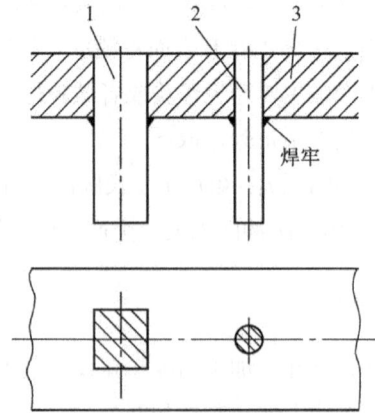

图 3-21　组合式电极
1—电极　2—电极　3—固定板

（3）电极尺寸。

电极横截面尺寸的确定。电极横截面尺寸是指垂直于电极进给方向的电极横截面尺寸。在凸、凹模图样上的公差有不同的标注方法。当凸模与凹模分开加工时，在凸、凹模图样上均标注公差；当凸模与凹模配合加工时，落料模将公差注在凹模上（冲孔时将公差注在凸模上），落料凸模（冲孔凹模）只标注公称尺寸。因此，电极横截面尺寸分别按下述两种情况计算。

第一，当按凹模型孔尺寸及公差确定电极的横截面尺寸时，电极的轮廓应比型孔均匀地缩小一个放电间隙值。如图 3-22 所示，与型孔尺寸相对应的电极尺寸为

$$a = A - 2\delta$$
$$b = B + 2\delta$$
$$c = C$$
$$r_1 = R_1 + \delta \qquad r_2 = R_2 - \delta$$

其中 A、B、C、R_1、R_2 为型孔公称尺寸（mm）；a、b、c、r_1、r_2 为电极横截面公称尺寸（mm）；δ 为单边放电间隙（mm）。

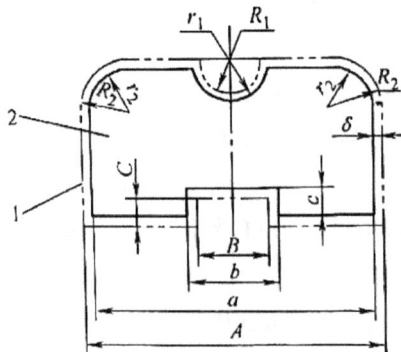

图 3-22　按型孔尺寸计算电极横截面尺寸
1—型孔轮廓；2—电极横截面

第二，当按凸模尺寸和公差确定电极的横截面尺寸时，随凸模、凹模配合间隙 Z（双面）的不同，分为三种情况：

①配合间隙等于放电间隙（$Z=2\delta$）时，此时电极与凸模横截面公称尺寸完全相同。

②配合间隙小于放电间隙（$Z<2\delta$）时，电极轮廓应比凸模轮廓均匀地缩小 $0.5(2\delta-Z)$，如图 3-17 所示。

③配合间隙大于放电间隙（$Z>2\delta$）时，电极轮廓应比凸模轮廓均匀地放大 $0.5(Z-2\delta)$，如图 3-17 所示。

电极长度尺寸的确定。电极的长度取决于凹模结构形式、型孔的复杂程度、加工深度、电极材料、电极使用次数、装夹形式及电极制造工艺等一系列因素，可按图 3-23 进行计算。

$$L = Kt + h + l + (0.4-0.8)(n-1)Kt \tag{3-4}$$

式中，t 为凹模有效厚度（mm），即电火花加工的深度；h 为当凹模下部挖空时，电极需要加长的长度（mm）；l 为为夹持电极而增加的长度（mm），$l=10\sim20$mm；n 为电极的使用次数；K 为与电极材料、型孔复杂程度等因素有关的系数。

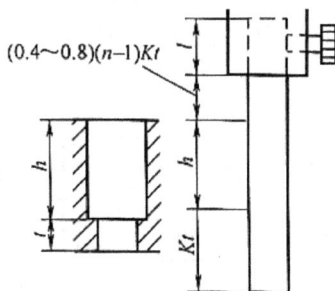

图 3-23　电极长度尺寸

K 值选用的经验数据：纯铜为 $2\sim2.5$；黄铜为 $3\sim3.5$；石墨为 $1.7\sim2$；铸铁为 $2.5\sim3$；钢为 $3\sim3.5$。当电极材料损耗小、型孔简单、电极轮廓无尖角时，K 取小值，反之取大值。

当加工硬质合金时，由于电极损耗较大，电极长度应适当加长些，但其总长度不宜过长，否则制作困难。

电极的技术要求。电极横截面的尺寸公差取模具刃口相应尺寸公差的 $1/2\sim2/3$。电极在长度方向上的公差没有严格要求。电极侧面的平行度误差在 100mm 长度上不超过 0.01mm。电极工作表面的粗糙度不大于型孔的表面粗糙度。电极形状精度不应低于型孔要求，并应避免在长度方向呈鞍形、鼓形或锥形。凹模有圆角要求时，电极上相应部位的内外半径应尽量小；当无圆角要求时，电极应尽量设小圆角。

4）电极制造及工件、电极的装夹与校正

（1）电极制造。

电极的连接。采用混合法工艺时，电极与凸模连接后加工。连接方法可采用环氧树脂胶合、锡焊、机械连接等方法。

电极的制造方法。根据电极类型、尺寸大小、电极材料和电极结构的复杂程度等进行考虑。孔加工用电极的垂直尺寸一般无严格要求,而水平尺寸要求较高。

若适合于切削加工,可用切削加工方法粗加工和精加工。对于纯铜、黄铜一类材料制作的电极,其最后加工可采用刨削加工或钳工精修来完成。也可采用电火花线切割加工来制作电极。

直接用钢凸模作电极时,若凸、凹模配合间隙小于放电间隙,则凸模作为电极部分的断面轮廓必须均匀缩小。可采用氢氟酸(HF)6%(体积分数,后同)、硝酸(HNO$_3$)14%、蒸馏水(H$_2$O)80%所组成的溶液浸蚀。此外,还可以采用其他腐蚀液体进行浸蚀。当凸、凹模轮廓配合间隙大于放电间隙,需要扩大用作电极部分的凸模断面轮廓时,可采用电镀法,单边扩大量在 0.06mm以下时表面镀铜,单边扩大量超过 0.06mm 时表面镀锌。

型腔加工用电极。这类电极水平和垂直方向尺寸要求都较严格,比加工穿孔电极困难。对纯铜电极,除了采用切削加工方法加工外,还可以采用电铸法、精密铸造法等进行加工,最后由钳工精修达到要求。由于使用石墨坯料制作电极时,机械加工、抛光都很容易,所以以机械加工方法为主。当石墨坯料尺寸不够时,可采用螺轩栓连接或用环氧树脂、聚氯乙烯醋酸液等粘接,制造成拼块电极。拼块要用同一牌号的石墨材料,要注意石墨在烧结制作时形成的纤维组织方向,避免不合理拼合(如图 3-24 所示)引起电极的不均匀耗损,降低加工质量。

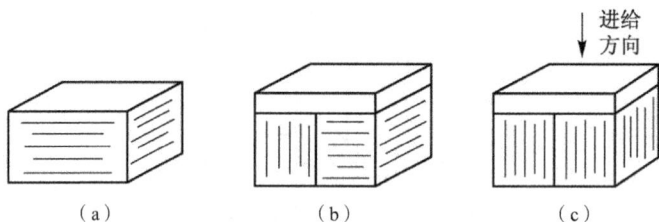

图 3-24 石墨纤维方向及拼块组合
(a)压制时的施压方向;(b)不合理镶拼;(c)合理镶拼

(2)工件的装夹和校正。

电火花成型加工模具工件的校正、压装与电极的定位目的,就是使工件与电极之间可实现 x、y、z 等各坐标的相对移动。特别是数控电火花加工机床,其数控本身都是以 x、y 基准与 x、y 坐标平行为依据的。

工件工艺基准的校正是工件装夹的关键,一般以水平工作台为依据。例如在电火花加工模具型腔时,规则的模板工件一般以分模面作为工艺基准,将此工件自然平置在工作台上,使工件的工艺基准平行于工作台面,即完成了水平校正。

当加工工件上、下两平面不平行,或支承的面积太小,不能平置,则必须采用辅助支承措施,并根据不同精度要求采用指示表校正水平,如图 3-25 所示。

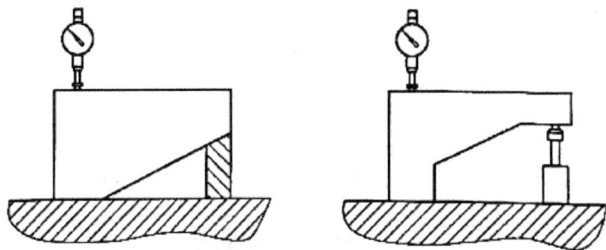

图 3-25 用辅助支撑校正工件平面

当加工单个规则的圆形型腔时，工件水平校正后即可压紧转入加工。但对于多孔或任意图形的型腔，除水平校正外，还必须校正与工作台 x、y 坐标平行的基准。例如，规则的矩形体工件，预先确定互相垂直的两个侧面作为工艺基准，依靠 x、y 两坐标的移动，用指数表校两个侧基准面。若工件非规则形状，应在工件上划出基准线，通过移动 x、y 坐标，用固定的划针进行工件的校正。若需要精密校正时，必须采取措施，专门加工一些定位表面或设计制造专用夹具。

在电火花加工中，工件和电极所受的力较小，因此对工件压装的夹紧力要求比切削加工时低。为使压装工件时不改变定位时所得到的正确位置，在保证工件位置不变的情况下，夹紧力应尽可能小。

（3）电极的装夹和校正。

在电火花加工中，机床主轴进给方向都应该垂直于工作台。因此电极的工艺基准必须平行于机床主轴头的垂直坐标。即电极的装夹与校正必须保证电极进给加工方向垂直于工作台平面。

电极的装夹。由于在实际加工中碰到的电极形状各不相同，加工要求也不一样，因此，电极的装夹方法和电极夹具也不相同。下面介绍几种常用的电极夹具：

如图 3-26（a）所示为电极套筒，适用于一般圆电极的装夹。

如图 3-26（b）所示为电极柄结构，适用于直径较大的电极、方电极、长方形电极，以及几何形状复杂而在电极一端可以钻孔、套螺纹固定的电极。

如图 3-26（c）所示为钻夹头结构，适用于直径范围为 $1\sim13\mathrm{mm}$ 的圆柄电极。

如图 3-26（d）所示为U形夹头，适用于方电极和片状电极。

如图 3-26（e）所示为可内冲油的管状电极夹头。

除上面介绍的常用夹具外，还可以根据要求设计专用电极。

电极的校正。电极的校正方式有自然校正和人工校正两种。所谓自然校正，就是利用电极在电极柄和机床主轴上的正确定位来保证电极与机床的正确关系；而人工校正一般以工作台面 x、y 水平方向为基准，用指示表、量块或角尺（图 3-27）在电极横、纵（即 x、y 方向）两个方向作垂直校正和水平校正，保证电极轴线与主轴进给轴线一致，保证电极工艺基准与工作台面 x、y 基准平行。

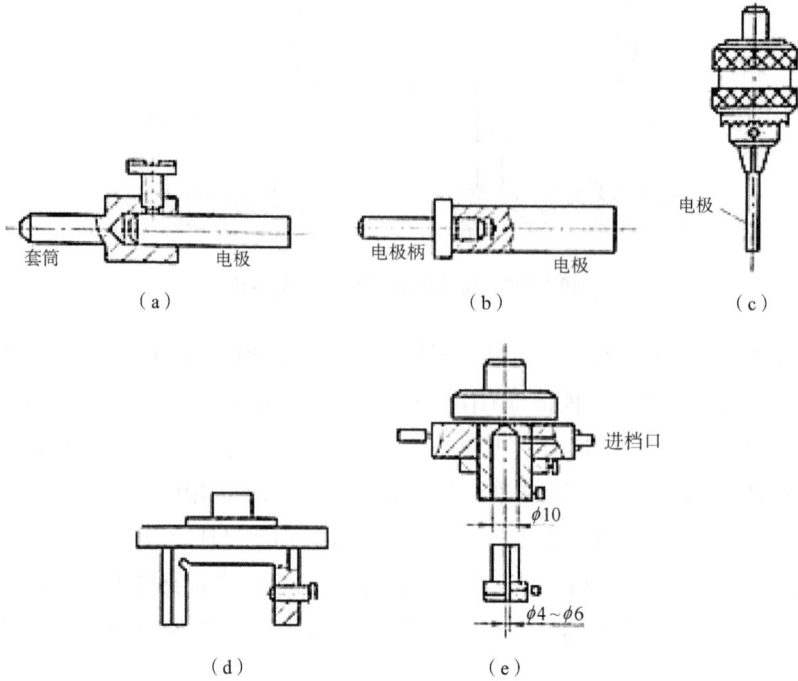

图 3-26　几种常用的电极夹头

（a）电极套筒；（b）电极柄；（c）钻夹头；（d）U 形夹头；（e）管状电极夹头

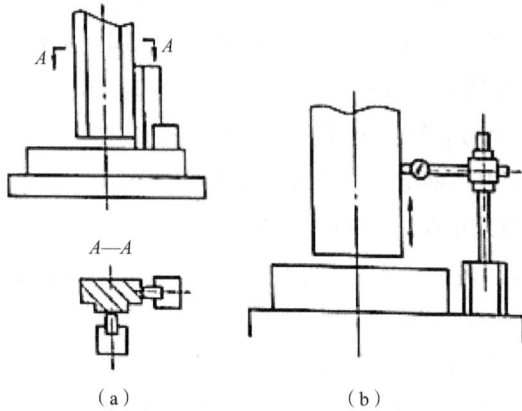

图 3-27　用 90°角尺、指示表测定电极垂直度

（a）用 90°角尺测定电极垂直度；（b）用指示表测定电极垂直度

　　实现人工校正时，要求电极的吊装装置上装有具有一定调节量的万向装置，通过该装置将电极与主轴头相连接。如图 3-28 所示为常见的钢球铰链式垂直调整装置，电极或电极夹具装夹在电极装夹套 4 内，通过 4 个调节螺钉来调整电极垂直度。校正操作时，将指示表顶压在电极的工艺基准面上，通过移动坐标（垂直基准校正时移动 z 坐标，水平基准校正时移动 x 和 y 坐标），观察表上读数的变化，估测误差值，并不断调整万向装置的方向来补偿误差，直到校准为止。

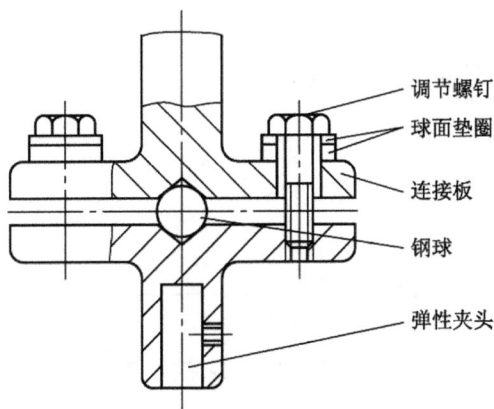

图 3-28 钢球铰链式垂直调整装置

1—调整螺钉；2—球面垫圈；3—钢球；4—电极装夹套

如果电极外形不规则，无直壁等情况下，就需要辅助装置。常用的校正方法如下：

方法 1：按电极固定板基准校正。在制造电极时，电极轴线必须与电极固定板基准面垂直。校正时，用指示表保证固定板基准面与工作台平行，保证电极与工件对正，如图 3-29 所示。

方法 2：按电极放电痕迹校正。电极端面为平面时，除上述方法外，还可以用弱规准在工件平面上放电，打印校正电极，并调节到四周均匀地出现放电痕迹（称为放电打印法），达到校正的目的。

方法 3：按电极端面进行校正。主要指电极侧面不规则，而电极的端面又在同一平面时，可用量块或等高块，通过"撞刀保护"挡，测量端使四个等高点尺寸一致，即可认为电极端与工作台平行，如图 3-30 所示。

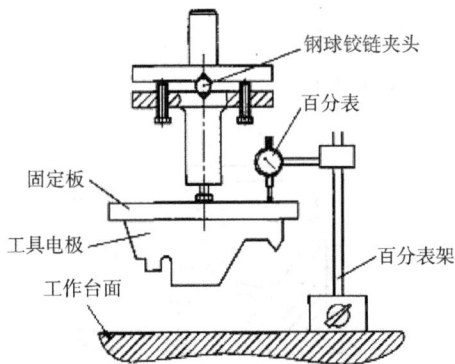

图 3-29 按电极固定板基准面校正

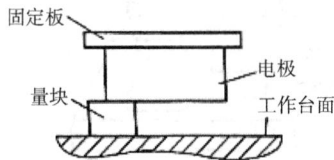

图 3-30 按电极端面进行校正

（4）工件与电极的对正。

工件与电极的工艺基准校正以后，必须将工件和电极的相对位置对正，才能在工件上加工出位置准确的型腔。常用的定位方法主要有以下几种：

移动坐标法。如图 3-31 所示，先将电极移出工件，通过移动电极的 x 坐标与工件的垂直基准接近。同时密切监视电压表上的指示，当电压表上的指示值急剧变低的瞬间（此时电极的垂直基准正好与工件的垂直基准接触），停止移动坐标。然后移动坐标（$\Delta+x_0$），工件和电极 x 方向对正。在 y 轴上重复以上操作，工件和电极 y 方向对正。

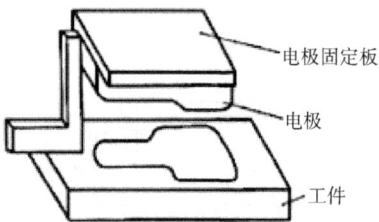

图 3-31　工件与电极垂直基准接触定位对正

在数控电火花机床上，可用其"端面定位"功能代替电压表，当电极的垂直基准正好与工件的垂直基准接触时，机床自动记录下坐标值并反转停止。然后同样按上述方法使工件和电极对正。如果模具工件是规则的方形或圆形，还可用数控电火花机床上的"自动定位"功能进行自动定位。

划线打印法。如图 3-32 所示，在工件表面划出型孔轮廓线。将已安装正确的电极垂直下降，与工件表面接触，用眼睛观察并移动工件，使电极对准工件后将工件紧固。或用粗规准初步电蚀打印后观察定位情况，调整位置。当底部或侧面为非平面时，可用角尺作基准。这种方法主要适用于型孔位置精度要求不太高的单型孔工件。

复位法。这种情况多用于电极的重复定位（例如多电极加工同一型腔）。校正时，电极应尽可能与原型腔相符合。校正原理是利用电火花机床自动保持电极与工件之间的放电间隙功能，通过火花放电时的进给深度来判断电极与原型腔的复合程度。只要电极与原型腔未完全符合，总是可以通过移动某一坐标的某一方向，继续加大进给深度。如图 3-33 所示，只要向左移动电极，即会加大进给深度。通过反复调整，直至两者工艺基准完全对准为止。

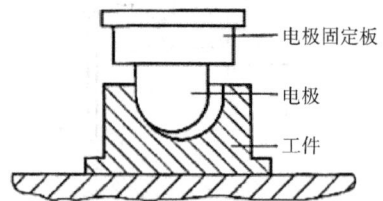

图 3-32　用划线打印法对正工件与电极

图 3-33　用复位法对正工件与电极

二、凸、凹模的电火花线切割加工

电火花线切割加工是在电火花成型加工基础上发展起来的，因其由数控装置控制机床的运动，采用线状电极（钼丝或铜丝）通过火花放电对工件进行切割，故称为数控电火花线切割加工。

1. 电火花线切割加工原理、特点及应用

1）加工原理

电火花线切割加工的基本原理与电火花成形加工相同，但加工方式不同，它是用细金属丝作电极，对工件进行脉冲火花放电、切割成形。

根据电极丝的运行速度，电火花切割机床通常分为两大类：一类是高速走丝（或称快走丝）电火花切割机床，这类机床的电极丝作高速往复运动，一般走丝速度为 8-10m/s，是我国生产和使用的主要机种，也是我国独创的电火花切割加工模式；另一类是低速走丝（或称慢走丝）电火花线切割机床，这类机床的电极丝作低速单向运动，一般走丝速度低于 0.2m/s，这是国外生产和使用的主要机种。

如图 3-34 所示是快走丝数控电火花线切割加工的示意图。利用电极丝 5 作电极进行切割，一方面储丝筒 9 使电极丝作正反向交替移动；另一方面。装夹工件的十字工作台，由数控伺服电动机驱动，在 x、y 轴方向各自按预定的控制程序实现切割进给，使线电极沿加工图形的轨迹，把工件切割成形。加工过程中，在电极丝和工件之间必须浇注工作液介质。

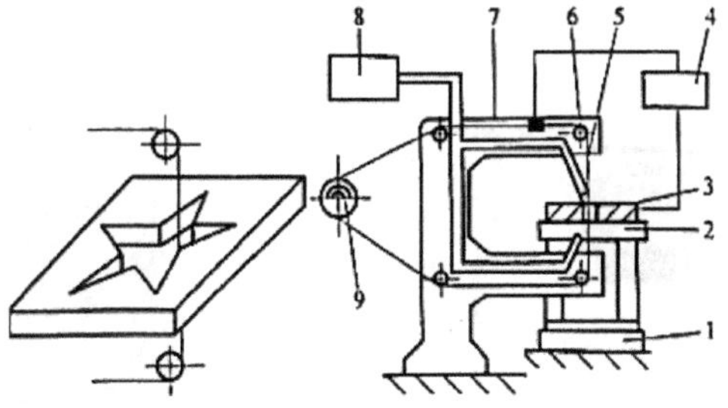

（a）　　　　　　　　　（b）

图 3-34　快走丝数控电火花线切割加工示意图

1—工作台；2—夹具；3—工件；4—脉冲电源；5—电极丝；
6—导轮；7—丝架；8—工作液箱；9—储丝筒

2）加工的特点

（1）它是以金属线为电极，大大降低了成形电极的设计和制造费用，缩短了生产准备时间，加工周期短。

（2）能方便地加工出细小或带异形孔、窄缝和复杂形状的零件。

（3）无论被加工工件的硬度如何，只要是导体或半导电体的材料，都能进行加工。由于加工中电极和工件不直接接触，没有像机械切削加工那样的切削力，因此，也适合加工低刚度工件及细小零件。

（4）由于电极丝比较细，切缝很窄，能对工件材料进行"套料"加工，故材料的利用率很高，能有效地节约贵重材料。

（5）由于采用移动的长电极丝进行加工，使单位长度电极丝的损耗较小，从而对加工精度的影响比较小，特别在低速走丝线切割加工时，电极丝一次使用，电极损耗对加工精度的影响更小。

（6）依靠数控系统的线径偏移补偿功能，使冲模加工的凸凹模间隙可以任意调节。

（7）采用四轴联动控制时，可加工上、下面异形体，形状扭曲的曲面体，变锥度和球形体等零件。

3）应用

数控电火花线切割广泛用于加工硬质合金、淬火钢模具零件、样板，各种形状复杂的细小零件、窄缝等，如形状复杂、带有尖角窄缝的小型凹模的型孔可采用整体结构淬火后加工，既能保证模具精度，也可简化模具设计和制造。此外，数控电火花线切割还可加工除不通孔以外的其他难加工的金属零件。

2. 数控电火花线切割机床

数控电火花线切割机床主要由机床本体、脉冲电源、控制系统、工作液循环系统和机床附件等几部分组成。如图 3-35 和图 3-36 所示分别为快走丝和慢走丝线切割机床组成。这里主要讲述广泛应用的快走丝线切割机床。

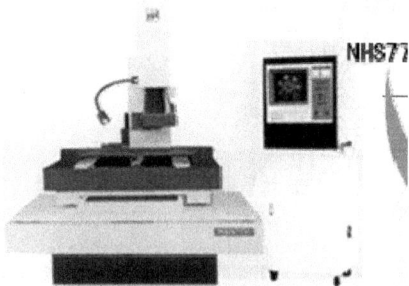

图 3-35　快走丝线切割机床

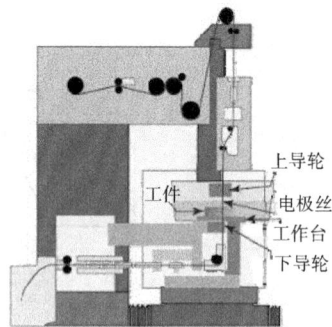

图 3-36　慢走丝线切割机床

1）机床本体

机床本体包括床身、坐标工作台、走丝机构、丝架、工作液箱、附件和夹具等几部分组成。

（1）床身部分。床身通常采用箱式结构，应有足够的强度和刚度。床身内部安置电源和工作液箱，考虑电源的发热和工作液泵的振动，有些机床将电源和工作液箱移出床身外另行安放。

（2）坐标工作台。数控电火花线切割机床最终都是通过坐标工作台与电极丝的相对运动来完成对零件加工的。为了保证机床精度，对导轨的精度、刚度和耐磨性有较高的要求。一般都采用"+"字滑板、滚动导轨和丝杆传动副将电极的旋转运动变为工作台的直线运动，通过两个坐标方向各自的进给移动，可合成获得各种平面图形曲线轨迹。

（3）走丝机构。走丝机构使电极丝以一定的速度运动并保持一定的张力。在快走丝线切割机床上，一定长度的电极丝平整地卷绕在储丝筒上，储丝筒通过联轴器与驱动电机相连。为了重复使用该段电极丝，电动机由专门的换向装置控制作正反向交替运转。在运动过程中，电极丝由丝架支撑，并依靠导轮保持电极丝与工作台垂直或倾斜一定的几何角度（锥度切割时）

（4）锥度切割装置。为了切割有落料角的冲模和某些有锥度（斜度）的内外表面，有些线切割机床具有锥度切割功能。快走丝线切割机床上实现锥度切割的工作原理如图 3-37 所示。图 3-37（a）为上（或下）丝臂平动法，上（或下）丝臂沿 x、y 方向平移，此法锥度不宜过大，否则钼丝易拉断，导轮容易磨损，工件上有一定的加工圆角。图 3-37（b）为上、下丝臂同时绕一定中心移动的方法，如果模具刃口放在中心 O 上，则加工圆角近似为电极丝半径。此法加工锥度也不宜过大。图 3-37（c）为上、下丝臂分别沿导轮径向平动和轴向摆动的方法。此法加工锥度不影响导轮磨损。最大切割锥度通常可达 5° 以上。

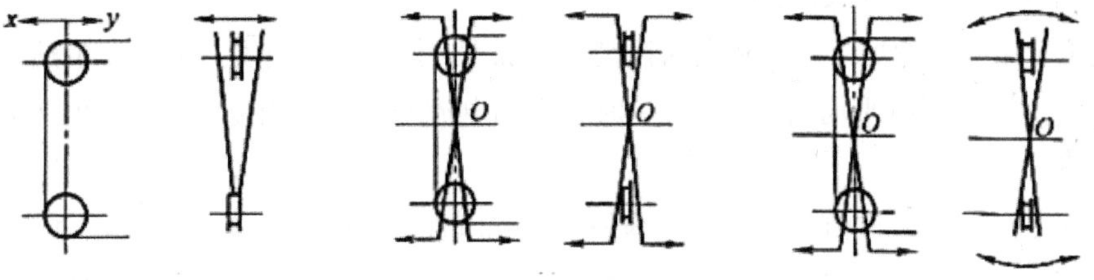

（a）　　　　　　　　（b）　　　　　　　　（c）

图 3-37　偏移式丝架实现锥度加工的方法

2）脉冲电源

数控电火花线切割机床的脉冲电源和电火花成形加工机床的原理相同，不过受加工表面粗糙度和电极丝允许承载电流的限制。数控电火花线切割机床脉冲电源的宽度较窄（2～60μm），单个电流能量、平均电流（1～5A）一般较小，所以数控电火花线切割加工总是采用正极性加工。

3）工作液循环系统

在数控电火花线切割加工中，工作液对加工工艺指标的影响很大，如对切削速度、表面粗糙度、加工精度等都有影响。慢走丝线切割机床大多采用去离子水作工作液，只有在特殊精加工时才采用绝缘性能较高的煤油。快走丝线切割机床使用的工作液是专用乳化液，目前供应的乳化液有很多种，可根据切割速度、切割厚度等要求选用。工作液循环装置一般由工作液泵、液箱、过滤器、管道和流量控制阀等组成。

3. 影响数控电火花线切割加工工艺指标的主要因素

1）主要工艺指标

（1）切割速度 V_{wi}。在保持一定表面粗糙度的切割加工过程中，单位时间内电极丝中心线在工件上切过的面积总和称为切割速度，单位为 mm²/min。切割速度是反映加工效率的一个重要指标，数值上等于电极丝中心线沿图形加工轨迹的进给速度乘以工件厚度。通常快走丝线切割的切割速度快走丝线为 40～80mm²/min，慢走丝可达 350mm²/min。

（2）切割精度。线切割加工后，工件的尺寸精度、形状精度（如直线度、平面度、圆度等）和位置精度（如平行度、垂直度、倾斜度等）称为切割精度。快走丝切割精度可达一般为±0.015～

0.02mm；慢走丝线切割精度可达±0.001mm 左右。

（3）表面粗糙度。线切割加工中的表面粗糙度通常用轮廓算术平均值偏差 Ra 值表示。快走丝线切割加工的 Ra 值一般为 1.25～2.5μm，慢走丝线切割的 Ra 值可达 0.3μm。

2）影响工艺指标的主要因素

（1）脉冲电源主要参数的影响。

峰值电流 I_e 是决定单脉冲能量的主要因素之一。I_e 增大时，线切割加工速度提高，但表面粗糙度变差，电极丝损耗比加大甚至断丝。

脉冲宽度 t_i 主要影响加工速度和表面粗糙度。加大 t_i 提高加工速度，但表面粗糙度变差。

脉冲间隔 t_0 直接影响平均电流。t_0 减小时，平均电流增大，切割速度加快，但 t_0 过小，会引起电弧和断丝。

空载电压 U_i 的影响。该值会引起放电峰值电流和电加工间隙的改变。U_i 提高，加工间隙增大，切缝窄，排屑变易，提高了切削速度和加工稳定性，但易造成电极丝振动，降低加工面形状精度和表面质量。通常 U_i 的提高还会使电极丝损耗量加大。

放电波形的影响。在相同的工艺条件下，高频分组脉冲常常能获得较好的加工效果。电流波形的前沿上升比较缓慢时，电极丝损耗较少。不过当脉冲宽度很窄时，必须有陡的前沿才能进行有效的加工。

（2）电极及其走丝速度的影响

电极丝直径的影响。线切割加工中使用的电极丝直径，一般为 ϕ0.03～0.35mm。电极丝材料不同，其直径范围也不同，一般纯铜丝为 ϕ0.15～0.30mm，黄铜丝为 ϕ0.1～0.30mm，钼丝为 ϕ0.06～0.25mm；钨丝为 ϕ0.03～0.25mm。切割速度与电极丝直径成正比，电极丝直径越大，切割速度越快，而且还有利于厚工件的加工。但是电极丝直径的增加，要受到加工工艺要求的约束，另外增大加工电流，加工表面的表面质量会变差，所以电极丝直径的大小，要根据工件厚度、材料和加工要求确定。

电极丝走丝速度的影响。在一定范围内，随着走丝速度的提高，线切割速度也可以提高，提高走丝速度有利于电极丝把工作液带入较大厚度的工件放电间隙中，有利于电蚀产物的排除和放电加工的稳定。走丝速度也影响电极在加工区的逗留时间和放电次数，从而影响电极丝的损耗。但走丝速度过高，将使电极丝的振动加大，降低精度、切割速度并使表面粗糙度值增加，易造成断丝，所以，快走丝线切割加工时的走丝速度一般小于 10m/s 为宜。

在慢走丝线切割加工中，电极丝材料和直径有较大的选择范围，高生产率时可用直径为 ϕ0.3mm 以下的镀锌黄铜丝，允许较大的峰值电流和汽化爆炸力。精密加工时可用直径为 ϕ0.03mm 以上的钼丝。由于电极丝张力均匀，振动较少，所以加工稳定性、表面粗糙度、精度指标等均较好。

（3）工件厚度及材料的影响。

工件材料较薄，工作液容易进入并充满放电间隙，对排屑和消电离有利，加工稳定性好。但工件太薄，金属丝易产生抖动，对加工精度和表面粗糙度不利。工件厚，工作液难于进入和充满放电间隙，加工稳定性差，但电极丝不易抖动，因此精度和表面粗糙度较好。切割速度 V_{wi} 随厚度的增加而增加，但达到某一最大值（一般为 50～100mm²/min）后开始下降，这是因为厚度过大时，排屑条件变差。工件材料不同，其熔点、汽化点、导热率等都不一样，因而加工效果也不同，例如采用乳化液加工时：

①加工铜、铝、淬火钢时，加工过程稳定，切割速度高。

②加工不锈钢、磁钢、未淬火高碳钢时，稳定性较差，切削速度低，表面质量不太好。

③加工硬质合金时，比较稳定，切割速度较低，表面质量好。

此外，机械部分精度（例如导轨、轴承等磨损、传动误差）和工作液（种类、浓度及其脏污程度）都会影响加工效果。当导轮、轴承偏摆，工作液上下冲水不均匀时，会使加工表面产生上下凹凸相间的条纹，工艺指标将变差。

（4）诸因素对工艺指标的相互影响关系。前面分析了各主要因素对数控电火花线切割加工工艺指标的影响，实际上，各因素对工艺指标的影响往往是相互依赖又相互制约的。

切割速度与脉冲电源的电参数有直接的关系，它将随单个脉冲能量的增加和脉冲频率的提高而提高。但有时也受到加工条件或其他因素的制约。因此，为了提高切割速度，除了合理选择脉冲电源的电参数外，还要注意其他因素的影响，如工作液种类、浓度、脏污程度的影响，线电极材料、直径、走丝速度和抖动的影响，工件材料和厚度的影响，切削加工进给速度、稳定性和机械传动精度的影响等。合理地选择搭配各因素指标，可使两极间维持最佳的放电条件，以提高切削速度。

表面粗糙度主要取决于单个脉冲放电能量的大小，但线电极的走丝速度和抖动状况等因素对表面粗糙度的影响也很大，而线电极的工作状况与所选择的线电极材料、直径和张紧力大小有关。

加工精度主要受机械传动精度的影响，但线电极的直径、放电间隙大小、工作液喷流量大小和喷流角度等也影响加工精度。

因此，在线切割加工时，要综合考虑各因素对工艺指标的影响，善于取其优点，去其缺点，以充分发挥设备性能，达到最佳的切削加工效果。

4. 电火花线切割加工工艺的制订

电火花线切割加工，一般在工件淬火后进行，使工件达到图样规定的精度和表面粗糙度。其加工工艺过程如图 3-38 所示。数控电火花线切割加工工艺制订的内容主要有零件图的工艺分析、工艺准备、加工参数的选择等几个方面。

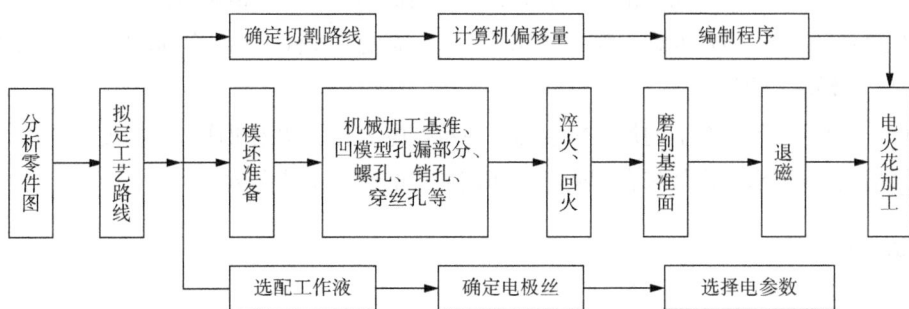

图 3-38　电火花线切割加工工艺过程

零件图的工艺分析。主要分析零件的凹角和尖角是否符合线切割加工的工艺条件，零件的加工精度、表面粗糙度是否在线切割加工所能够达到的经济精度范围内。

（1）凹角和尖角的尺寸分析

因电极丝具有一定的直径 d，加工时又有放电间隙 δ，使电极丝中心的运动轨迹与加工面相距 L，即 $L = d/2 + \delta$，如图 3-39 所示。因此，加工凸模类零件时，电极丝中心轨迹应放大；加工凹模类零件时，中心轨迹应缩小，如图 3-40 所示。

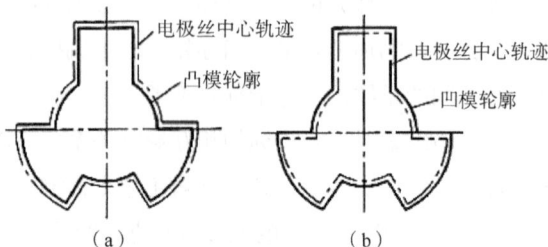

图 3-39　电极丝与工件加工面的位置关系　　图 3-40　线电极中心轨迹的偏移

在线切割加工时，在工件的凹角处不能得到"清角"而是圆角。对于形状复杂的精密冲模，在凸、凹模设计图样上应说明拐角处的过渡圆弧半径 R。同一副模具的凸、凹模中，尺寸要符合下列条件，才能保证加工的实现和模具的正确配合。

对凹角：$R_1 \geqslant L = d/2 + \delta$

对尖角：$R_2 = R_1 - Z/2$

其中，R_1 为凹角圆弧半径；R_2 为尖角圆弧半径；Z 为凸、凹模的配合间隙。

（2）表面粗糙度及加工精度分析。

数控电火花线切割加工表面和机械加工的表面不同，它由无方向性的无数小坑和硬凸边所组成，特别有利于保存润滑油；而机械加工表面则存在切削或磨削刀痕，具有方向性。在相同的表面粗糙度和有润滑油的情况下，数控电火花线切割表面润滑性能和耐磨损性能均比机械加工表面好。所以，在确定加工面表面粗糙度 Ra 值时要考虑到此项因素。

合理确定线切割加工表面粗糙度 Ra 值是很重要的。因为 Ra 值的大小对线切割速度 V_{wi} 影响很大，Ra 值降低一个档次将使线切割速度 V_{wi} 大幅度下降。所以，要检验零件图样上是否过高的表面粗糙度要求。此外，线切割加工所能够到达的表面粗糙度 Ra 值是有限的，譬如欲达到优于 Ra 值为 0.32μm 的要求还较困难。因此，若不是特殊需要，零件上标注的 Ra 值尽可能不要太小，否则，对生产率的影响很大。

同样，也要分析零件图上的加工精度是否在数控电火花线切割机床加工精度所能达到的范围内，根据加工精度要求的高低来合理确定线切割加工的有关工艺参数。

1）工艺准备

工艺准备主要包括线电极准备、工件准备和工作液准备。

（1）线电极准备。

①线电极材料的选择。目前线电极材料的种类很多，主要有纯铜丝、黄铜丝、专用黄铜丝、钼丝、钨丝、各种合金丝及镀层金属丝等。表 3-3 是常用线电极材料的特点，可供选择时参考。

表 3-3　各种线电极材料的特点

材料	线径/mm	特　　点
纯铜	0.1～0.25	适合于切割要求不高或精加工时用。丝不易卷曲，抗拉强度低，易断丝
黄铜	0.1～0.30	适合于高速加工，加工面较干净。表面粗糙度和加工面的平直度较好
专用黄铜	0.05～0.35	适合于高速、高精度和理想的表面粗糙度加工以及自动穿丝、价格高
钼	0.06～0.25	由于抗拉强度高，一般用于块走丝，在进行微细、窄缝加工时，可用于慢走丝
钨	0.03～0.10	由于抗拉强度高，可用于各种窄缝的微细加工，但价格贵

一般情况下，快走丝线切割机床常用钼丝作线电极，钨丝或其他昂贵金属丝因成本高而很少用，其他线材因抗拉强度低，在快走丝线切割机床上不能使用。慢走丝线切割机床上则可用各种铜丝、铁丝、专用合金丝以及镀层（如镀锌等）电极丝。

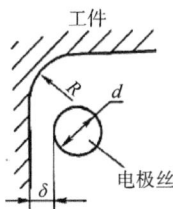

图 3-41　线电极直径与拐角的关系

②线电极直径的选择。线电极直径 d 应该根据工件加工的切缝宽窄、工件厚度及拐角尺寸大小等选择。由图 3-41 可知，线电极直径 d 与拐角半径 R 的关系为 $d \leqslant 2(R-\delta)$。所以，在拐角要求小的微细线切割加工中，需要选用线径细的电极丝，但线径太细，能够加工的工件厚度也将会受到限制。表 3-4 列出了线径与拐角和工件厚度的极限的关系。

表 3-4　线径与拐角和加工工件厚度的极限

线电极直径 d	拐角极限 R_{min}	切割工件厚度
钨 0.05	0.04～0.07	0～10
钨 0.07	0.05～0.10	0～20
钨 0.10	0.07～0.12	0～30
黄铜 0.15	0.10～0.16	0～50
黄铜 0.20	0.12～0.20	0～100 以上
黄铜 0.25	0.15～0.22	0～100 以上

（2）工件准备。

①工件材料的选定和处理。工件材料的选择是由图样设计时确定的。作为模具加工，在加工前毛坯需要经锻打和热处理。加工过程中残余应力的释放会使工件变形，从而达不到加工尺寸精度要求，为了消除锻打后和淬火后的残余应力，工件需经两次以上回火或高温回火。另外，加工前还要进行消磁处理及去除表面氧化皮和锈斑等。例如，以线切割加工为主要工艺时，钢件的加工工艺路线一般为：下料—锻造—退火—机械加工—淬火与高温回火—磨削加工（退磁）—线切割—钳工修整。

②工件加工基准的选择。为了便于线切割加工，根据工件外形和加工要求，应准备相应的校正和加工基准，并且此基准应尽量与图样的设计基准一致，常见的有以下两种形式。

形式 1：以外形为校正和加工基准。外形是矩形状的工件，一般需要有两个相互垂直的基准面，并垂直于工件的上、下平面，如图 3-42 所示。

形式 2：以外形一侧为校正基准，内孔为加工基准。无论是矩形、圆形还是其他异形的工件，都应准备一个与工件的上、下平面保持垂直的校正基准，此时其中一个内孔可作为加工基准，如图 3-43 所示。在大多数情况下，外形基面在线切割加工前的机械加工中就已准备好了。工件淬火后，若基面变形很小，可稍加打磨便可进行切削线加工；若变形较大，则应当重新修磨基面。

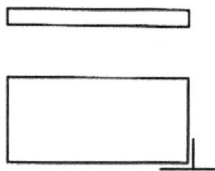

图 3-42　矩形工件的校正与加工基准　　　　图 3-43　外形一侧为校正基准，内孔为加工基准

③穿丝孔的确定。切割凸模类零件时，为了避免将坯件外形切断引起变形，通常在坯件内部外形附近预制穿丝孔，如图 3-44（c）所示。切割凹槽、孔类零件时，可将穿丝孔位置选在待切割型孔内部。当穿丝孔位置选在待切割型孔的边角处时，切割过程中无用的轨迹最短；而穿丝孔位置选在已知坐标尺寸的交点处则有利于尺寸推算；切割孔类零件时，若将穿丝孔位置选在型孔中心，可使编程操作容易。因此，要根据具体情况来选择穿丝孔的位置。穿丝孔大小要适宜，一般不宜太小，如果穿丝孔径太小，不但钻孔难度增加，而且也不便于穿丝。但是，若穿丝孔径太大，则会增加钳工工艺上的难度。一般穿丝孔常用直径为 $\phi 3 \sim \phi 10\text{mm}$。如果预制孔可用车削等方法加工，则穿丝孔直径也可大些。

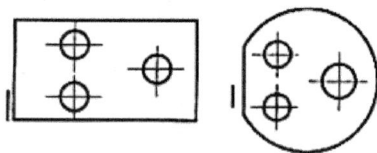

（a）　　　　　　　（b）　　　　　　　（c）

图 3-44　切割起点和切割路线的安排

④切割路线的确定。线切割加工工艺中，切割起始点和切割路线的确定合理与否，将影响工件变形的大小，从而影响加工精度。如图 3-44 所示的由外向内顺序的切割路线，通常在加工凸模零件时采用。其中图 3-44（a）所示的切割路线是错误的，因为当切割完第一遍，继续加工时，由于原来主要连续的部位被割断，余下材料与夹持部分的连接较少，工件的刚度大为降低，容易产生变形而影响加工精度。图 3-44（b）所示的切割路线加工，可减少由于材料割断后残余应力重新分布而引起的变形。所以，一般情况下，最好将工件与其夹持部分分割的线段安排在切割路线的末端。对于精度要求较高的零件，最好采用如图 3-44（c）所示的方案，电极丝不由坯件外部切入，而是将切割起始点取在坯件预制的穿丝孔中，这种方案可使工件的变形最小。

切割孔类零件时，为了减少变形，还可以用二次切割法，如图 3-45 所示。第一次粗加工型孔，各边留余量 0.1～0.5mm，以补偿材料被切割后由于内应力重新分布而产生的变形。第二次切割为精加工，这样可以达到比较满意的效果。

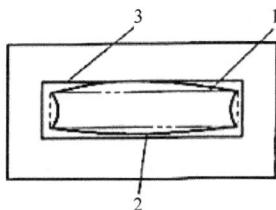

图 3-45　二次切割孔类零件

1—第一次切割的理论图形；2—第一次切割的实际图形；3—第二次切割的图形

⑤接合突尖的去除方法。由于线电极的直径和放电间隙的关系，在工件切割面的交接处，会出现一个高出加工表面的高线条，称为突尖，如图 3-46 所示。这个突尖的大小取决于线径和放电间隙。在快走丝切割加工中，用细的线电极加工，突尖一般很小，在慢走丝线切割加工中就比较大，必须将它去除。下面介绍几种去除突尖的方法。

方法 1：利用拐角的方法，凸模在拐角位置的突尖比较小，选用如图 3-47 所示的切割路线，可减少精加工量。切下前要将凸模固定在外框上，并用导电金属将其与外界连通，否则在加工中不会产生放电。

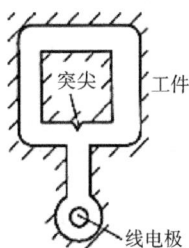

图 3-46　突尖

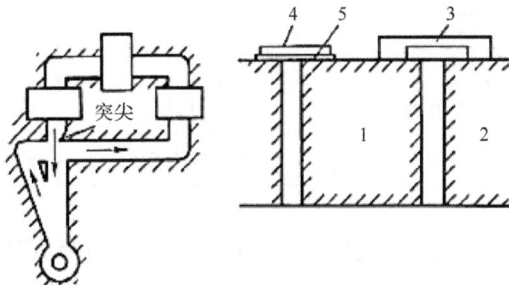

图 3-47　利用拐角去除突尖

1—凸模；2—外框；3—短路用金属；4—固定夹具；5—黏结剂

方法 2：切缝中插金属板的方法。将切割要掉下来的部分，用固定板固定起来，在切缝中插入金属板，金属板长度与工件厚度大致相同，金属板应该尽量向切割侧靠近，如图 3-48 所示。切割时，应往金属板方向多切入大约一个线电极直径的距离。

方法 3：用多次切割的方法。即工件切断后，对突尖进行多次切割精加工。一般分三次进行，第一次粗切割，第二次为半精切割，第三次为精切割。也可以采用粗、精二次切割法去除突尖。如图 3-49 所示。切割次数的多少，主要由加工对象精度要求的高低和突尖的大小来确定。

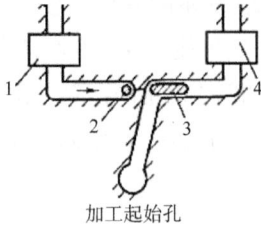

图 3-48　切割中插入金属板去除突尖　　　图 3-49　二次切割去除突尖的路线

1—固定夹具；2—电极丝；3—金属板；4—短路用金属

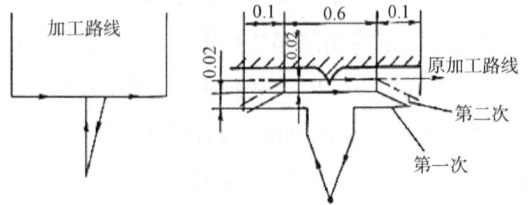

改变偏移量的大小，可使线电极靠近或离开工件。第一次比原来加工路线增加大约 0.04mm 的偏移量，使线电极远离工件开始加工，第二次、第三次逐渐靠近工件进行加工，一直到突尖全部被去除为止。一般为了避免过切，应留 0.01mm 左右的余量供手工精修。

（3）工作液准备。

根据线切割机床的类型和加工对象，选择工作液的种类、浓度及电导率等。对快走丝线切割加工，一般常用质量分数为 10%左右的乳化液，此时可达到较高的线切割速度。对于慢走丝线切割加工，普遍使用去离子水。

3）加工参数的选择

（1）电参数的选择。

①空载电压。空载电压的高低，一般可按照表 3-5 所列情况进行选择。

表 3-5　空载电压的选择

低	高	低	高
切割速度高	改善表面粗糙度	切缝窄	切缝宽
线径细（0.1mm）	减小拐角塌角		
硬质合金加工	纯铜线电极	减少加工面的腰鼓形	易排屑

②放电电容。在使用纯铜线电极时，为了得到理想的表面粗糙度，减小拐角的塌角，放电电容要小；在使用黄铜丝电极时，进行高速切割，希望减小腰鼓量，要选用大的放电电容量。

③脉冲宽度和脉冲间隔。可根据电容量的大小来选择脉冲宽度和脉冲间隔，见表 3-6。要求理想的表面粗糙度时，脉冲宽度要小，脉冲间隔要大。

表 3-6 脉冲宽度和间隔的选择

电容器容量/μF	脉冲宽度/μs	脉冲间隔/μs
0~0.5	2~4	>2.0
0.5~1.0	2~6	>3.0
1.0~3.0	2~6	>5.0

④峰值电流。峰值电流 I_e 主要根据表面粗糙度和电极丝直径选择。要求 Ra 值小于 1.25μm 时，I_e 取 6.8A 以下；要求 Ra 值为 1.25—2.5μm 时，I_e 取 6—12A；Ra 值大于 2.5μm 时，I_e 可取更高的值。电极丝直径越粗，I_e 的取值可越大。表 3-7 列出了不同直径钼丝可承受的最大值峰值电流。

表 3-7 峰值电流与钼丝直径的关系

钼丝直径/mm	0.06	0.08	0.10	0.12	0.15	0.18
可承受的 I_e/A	15	20	25	30	37	45

（2）速度参数的选择。

①进给速度。工作台进给速度太快，容易产生短路和断丝；工作台进给速度太慢，加工表面的腰鼓量就会增大，但表面粗糙度值较小。正式加工时，一般将试切的进给速度下降 10%—20%，以防止短路和断丝。

②走丝速度。走丝速度应尽量快一些，对快走丝线切割来说，会有利于减少因线电极损耗对加工精度的影响，尤其是对厚工件的加工，由于线电极的损耗，会使加工面产生锥度。一般走丝速度是根据工件厚度和切割速度来确定的。

（3）线径偏移量的确定。正式加工前，按照确定的加工条件，切一个与工件相同材料、相同厚度的正方形，测量尺寸，确定线径偏移量。这项工作对第一次加工时必不可少的，在积累了足够的工艺数据或生产厂家提供了有关工艺参数时，可参照相关数据确定。

进行多次切割时，要考虑工件的尺寸公差，估计尺寸变化，分配每次切割时的偏移量。偏移量的方向，按切割凸模或凹模及切割路线的不同而定。

4）工件的装夹和位置校正

（1）对工件装夹的基本要求。

①工件的装夹基准面应清洁无毛刺，经过热处理的工件，在穿丝孔或凹模类工件扩孔的台阶处，要清理热处理液的渣物及氧化膜表面。

②工件的固定。工件至少用两个侧面固定在夹具或工作台上。如图 3-50 所示。

③装夹工件的位置要有利于工件的找正，并能够满足加工行程的需要，工作台移动时，不得与丝架相碰。

④装夹工件的作用力要均匀，不得使工件变形或翘起。

⑤批量零件加工时，最好采用专用夹具，以提高效率。

⑥细小、精密、壁薄的工件应固定在辅助工作台或不易变形的辅助夹具上，如图 3-51 所示。

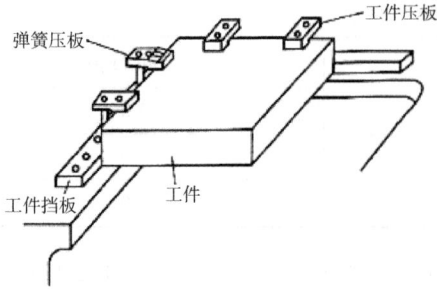

图 3-50　工件的固定

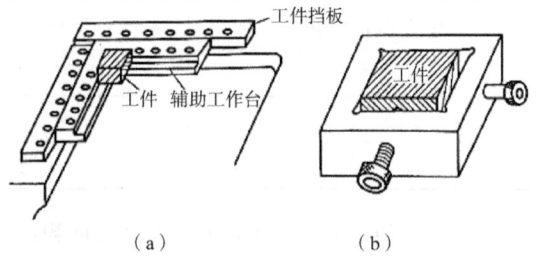

（a）　　　　　　　（b）

图 3-51　辅助工作台和夹具

（a）辅助工作台；（b）夹具

（2）工件的装夹方式

①悬臂支撑方式。如图 3-52 所示的悬臂支撑方式通用性强，装夹方便。但工件平面与工作台面找平困难，工作受力时位置变化。因此，只在工件加工要求低或悬臂部分小的情况下使用。

②两端支持方式。两端支持方式是将工件两端固定在夹具上，如图 3-53 所示。这种方式装夹方便，支持稳定，定位精度高，但不适合小工件的装夹。

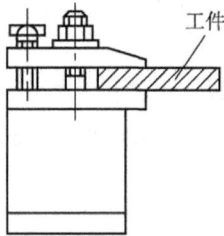

图 3-52　悬臂支撑方式

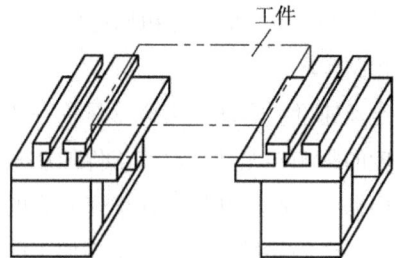

图 3-53　两端支持方式

③桥式支持方式。桥式支持方式是在两端支撑的夹具上放两块支撑垫铁，如图 3-54 所示。此方法通用性强，装夹方便，小型工件都适用。

④板式支撑方式。板式支撑方式是根据常规工件的形状，制成具有矩形或圆形孔的支撑板夹具，如图 3-55 所示。此方法装夹精度高，适用于常规与批量生产。同时，也可增加纵、横方向的定位基准。

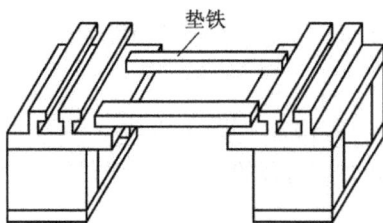

图 3-54　桥式支持方式

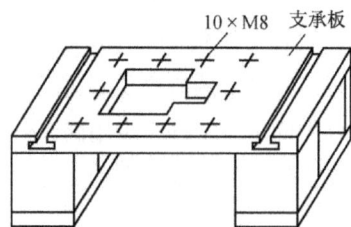

图 3-55　板式支撑方式

⑤复式支撑方式。在通用夹具上装夹专用夹具，便成为复式支撑方式，如图 3-56 所示。此方法对于批量加工尤为方便，可缩短装夹和校正时间，提高效率。

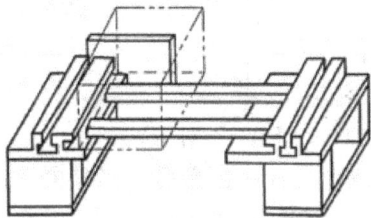

图 3-56　复式支撑方式

（3）工件位置的校正方法。

①拉表法。拉表法是利用磁力表，将指示表固定在丝架或其他固定位置上，指示表头与工件表面接触，然后往复移动床鞍，按指示表指示数值调整工件。校正应在三个方向上进行，如图 3-57 所示。

②划线法。工件待切割图形与定位基准相互位置要求不高时，可采用划线法，如图 3-58 所示。固定在丝架上的一个带有顶丝的零件将划针固定，划针尖指向工件图形的基准或基准面，移动纵（或横）向床鞍，据目测调整工件进行找正。该法也可以在表面质量较差的基面校正时使用。

③固定基面靠定法。利用通用或专用夹具纵、横方向的基准面，经过一次校正后，保证基准面与相应坐标方向一致。于是具有相同加工基准面的工件可以直接靠定，就保证了工件的正确加工位置，如图 3-59 所示。

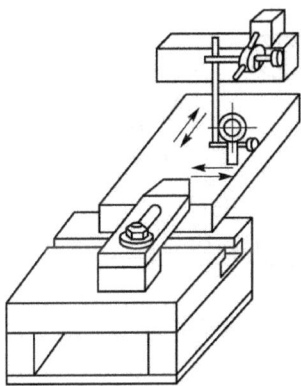

图 3-57　拉表法

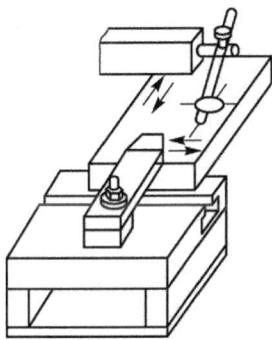

图 3-58　划线法

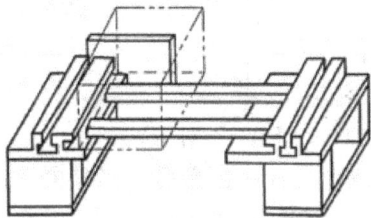

图 3-59　固定基面靠定法

（4）线电极的位置校正。

在线切割前，应确定线电极相对于工件基准或基准孔的坐标位置。

①目测法。对加工要求较低的工件，在确定线电极与工件有关系基准线或基准面相互位置时，可直接利用目测法或借助于 2～8 倍的放大镜进行观察。如图 3-60 所示为观察基准面校正线电极位置。当线电极与工件基准面初始接触时，记下相应床鞍的坐标值。线电极中心与基准面重合的坐标值，则是记录值减去线电极半径值。

如图 3-61 所示，观察基准线校正线电极位置。利用穿丝孔处划出的十字基准线，观测线电极与十字基准线的相对位置，移动床鞍，使线电极中心分别与纵、横方向基准线重合。此时的坐标值就是线电极的中心位置。

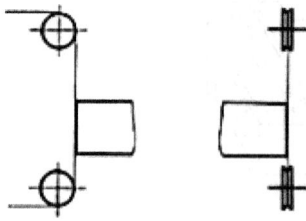

图 3-60　观测基准面校正线电极位置

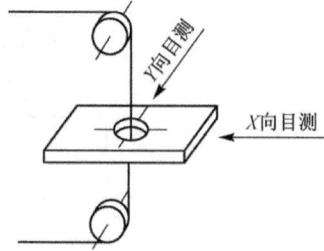

图 3-61　目测法

②火花法。火花法是利用线电极与工件在一定间隙时发生火花放电来校正线电极的坐标位置的，如图 3-62 所示。移动拖板，使线电极逼近工件的基准面，待开始出现火花时，记下拖板的相应位置坐标值来推算线电极中心坐标值。此法简单易行。但线电极的运转抖动会导致误差，放电也会使工件的基准面受到损伤。此外，线电极逐渐逼近基准面时，开始产生脉冲放电的距离，往往并非正常加工条件下线电极与工件间的放电距离。

③自动法。自动找中心是为了让线电极在工件的孔中心定位。具体方法为：移动横向床鞍，使电极丝与穿丝孔壁相接触，记下坐标值 X_1，反向移动床鞍至另一导通点，记下相应坐标值 X_2，将拖板移至两者绝对值之和的一半处，即（$|X_1|+|X_2|$）/2，的坐标位置。同理也可得到 y_1 和 y_2，则基准孔中心与线电极中心相重合的坐标值为[（$|X_1|+|X_2|$）/2，（$|y_1|+|y_2|$）/2]，如图 3-63 所示。

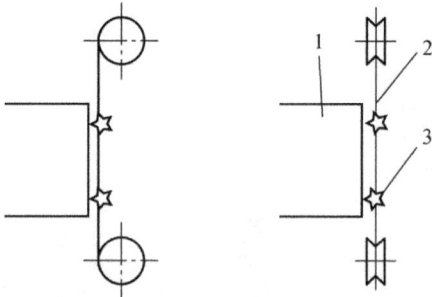

图 3-62　火花法

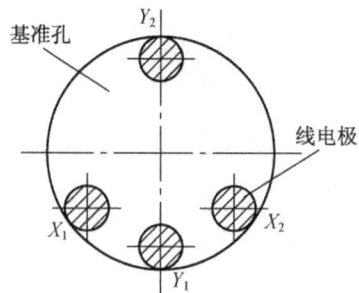

图 3-63　自动法

5）实例分析

用数控电火花线切割机床加工冲模在工厂应用非常广泛。前面对数控电火花线切割的基本原理、加工方法和工艺进行了分析，下面通过一些实例来学习数控电火花线切割加工在冲模加工中的应用，提高综合应用能力。

就冲模来说，因为凹模、凸模、侧刃、导板、凸模固定板和卸料板的型面形状相同，尺寸相近，所以同一套模具的这些零件都用数控线切割加工配作效果较好。具体方法是：在同一台线切割机床上，选用相同的电参数，用相同的切割路线和其他工作条件完成凹模型孔、凸模外型面、凸模固定板和卸料板与凸模配合孔的加工。由于它们的尺寸不同，而且凸模是外表面的加工，其余零件是孔的加工，加工时尺寸肯定是不同的，但它们只是均匀地扩大或缩小了一圈。只要用相同的公称尺寸，根据各零件的加工尺寸和电极丝偏移方向计算出相应的偏移量就可以完成不同零件的加工。

要特别注意的是，凹模、凸模、侧刃、导板、凸模固定板和卸料板线切割加工顺序原则是：先切割凸模固定板、卸料板等非主要零件，然后再切割凹模、凸模等主要零件。这样，在切割主要零件之前，通过对非主要零件的切割，可检验程序是否正确，机床工作是否正常，放电间隙是否准确，如果有问题可以及时得到纠正。

对于一定批量或经常生产的材料、高度相同的各种小型凸模，可以在一块较大的坯件上分别依次加工成形，这就是常说的"一坯多件"。

（1）线切割配作凸模、凹模冲模间隙。

如图 3-64、3-65 所示分别是冲模的凹模和凸模，如果用线切割加工方法配作凸模和凹模刃口的冲模间隙，分析线切割加工工艺过程。

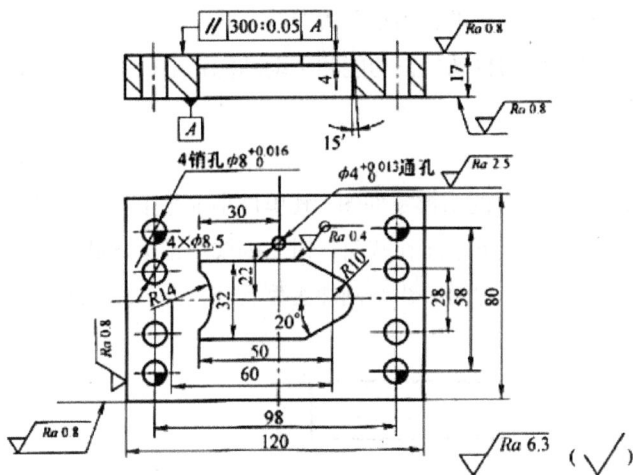

材料：Cr12
热处理：淬火硬度为60~62HRC
保证双面冲裁间隙为0.04mm

图 3-64　连接片凹模

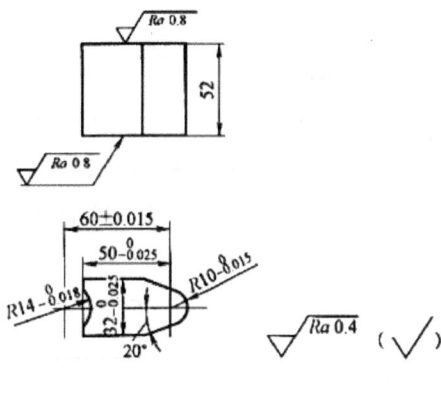

材料：Cr12
热处理：淬火硬度为60~62HRC

图 3-65　连接片凸模

根据机械加工工艺要求，凸模和凹模刃口用线切割配作，凹模漏料孔由线切割锥度加工功能完成。

①机床的选用。选择 DK-7740C 型快走丝数控电火花线切割机床。

②选择电极丝。选择直径为 $\phi0.12mm$ 的钼丝。

③穿丝孔位置。凸模可直接选在坯料的外面，凹模选在图 3-65 中尖角处，穿丝孔直径取 $\phi3mm$，根据穿丝孔位置确定编程原点。

④选择电参数和工作液。空载电压峰值为 80V，脉冲宽度为 8μs，脉冲间隔为 30μs，平均电流为 1.5A。采用快速走丝方式，走丝速度为 9m/s，线电极为 $\phi0.12mm$ 的钼丝，工作液为乳化液。

⑤计算偏移量。确定偏移方向并选定切割路线。由于凸模的刃口尺寸标有公差，取凸模刃口的平均尺寸作为线切割的公称尺寸。放电间隙 $\delta=0.010mm$，凸模的偏移量为 0.01mm+0.06mm=0.07mm，偏移方向如图 3-66（a）所示。切割路线为沿着箭头顺时针方向。凹模的偏移量为 0.01mm+0.06mm-0.02mm=0.05mm，偏移方向如图 3-66（b）所示。切割路线为沿着箭头顺时针方向。

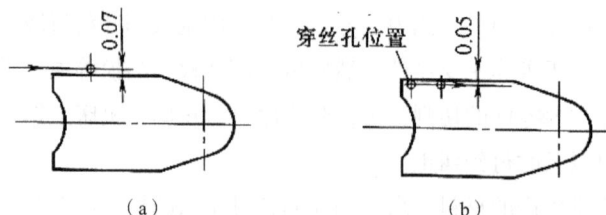

图 3-66 凸、凹模线切割分析图

（a）割凸模电极丝偏移量、穿丝孔位置；（b）割凹模电极丝偏移量、穿丝孔位置

⑥校正电极丝。用机床配的标准块校正电极丝，使它与机床工作台垂直。

⑦安装、校正工件。凹模以上、下面和相互垂直的侧面为基准，用指示表或已校正的电极丝找正；凸模应该以上、下面和已加工好的螺孔位置为基准，用指示表等找正。

⑧电极丝的对正。利用数控电火花线切割机床的自动找正功能和手动功能将电极丝置于编程原点。

（2）级进模的线切割加工。

①机械加工工艺分析。如图 3-67 所示为一级进模的凹模零件图。其单件小批量生产的机械加工工艺路线为：下料—锻造—退火—刨六面—磨上、下平面和基面—钳工划线—钻穿丝孔和无公差要求的通孔—淬火和回火—磨上、下平面和基面—退磁—线切割加工型孔和销孔—钳工修配。

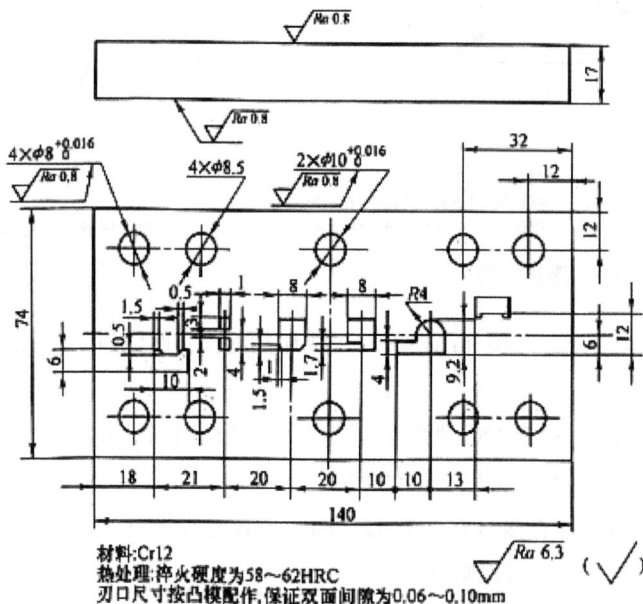

图 3-67 级进模凹模零件图

②线切割工艺分析。因为是级进模，应该注意这几个方面：第一，有两个小的矩形孔的宽度只有 1mm，其穿丝孔直径必须比 1mm 小；第二，除了各型孔的尺寸要与凹模、凸模固定板、卸料板配作外，各型孔之间的距离也要和凸模固定板、卸料板配作，也就是说，各零件型孔之间的距离应该是相同的，在编程时要特别注意配作；第三，加工完一个孔后，必须使用线切割加工机

床的暂停程序使加工停止，取下电极丝让程序空走到下一个孔，再穿上电极丝进行加工。有几个孔，电极丝就必须取几次。但所有的型孔必须用一个主程序加工完成，在这个过程中，工件不能有任何移动，否则就达不到配作的精度要求。

（3）大、小中型凹模的线切割加工。

这里说的大、中型凹模是相对于前面的小模具而言的。实际上，一般太大的凹模（比如 $\phi 500mm$ 以上）就采用镶拼结构，一方面是便于加工，节约贵重材料，另一方面是大毛坯的锻造质量不能保证。因为毛坯过大锻打不透，中心材料不能得到合格的材料组织和力学性能要求。

如图3-68所示凹模，待加工图形为长方形，重量大，厚度大，去除金属质量大。为了保证工件的加工质量，在工艺上应注意以下几个方面。

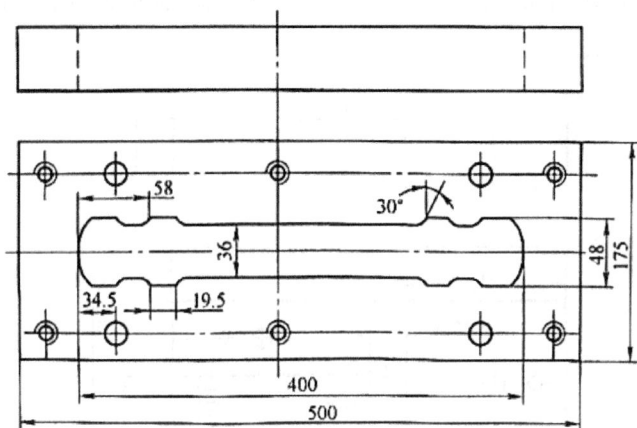

材料:Cr12MoV
热处理:淬火硬度为58～62HRC
刃口尺寸按凸模配做,保证双面间隙为0.06～0.10mm

图3-68 卡箍落料模凹模

①机械加工工艺分析。如图3-68所示为一较大的卡箍落料模凹模。其单件小批生产的机械加工工艺路线为：下料—锻造—退火—刨六面—磨上、下平面和相互垂直基准面—钳工划线—在型孔内钻大孔去除多余材料—钻穿丝孔、螺孔—粗铣型孔—淬火和回火—磨上、下平面和基准面—线切割加工型孔和销孔—钳工修配；或者下料—锻造—退火—刨六面—磨上、下平面和相互垂直基准面—钳工划线—钻穿丝孔、螺孔—线切割型孔—淬火和回火—磨上、下平面和基准面—线切割加工型孔和销孔—钳工修配。

虽然工件材料已选择了淬透性好、热处理变形小的高合金钢，但因工件外形尺寸较大，为保证型孔位置的硬度及减少热处理过程中产生的残余应力，除热处理工序应采用必要的措施外，在淬火前，应增加一次粗加工（钻、铣削或线切割），使凹模型孔各面均留2～3mm的余量。

②加工时采用双支撑的装夹方式。即利用凹模本身架在两夹具体定位平面上。

③在切削过半，特别是快完成加工时，废料易发生偏斜和位移，影响加工精度或卡断线电极。为此，在工件和废料块的上平面上，添加一平面经过磨削的永久磁钢，以利于废料块在切削的过程中固定位置。

任务实施

如图 3-1 所示是一幅级进模的凸模 1（$\phi10^{+0.013}$mm，$\phi4^{+0.011}$mm 两个圆形凸模没画出）和凹模，生产数量为一副，分别用电火花和线切割两种方法加工，编制其机械加工工艺过程。

1. 零件工艺分析

分析图 3-1 可知，这副模具加工的关键是要保证凸、凹模刃口尺寸精度、表面粗糙度，保证双面冲裁间隙 Z 为 0.03～0.05mm，保证上、下表面的平行度和表面粗糙度。为了保证凸、凹模对齐，保证凹模型孔与凸模固定板（图 3-69）凸模安装孔之间的位置关系尺寸［如尺寸（22±0.01）mm，（20±0.01）mm，（23±0.01）mm，（10±0.007）mm］一致就特别重要。凸模材料都为 Cr12，淬火热处理硬度为 58～62HRC。

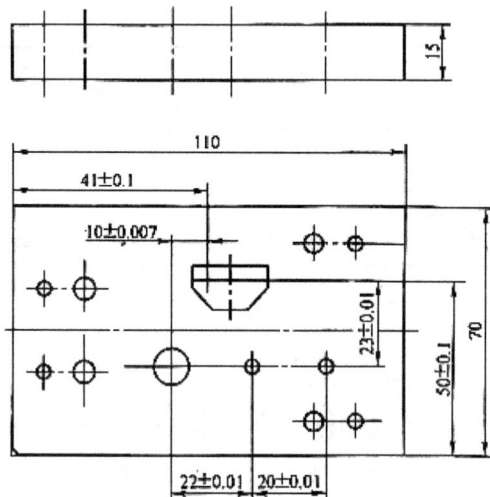

图 3-69　凸模固定板

2. 毛坯的选择

为了保证模具的质量和使用寿命，凸、凹模都选用锻件。为了便于机械加工和锻造，将凸、凹模毛坯都锻造成六面体。

3. 定位基准的选择

根据基准重合又便于装夹原则，凸、凹模都选平面和两个相互垂直的侧面为精基准。

4. 工艺过程的编制

1）用电火花成型加工凹模的工艺分析

（1）凸、凹模机械加工工艺过程。

凸模刃口尺寸有公差，可用精密磨床精加工刃口尺寸，如图 3-1 所示凸模 1 的机械加工工艺过程见表 3-8。凹模为整体结构，型孔可在钻大部分孔后半精铣，淬火后用电火花配作，以保证冲裁间隙。圆形漏料孔为便于加工做成直孔；非圆形漏料孔用立铣刀铣后，剩余的圆角部分用电火花加工完成。销孔和螺孔都在淬火前加工好。凹模机械加工关键过程见表3-9。

表 3-8 凸模机械加工工艺过程

工序号	工序名称	工序内容	定位基准
1	备料	把毛坯锻造成 18mm×26mm×38mm 的六面体	
2	热处理	退火	
3	铣	铣成 12.6mm×20.6mm×32.6mm 的六面体	对应平面
4	热处理	淬火，硬度为 60～63HRC	
5	磨	磨各面达图样要求	对应平面
6	钳工	钳工研磨刃口，保证表面粗糙度 Ra 值为 0.4μm	
7	检验	按图样检验	

表 3-9 凹模机械加工工艺过程

工序号	工序名称	工序内容	定位基准
1	备料	把毛坯锻造成 30mm×86mm×90mm 的六面体	
2	热处理	退火	
3	铣	铣六面，留单面余量 0.4mm	对应平面
4	磨	磨上、下面及基准侧面，保证相互垂直	对应平面
5	钳工	划各钻孔线，型孔内钻穿丝孔位置线	基准侧面
6	钻	在凹模孔内钻穿丝孔，扩圆形凹模的漏料孔，钻、攻螺纹，钻铰销孔	端面、按线
7	铣	铣非圆形凹模漏料孔	端面、按线
8	热处理	淬火与回火，硬度为 60～63HRC	
9	磨	磨上、下平面和垂直基准侧面	对应平面
10	退磁		
11	电火花	电火花配加工各型孔、修非圆形凹模漏料孔	
12	钳工	研磨刃口	端面、基准侧面
13	检验		

（2）电火花穿孔工艺。

①选择机床和电极。根据加工要求，机床用 D7140 电火花加工机床，电极材料选铸铁。由于凸模和电极的材料不同，对电极采取混合法加工，由放电间隙配作保证冲裁间隙，将电极粘接在凸模上，与凸模一起精加工。电火花穿孔时，可将电极安装在一个与凸模固定板相似的夹具上，几个型孔一次加工。

②选择电规准，确定放电间隙。既要考虑保证精度和模具的使用寿命，又要提高生产率，用粗、中、精三挡电规准加工。参考有关电火花加工工艺曲线图选电规准如下：

粗规准：t_i=360μs，t_0=60μs，电流为 16A。此时蚀除速度（生产率）为 50mm²/min。

中规准：t_i=80μs，t_0=30μs，电流为 10A。

精规准：t_i=6μs，t_0=12μs，电流为 4A。此时的侧面放电间隙 δ 为 0.012mm，表面粗糙度 Ra 值为 0.40μm。符合加工要求。

③电极尺寸的确定。电极尺寸包括横截面尺寸和长度尺寸。由于冲裁间隙的平均值是 0.04mm，精规准的放电间隙 δ 为 0.012mm，所以应在加工好的电极表面镀一层 0.02mm—0.012mm=0.008mm 的铜，才能保证冲裁间隙。电极长度尺寸可在凸模上加长 $L=Kt$（使用一次），铸铁的损耗率低，取 K=2.5，t=5mm，计算得 L=2.5×5mm=12.5mm。

④编程（略）。

⑤工件的装夹和定位。将工件端面和机械工作台清理干净，放上等高垫铁，工件放置在等高垫铁上。然后用指示表校正，使两垂直基准面分别与机床工作台的纵、横进给方向一致，并用压板压紧。

⑥电极的装夹和校正。将装好电极和校正棒的夹具安装在机床主轴上，用指示表校正电极（方法与工件校正相似），通过机床的自动找正功能使电极的中心与凹模内孔的中心重合。

2）用电火花线切割加工凸、凹模的工艺分析。

（1）凸模、凹模机械加工工艺分析。

凸模、凹模以及凸模固定板的刃口尺寸都用线切割精加工，并在同一台机床上配作，以得到更好的加工精度。

单件小批量生产凹模 1 的机械加工工艺路线为：锻造—退火—铣上、下面—淬火与回火—磨上、下面—线切割—钳工研磨—检验。单件小批量生产凹模的机械加工工艺路线为：备料—铣六面—磨平面—钳工划线—钻、攻螺纹孔和各穿丝孔—淬火与回火—磨上、下平面和垂直基准侧面—线切割型孔和销孔（与凸模配作，保证双面冲裁间隙为 0.03～0.05mm）—钳工研磨—检验。这里销孔用线切割精加工更能保证精度。为了保证冲裁间隙，凸模固定板的凸模固定孔也应用线切割加工，并要保证它们的位置尺寸与凹模一致。

单件小批生产如图 3-69 所示凸模固定板的机械加工工艺路线为：下料—铣六面—磨平面—钳工划线—钻螺孔和各穿丝孔—退磁—线切割凸模固定孔（与凹模配作，保证固定孔距离尺寸与凹模一致）—检验。这里销孔在装配时配钻、铰。

（2）电火花线切割工艺。

①机床和电极丝的确定。机床用 DK-7740C，电极丝采用 ϕ0.12mm 的钼丝。

②选择电参数。t_i=4μs，t_0=10μs，电流为 3.2A，此时的侧面放电间隙 δ=0.01mm，表面粗糙度 Ra 值为 0.4μm。符合加工要求。

③计算偏移量。因该模具是冲孔模，冲下零件的尺寸由凸模决定，所以凸模上标有公差，凹模按凸模配作，保证平均冲裁间隙 Z=0.04mm。如图 3-70 所示，以凸模的平均尺寸作为编程的公称尺寸，凸模的偏移量应该等于放电间隙加上电极丝半径 $l_凸 = r_丝 + \delta_电 = (0.06+0.01)$ mm=0.07mm，而凹模的偏移量包含了冲裁间隙，故凹模的间隙补偿量为 $l_凹 = r_丝 + \delta_电 - Z/2 = (0.06+0.01-0.02)$ mm $= 0.05$mm。

图 3-70　电极丝偏移量

④选择穿丝孔位置和切割路线。凸、凹模穿丝孔位置和切割路线如图 3-71 所示。

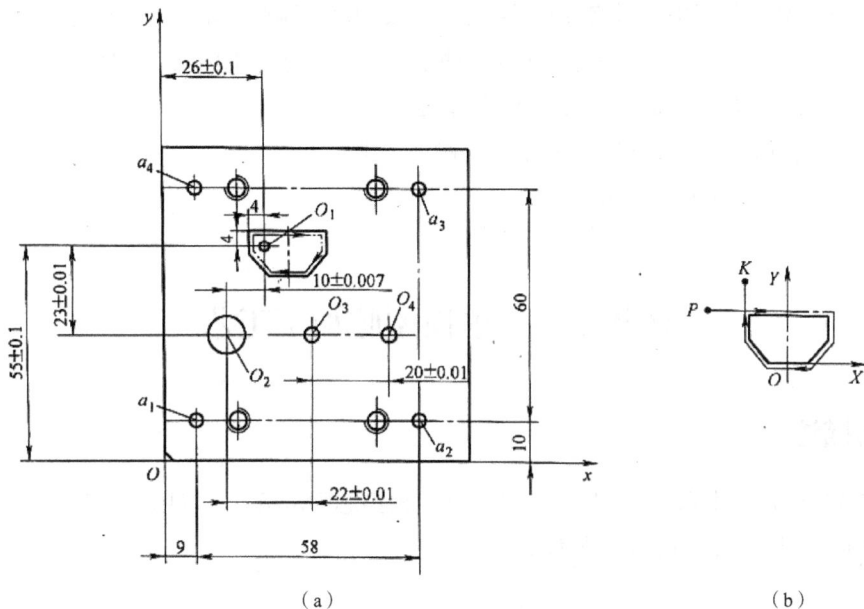

（a）　　　　　　　　　　　　　　　（b）

图 3-71　穿丝孔位置和切割路线

根据图样要求，凹模的切割路线为：以相互垂直基准面为基准找正点 O_1，切割非圆形孔，然后按 $O—O_1—O_2—O_3—O_4$ 的顺序切割，基准与孔之间、孔与孔之间的坐标尺寸由程序保证；再以相互垂直基准面为基准找正点 a_1，切割 $\phi10$mm 孔，然后按 $O—a_1—a_2—a_3—a_4$ 的顺序切割各销孔。凸模以点 O 为坐标原点建立坐标系，从点 P 开始按箭头方向切割，点 K 结束。

切割凹模型孔与切割凸模 1 时机床进给方向要一致，避免机床丝杆的反向间隙对加工精度的影响。切割凸模固定板时，定位尺寸 4mm 应根据凸模固定板的具体尺寸配作。同一个工件上的偏移方向要一致，便于编程，如凹模各孔都应向右偏移。凸模固定板上的凸模固定线切割时，应与凹模用同一台机床，而且用相同的进给路线和方向，以保证精度。

⑤编程（略）。

⑥校正电极丝的垂直度。在机床工作台的基准面上放上标准找正块，用火花法校正电极丝的垂直度。

⑦装夹、校正工件，用指示表或电极丝校正工件，使工件上、下表面与机床的工作台平行，两垂直基准侧面分别与机床的进给方向平行。

⑧穿丝、找正、切割。

课后拓展练习

1. 电火花加工原理是什么，有哪些特点？

2. 电火花加工时，应如何选择和转换电归准？

3. 影响电火花成形加工精度的主要因素有哪些？

4. 电火花加工过程中，工作液的作用是什么？

5. 电火花加工时，电极损耗、放电间隙和加工斜度是如何影响加工精度的？

6. 电火花线切割加工中，影响表面粗糙度的主要因素有哪些？是如何影响的？

7. 电火花线切割加工的主要工艺指标有哪些？影响工艺指标的因素有哪些？

8. 电火花线切割加工的加工参数包括哪些内容？

9. 电火花线切割加工中，对工件的装夹有哪些要求？

10. 如何确定穿丝孔的位置和尺寸？

任务二　注射模型腔加工工艺

任务描述

如图 3-72 所示塑料压注模和图 3-73 所示注射模型芯固定板，可以用哪些方法加工？如何编制塑料模型腔零件的机械加工工艺规程。

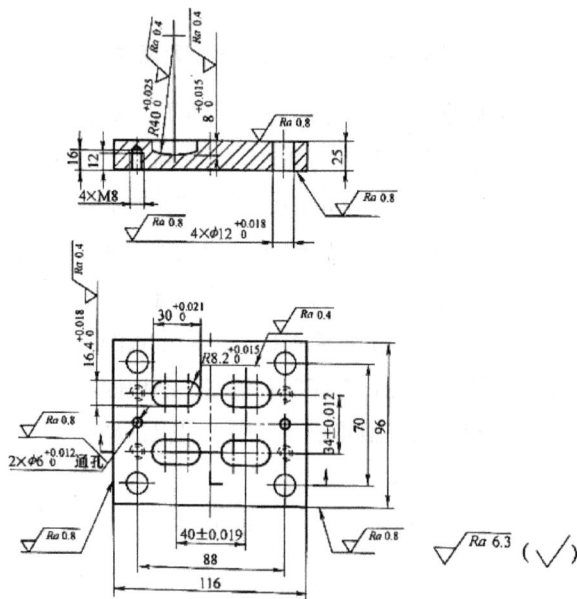

材料:3Cr2Mo
热处理:预硬30～34HRC
螺孔口倒角C1.5

图 3-72　塑料压模下模

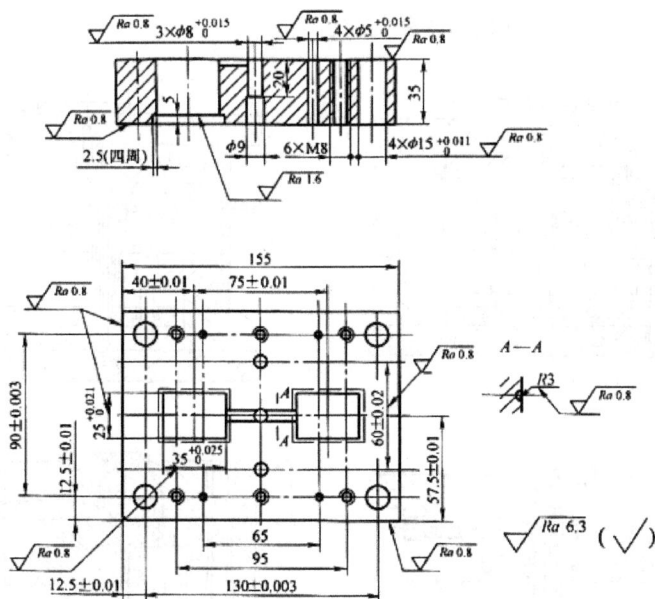

材料:45
热处理:调质25~28HRC
螺孔、销孔口倒角C1.5

图 3-73 型芯固定板

相关知识链接

塑料注射模应用非常广泛，它和锻模、铸造模、橡皮模等模具都属于型腔模，这些模具中的型腔加工工艺的编制是模具制造的一个重要部分，型腔模具在结构上有很多相似之处，其加工工艺也有很多共同点。现以塑料注射模型腔加工为主分析加工工艺。根据塑料模型腔的结构、复杂程度和精度要求不同，其加工方法主要有机械加工、电火花加工、数控加工以及型腔的抛光和研磨。

在注射模中，根据各零（部）件与塑料的接触情况，可将注射模零件分为成型零件和结构零件两类。成型零件是指与塑料接触、构成模腔的零件。成型零件决定着塑料制品的几何形状和尺寸，是注射模的工作零件，加工过程复杂。结构零件是指除成型零件以外的其他模具零件，这些零件具有支承、导向、排气、顶出制品、侧向抽芯、侧向分型、温度调节、引导塑料熔体向型腔流动等功能。

一、注射模结构零件的加工

1. 注射模的结构组成和技术要求

1）注射模的结构组成

注射模的结构与制品的结构形式、塑料种类、制品产量、注射工艺条件、注射机种类等多项因素有关，因此其结构也有多种变化。无论各种注射模结构之间差异多大，其基本结构组成仍有很多共同之处。

常见的几种注射模结构如图 3-74 所示，结构零件主要包括模架（各模板、导柱和导套）、浇口套、侧抽芯机构等；成形零件包括各种型腔、型芯。

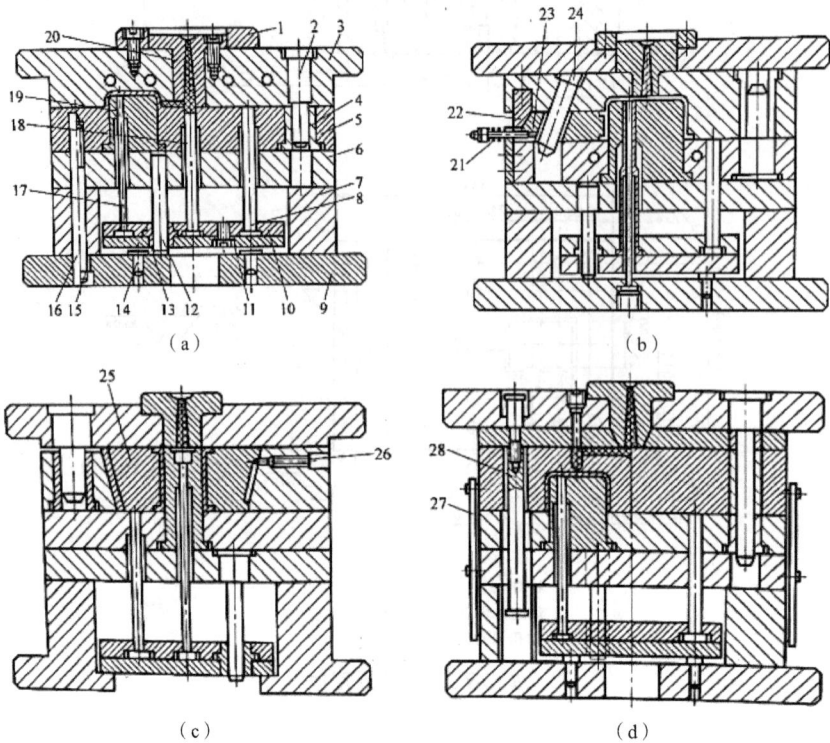

图 3-74　注射模的结构

（a）普通模架注射模；（b）侧抽芯式注射模；（c）拼块式注射模；（d）三板式注射模

2）注射模的技术要求

模架作为安装或支承成型零件和其他结构零件的基础，应保证动、定模上有关零件的准确开合（如型腔和型芯），并避免模具零件间的干涉。因此，模架组合后，其定模座板的上平面和动模座板的下平面应保持平行，模板导柱孔应与其端面垂直，中小型注射模模架的平行度和垂直度要求见表 3-10。导柱、导套装配后保证精度要求、运动灵活、无阻滞现象。模具主要分型面闭合时的贴合间隙值应符合下列要求：Ⅰ级精度模架为 0.02mm；Ⅱ级精度模架为 0.03mm；Ⅲ级精度模架为 0.04mm。

表 3-10　中小型注射模模架精度分级要求

项目序号	检查项目	主参数/mm		精度分级		
				Ⅰ	Ⅱ	Ⅲ
				公差等级		
1	定模座板的上、下平面对动模座板的上下面的平行度	周界	≤400	5	6	7
			400~900	6	7	8
2	模板导柱孔的垂直度	厚度	≤200	4	5	6

有关注射模模架组合后的详细技术要求，可参阅 GB/T 12555—2006《塑料注射模架》、GB/T 12556—2006《塑料注射模模架技术条件》

2. 注射模结构零件的加工

1）注射模模架的加工

注射模模架是注射模支撑、导向的重要部件，主要由导柱、导套和各种模板零件组成。如图 3-75 所示。加工时保证各模板的平面度，导柱、导套的导向精度十分重要。

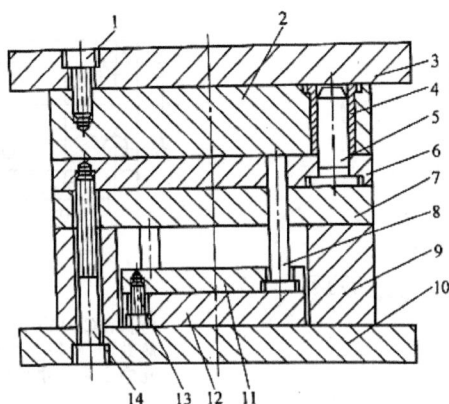

图 3-75　注射模模架

1、13、14—螺钉；2—定模板；3—定模座板；4—导套；5—导柱；6—动模板；
7—支承板；8—复位杆；9—垫块；10—动模座板；11—推杆固定板；12—推板

导柱、导套的加工主要是内、外圆柱面加工，其加工方法、工艺方案及基准选择等已在冲模模架的加工中讨论过。各种模板、支承板属于平板零件，制造时主要进行平面加工、孔系加工和相互垂直侧面基准的加工。平面加工、孔系加工方法可参考冲模模架的加工。根据导向精度要求，孔系加工除了用冲模模架的加工方法外，还可以用坐标镗床、加工中心等方法加工。因为注射模有的模板很薄，在平面加工过程中应特别注意防止弯曲变形。粗加工后模板发生的弯曲变形，磨削加工时电磁吸盘会将其校正，但磨削后加工表面的形状误差并不会得到校正。为此，应在电磁吸盘末端接通电流的情况下，将厚度适当的垫片垫入模板与电磁吸盘间的间隙中，再进行磨削。上、下表面用同样方法交替进行磨削，可获得较高的平面度。若需要精度更高的平面，应采取刮研方法加工。

型腔模在加工过程中保证型腔、型芯相互对齐是十分重要的，否则加工出的制件就会出现飞边。定模板 2 和动模板 6 在使用过程中由导柱、导套定位，是保证注射模在工作过程中型腔、型芯能够对齐的关键零件，其零件简图如图 3-76 所示（螺孔、销孔等没有画出）。

动模板和定模板加工的关键是要保证导柱、导套孔的尺寸精度、位置精度和表面粗糙度；保证孔与孔之间的距离尺寸一致；保证上、下平面的平面度和表面粗糙度符合要求；保证基准侧面相互垂直，且用导柱、导套定位合模后两个零件的基准侧面重合。

参考表 1-8，按照经济精度确定上、下面的加工过程为：铣—磨。

参考表 1-9，按照经济精度确定导柱、导套孔的加工过程为：钻孔—半精镗—合镗（或坐标磨，保证动模合定模孔距一致）。

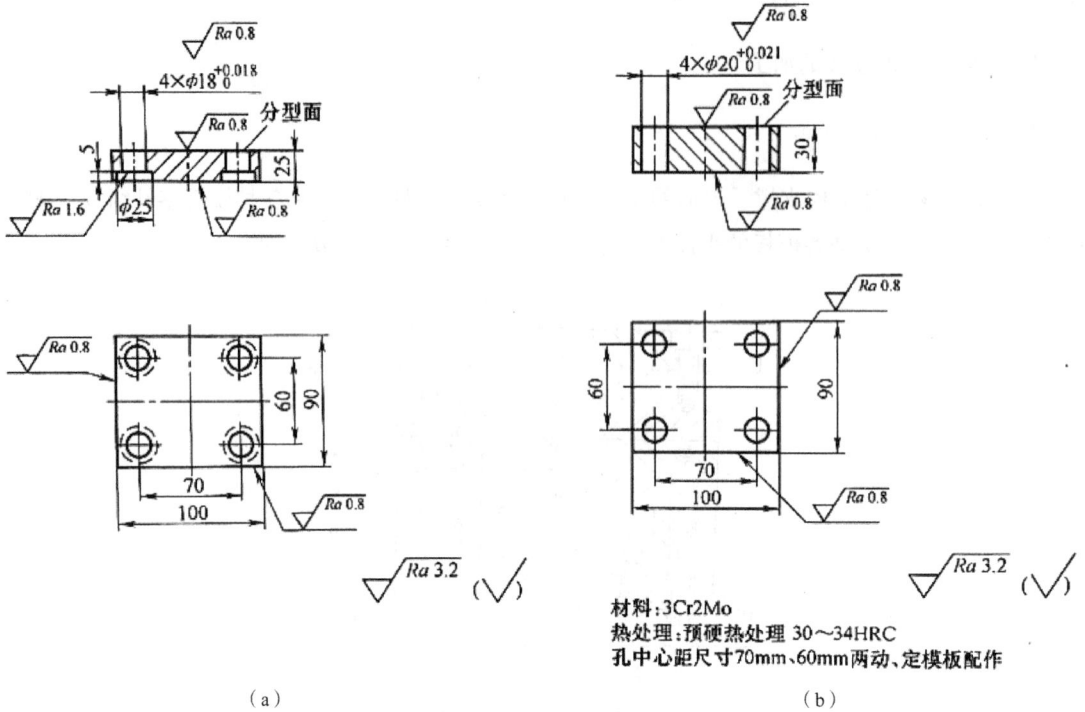

（a）

（b）

材料：3Cr2Mo
热处理：预硬热处理 30～34HRC
孔中心距尺寸70mm、60mm两动、定模板配作

图 3-76　动、定模板

　　如图 3-77 所示，相互垂直基准侧面是型腔加工的基准（动、定模沿 O-O 轴线打开，型腔的加工基准应分别是 A—A' 和 B—B' 面），当导柱、导套定位合模后两个零件的基准侧面应重合，以保证该基准加工出的型腔能对齐。其工艺方法主要有以下两种。

　　方法一是先合镗导柱和导套孔，然后把导柱、导套，定、动模板装配在一起合磨（或者合铣）A—A' 和 B—B' 面，如图 3-78 所示。用合镗加工孔，单件小批生产模板的工艺过程是：锻造毛坯—预硬热处理—铣六面—磨上、下面和垂直基准侧面—划各孔位置线—钻各孔—合镗导柱、导套孔，镗台阶孔—装导柱、导套—合磨（铣）垂直基准侧面，保证基准面相互垂直—钳工修整—检验。

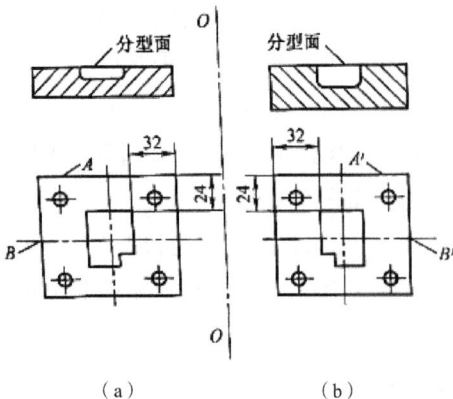

（a）　　　　（b）

图 3-77　型腔加工基准

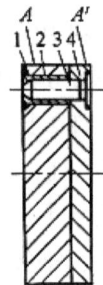

图 3-78　合磨（铣）基准侧面

1—导套；2—动模板；3—导柱；4—定模板

　　方法二是利用高精度机床（如坐标镗、坐标磨等）单独加工导柱和导套孔，由机床保证导柱、导套各孔之间以及它们与垂直基准侧面的尺寸精度，这时零件图上应标注导柱和导套孔位置尺寸精度要求，如图 3-79 所示。用坐标镗加工孔，单件小批生产的加工工艺过程是：锻造毛坯—预硬热处理—铣六面—磨上、下面和垂直基准侧面—划各孔位置线—钻各孔—半精镗各孔并镗沉孔—坐标镗（或坐标磨）孔—钳工修整—检验。

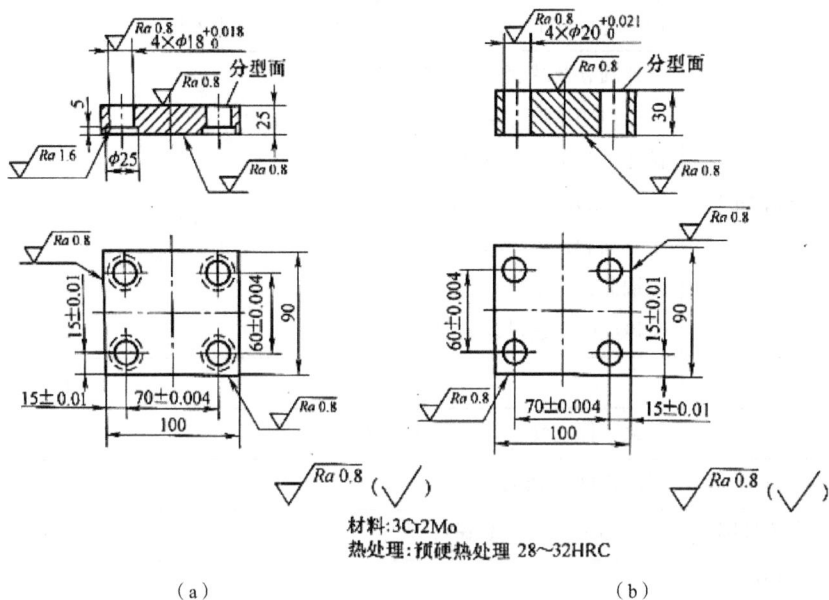

图 3-79　动、定模板

2）浇口套的加工

　　常见的浇口套有两种类型，如图 3-80 所示。B 型结构在模具装配时，用固定在定模上的定位圈压住左端台阶面，防止注射时浇口套在塑料熔体的压力作用下退出定模。d 和定模上相应孔的配合为 H7/m6，D 与定位环内孔的配合为 H10/f9。注射成型时，浇口套与高温塑料熔体和注射机喷嘴反复接触、碰撞。

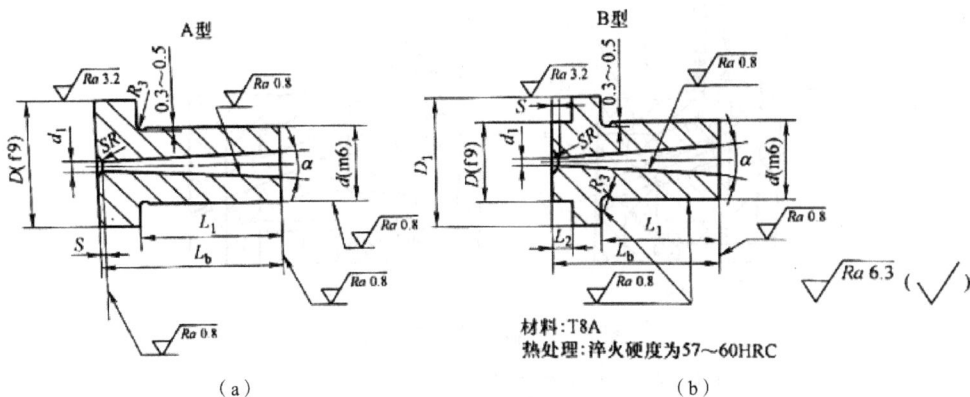

图 3-80　浇口套

与一般套类零件相比，浇口套锥孔小（其直径一般为 3～8mm），加工较难，同时还应保证浇口套与外圆的同轴度，以便在模具安装时通过定位圈使浇口套与注射机的喷嘴对准。通过车床、电火花加工单件小批生产浇口套的工艺路线见表 3-11。

表 3-11　浇口套加工工艺路线

工序号	工序名称	工序内容	定位基准
1	备料	按毛坯尺寸下料（或锻造），D 外圆加长便于夹持	
2	车削外圆	车外圆 d 及端面，留磨削余量； 车退刀槽达设计要求； 钻孔、镗锥孔达设计要求； 调头车 D_1 外圆达设计要求； 车外圆 D，留磨削余量； 车端面，保证尺寸 L_b； 车球面凹坑达设计要求	外圆
3	检验		
4	热处理	淬火，保证硬度为 57～60HRC	
5	钳工	研磨锥面、SR 球面	
6	磨削外圆	磨外圆 d 及 D 达到设计要求	锥孔
7	检验		

3）侧型芯滑块的加工

当塑料制品带有侧凹或侧孔时，模具必须带有侧向分型或侧向抽芯机构，如图 3-74（b）所示。如图 3-81 所示是一种斜导柱抽芯机构，其中图 3-81（a）为合模状态，图 3-81（b）为开模状态。在侧型芯滑块上装有侧型芯或成型镶块。侧型芯滑块可采用不同的结构组合，如图 3-82 所示。

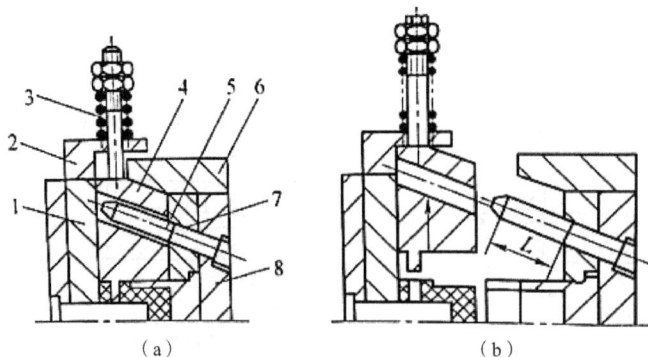

（a）　　　　　　　　　　（b）

图 3-81　斜导柱抽芯机构

1—动模板；2—限位块；3—弹簧；4—侧型芯滑块；5—斜导柱；
6—楔紧块；7—凹模固定板；8—定模座板

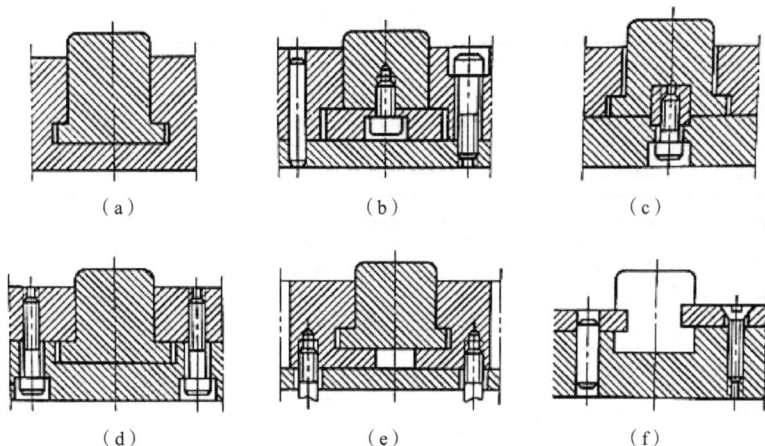

图 3-82 侧型芯滑块导滑形式

　　侧型芯滑块是侧向抽芯机构的重要组成零件，如图 3-83 所示。注射成型精度和抽芯的可靠性是由其运动精度和定位精度保证的，其主要加工面包括导滑面、25° 斜面、型芯安装孔高度、斜导柱孔等。滑块导滑面与滑槽的配合精度是保证型芯运动精度和位置精度的关键，为了耐磨，需要局部表面淬火，硬度为 40~45HRC。因此，导滑面的机械加工工艺过程是：铣—局部表面淬火—磨削。合模后，小型芯必须和大型芯良好接触且锁紧，这由侧型芯滑块 25° 斜面与楔紧块的斜面配合来实现，要使动、定模接触时楔紧块正好锁紧侧型芯滑块，只能在装配时由钳工配作保证，即先将滑块导滑面与滑槽装配好，在大型芯与侧型芯之间垫入与塑料同厚度的垫片，然后由钳工修配 25° 斜面达要求。为了便于加工且保证小型芯的位置精度（尺寸 h_1），侧型芯滑块上的小型芯孔最好也在滑块导滑面与滑槽装配好后由钳工配作。斜导柱孔虽然精度不高，但位置不好定，所以也要在其余部分加工好后与定模合在一起用平行夹头夹紧，在镗床的可倾工作台上进行镗削加工，或将其装夹在卧式镗床的工作台上，将工作台偏转一定角度进行加工。单件小批生产侧型芯滑块的机械加工工艺过程见表 3-12。

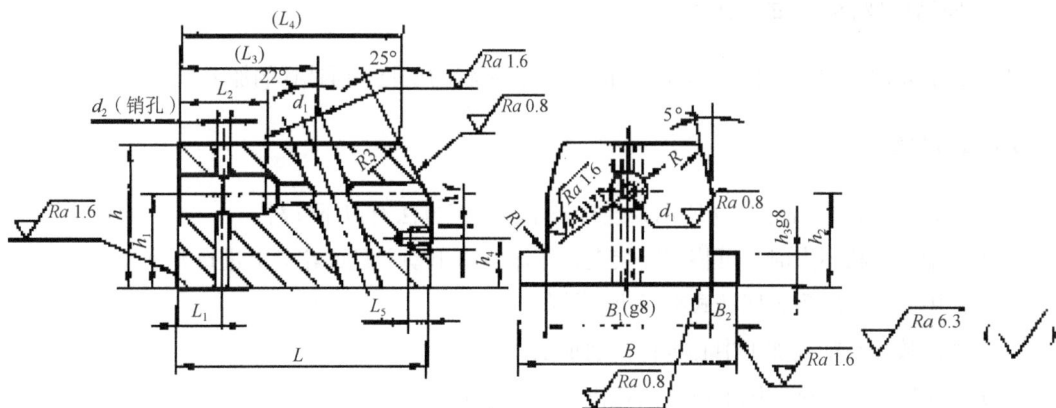

材料：45
热处理：淬火导滑部分，可局部或全部淬硬，硬度为 40~45HRC

图 3-83 侧型芯滑块零件图

表 3-12　侧型芯滑块的机械加工工艺过程

工序号	工序名称	工序内容	定位基准
1	备料	按毛坯尺寸锻造（有合适的钢料直接下料）	
2	铣	铣六面	对应平面
3	钳工	划滑导部轮廓线、斜面位置线	中心线
4	铣	铣滑导部，留磨削余量，铣各斜面达设计要求	按线
5	钳工	去毛刺、侧钝锐边，钻、攻螺纹孔	按线
6	热处理	滑导部表面淬火，硬度为 40～45HRC	
7	磨	磨滑导部达设计要求	底面
8	钳工	将滑导部装入滑槽内并调整好位置，配修 25° 斜面；划型芯固定孔位置（尺寸 h_1）	
9	车	钻、镗型芯固定孔	底面、按线
10	镗	动模板、定模板组合，楔紧块将侧型芯滑块锁紧，将组合的动、定模板装夹在卧式镗床的工作台上，按斜导柱孔的斜角偏转工作台并镗孔	上平面
11	检验	按图检验	

二、型腔零件的机械加工

在各类型腔模中，型腔的作用是成型制件外表面，其加工精度和表面质量一般要求较高。型腔加工常常需要加工各种形状复杂的内成型面或花纹，工艺过程复杂。常见的型腔形状大致可分为回转曲面和非回转曲面两种。前者可用车床、内圆磨床或坐标磨床和钳工进行加工，工艺过程比较简单。而加工非回转曲面的型腔要困难得多，常用普通铣床、数控铣床、电火花和钳工加工。

1. 不同结构型腔零件的加工方法

凹模零件加工中，最重要的是型腔的加工，不同形状的型腔，所选择的加工方法也不相同。

1）圆形型腔

当型腔为圆形时，如图 3-84 所示，经常采用的加工方法有以下几种：

（1）当型腔形状不大时，可将型腔装夹在车床四爪单动卡盘或花盘上进行车削加工。

（2）采用立式铣床配合回转式夹具进行铣削加工。

（3）采用数控铣削或加工中心进行铣削加工。

（4）淬火后可在内圆磨床上或电火花机床上完成精加工。

2）矩形型腔

当型腔为比较规则的矩形时，如图 3-85 所示，图中圆角只能用铣刀直接加工出来，可采用普通铣床将整个型腔直接铣出。如果圆角为直角或 R 无法用铣刀直接加工出来时，可先采用铣削，将型腔大部分加工出来，再通过电火花机床用电极将 4 个直角或小 R 加工出来。当然，也可由钳工修配出来，但一般较少采用这种方法，而应尽量通过各种加工设备和加工手段来解决，以保证精度。有时考虑到有明显的脱模斜度和底部圆角，直接用数控机床加工成型。

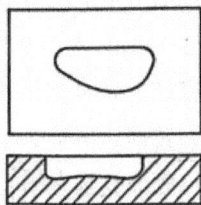

3）异形复杂形状型腔

当型腔为异形复杂形状时，如图 3-86 所示，此时一般的铣削无法加工出复杂型面，必须采用数控铣床铣削或加工中心铣削型腔。当采用数控铣床铣削时，由于数控机床加工综合了各种加工功能，所以工艺过程中的某些工序，如钻孔、镗孔等都可由数控机床加工在一次装夹中一起完成。

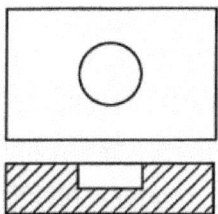

图 3-84　圆形型腔　　　　图 3-85　矩形型腔　　　　图 3-86　异形复杂形状型腔

4）底部有孔的型腔

当型腔底部有孔时，如图 3-87 所示，这时要先加工出型腔。如果底部的孔是圆形，可用机床直接加工，或先钻孔，再加坐标磨削；如果底部的孔是异形，只能先在粗加工阶段钻好预孔，再用线切割机床切割出来；如果是盲孔，且孔径较小，只能用电火花机床进行加工。

5）有特殊结构的型腔

如图 3-88 所示，当型腔中有薄的侧槽、窄筋、尖角等数控铣削难以加工的型腔结构时，一般在数控铣削出型腔后再通过电火花机床补充加工出型腔中的特殊结构。

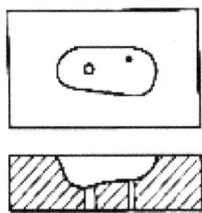

图 3-87　底部有孔的型腔　　　　图 3-88　有特殊结构的型腔

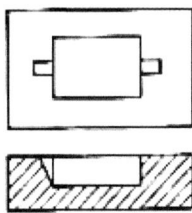

6）镶拼型腔

镶拼型腔的镶块可通过铣削、线切割加工、光学曲线磨或其他加工方式完成；镶拼型腔的固定板可用普通铣床、钻床、加工中心、线切割等机床加工。

7）型腔热处理

由于变形原因和装配修模的需要，塑料成型模的型腔经常用合金钢预硬热处理到 30HRC 左右，然后进行表面硬化处理。当型腔需要淬火时，由于会引起变形，型腔的精加工应放在淬火之后。又因为工件经过热处理后硬度会明显提高，此时应选择磨削、电火花、线切割等精加工手段。

2. 普通车削加工

车削加工是型腔模回转面加工的重要方式之一，主要用于加工回转曲面的型腔或型腔的回转部分，车削加工后工件公差等级可达 IT6～IT11，表面粗糙度 Ra 值可达 0.8～12.5μm。根据使用的机床不同，主要有普通车削和数控车削，数控车削主要用于精度高或者形状复杂的情况，普通车削在模具加工中仍然使用非常广泛。

如图 3-89 所示是一副对拼式塑压模，材料选用 3Cr2Mo 预硬钢，预硬硬度为 30～34HRC。型腔部分直径为 ϕ44.7mm 的球面和小端部直径为 ϕ21.71mm 的锥面是回转面，可以用车削加工；其余是非回转面，用铣削加工。加工的顺序是：先按模架加工工艺加工好导柱、导套孔和垂直基准侧面，再以底面和垂直侧面为基准加工型腔。为了方便型腔加工时定位，5° 斜面放在后面加工。单件小批生产该压塑模的机械加工工艺路线是：锻造毛坯—预硬热处理—铣六面—磨上、下面和垂直基准侧面—钳工划线—钻孔—合镗导柱、导套孔—装导柱、导套—合磨基准侧面—钳工在分型面上划线—车型腔—铣型腔—铣 5° 斜面—修研—检验。

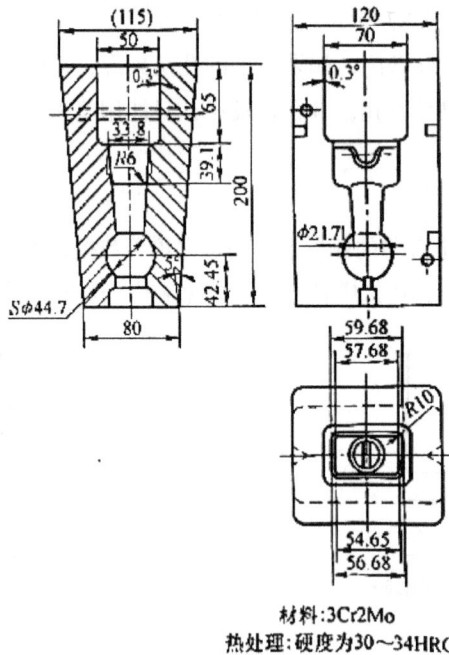

材料:3Cr2Mo
热处理:硬度为30～34HRC

图 3-89　对拼式塑压模型腔

在分型面上以球心为圆心，以 ϕ44.7mm 为直径划线，保证 $H_1=H_2$，如图 3-90 所示。型腔的车削过程见表 3-13。

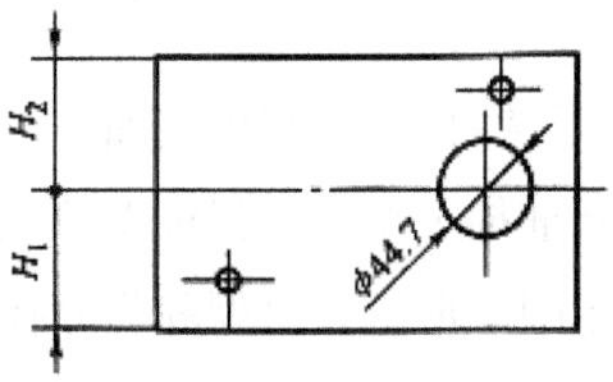

图 3-90 划线

表 3-13 对拼式压塑模型腔车削工艺过程

顺序	工艺内容	简图	加工说明
1	装夹	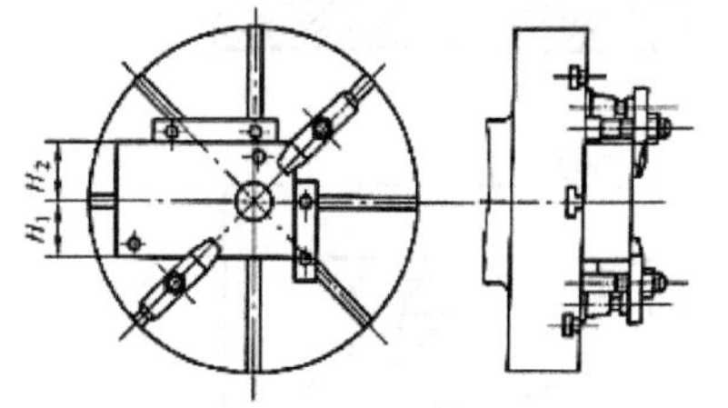	（1）将工件压在花盘上，按 $\phi 44.7$mm 的线找正后，再用指示表检查两侧面，使 H_1、H_2 保持一致。 （2）在工件的垂直基准侧面压上两块定位块，以备车另一件时定位
2	车端面	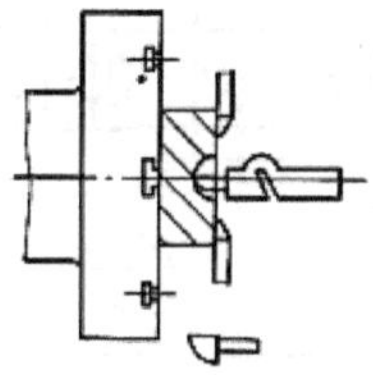	（1）车球面。 （2）使用弹簧刀杆和成形车刀精车球面
3	装夹工件	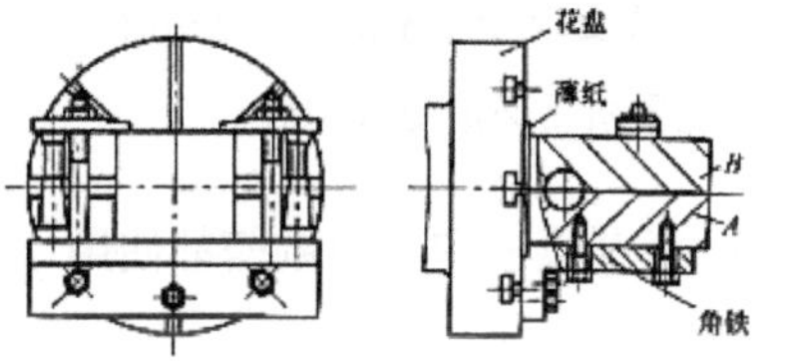	（1）用花盘和角铁装夹工件。 （2）用指示表按外形找正工件后将工件和角铁压紧（在工件与花盘之间垫一薄纸的作用是便于卸下拼块）
4	车锥孔	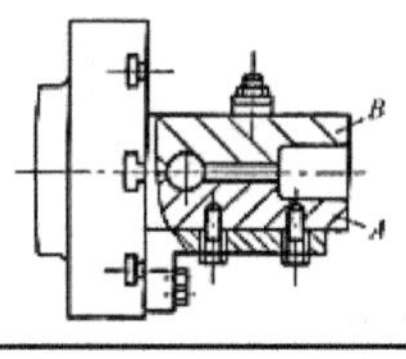	（1）钻、镗孔至 $\phi 21.71$mm（松开压板，卸下拼块 B，检查尺寸）。 （2）车削锥度（同样卸下拼块 B，观察及检查）

3. 普通铣削加工

铣削加工是模具非回转成形表面加工的主要方法之一。铣削加工后的表面粗糙度 Ra 值可达 0.40～12.5μm，公差等级可达 IT8～IT10。根据使用的机床不同，铣削加工设备主要有普通铣床、数控铣床（或加工中心）和仿形铣床。随着数控铣床的普及，仿形铣床已很少使用，这里介绍应用较为广泛的普通铣床，数控铣床和加工中心在后面内容中详细介绍。

采用普通铣床进行铣削较简单，主要在万能工具铣床、模具铣床和普通立铣床上进行，适合于加工各种精度不高的非回转曲面型腔和规则的型面。

在普通铣床上加工模具时，一般采用手动操作，精度不高，劳动强度较大，对工人的操作技能要求较高，钳工的工作量大。

如图 3-91 所示为起重机吊环成形模的型腔，其机械加工工艺过程与前面讲的型腔模的加工相似，要求先加工基准，再以统一的基准加工型腔，保证型腔加工后对齐。圆柱型腔 ϕ38mm 的加工可将上、下模合在一起在车床上车削成形；其余型腔部分在上、下模分别铣削成形。下面介绍用普通立铣床铣削型腔的工艺过程。

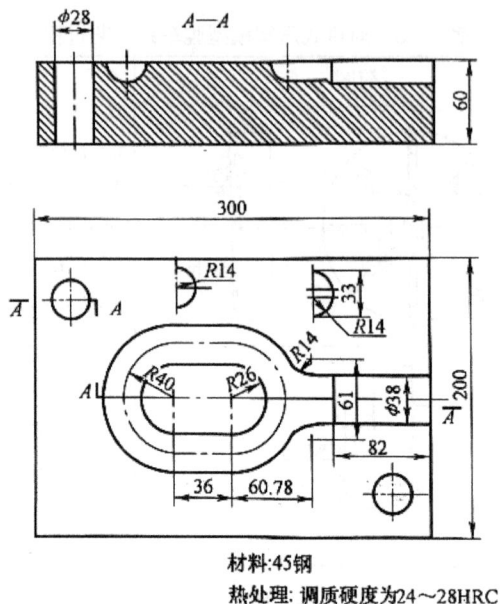

材料:45钢
热处理: 调质硬度为24～28HRC

图 3-91　起重机吊环成形模型腔

根据该模具的特点，对型腔的各个半圆形圆弧槽和直圆弧槽都使用 ϕ28mm 的球头铣刀进行铣削。

1）有关计算

铣削前根据需要首先进行以下计算：
（1）计算 R14mm 圆心到中心线的距离 30.5mm。
（2）计算两 R14mm 圆心的距离 61mm。
（3）R14mm 到 R26mm 中心的水平距离 60.78mm。
（4）两 R40mm 圆心的距离 36mm。

2）工件的装夹

将可倾工作台安装在立铣床工作台上，使可倾工作台的回转中心与铣床主轴中心重合。将半加工好的模坯安装在可倾工作台上，按画线找正并使 R14mm 的圆弧中心和可倾工作台中心重合。用两定位块 1 和 2 靠在工件两个相互垂直的基面上，并在侧面垫入尺寸为 61mm 的量块。分别将定位块和工件压紧固定，如图 3-92（a）所示。

3）铣削过程

（1）移动铣床工作台使铣刀和型腔圆弧槽对正，转动工作台进行铣削。首先加工出一个 R14mm 的圆弧槽，如图 3-92（a）所示。

（2）松开工件，在定位块 1 和工件之间取走尺寸为 61mm 的量块，使另一个 R14mm 圆弧槽 的中心与工作台中心重合。压紧工件并铣削出另一个圆弧槽，如图 3-92（b）所示。圆弧槽加工 结束后，移动铣床工作台，使铣刀中心找正型腔中心线，利用铣床工作台进给铣削两凸圆弧槽中 间衔接部分，保证连接平滑。

（3）松开工件，在定位块 1、2 和基准面之间分别垫入尺寸为 30.5mm 和 60.78mm 的量块， 使 R40mm 圆弧中心与回转工作台中心重合。移动工作台使铣刀和型腔圆弧槽对正，进行铣削加 工达到要求，如图 3-92（c）所示。

（4）松开工件，在定位块 2 和基准面之间再垫入尺寸为 96.78mm 的量块，使工件另一个 R40mm 圆弧槽中心与回转工作台中心重合。压紧工件，铣削圆弧槽达到要求尺寸，如图 3-92（d）所示。

（5）铣削直线圆弧槽，移动铣床工作台铣削型腔直线部分，保证直线部分的圆弧槽和圆弧部 分的圆弧槽衔接平滑。

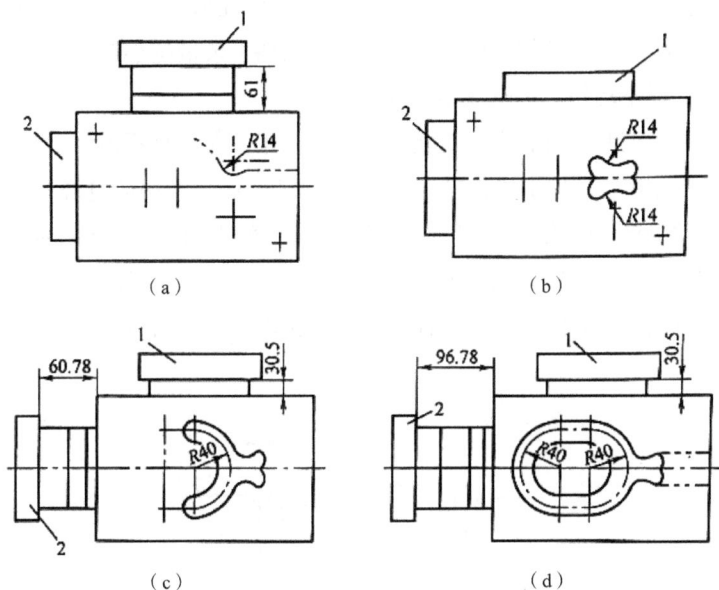

图 3-92　型腔铣削过程

（a）工件装夹，铣 R14mm 圆弧槽；（b）铣第二个 R14mm 圆弧槽；
（c）铣 R40mm 圆弧槽；（d）铣第二个 R40mm 圆弧槽

三、型腔的电火花加工

由于模具型腔形状复杂，用普通铣床铣削再由钳工修整的加工工艺精度和生产效率都很低。 特别是淬火硬度很高的模具型腔，数控机床加工也困难。所以，电火花成形加工在型腔模加工中 得到广泛的应用。

用电火花加工方法进行型腔加工比加工凹模型孔困难得多。型腔加工属于不通孔加工，金属蚀除量大，工作液循环困难，电蚀产物排除条件差，电极损耗不能用增加电极长度和进给来补偿；进给面积大，加工过程中要求电规准的条件范围也较大；型腔复杂，电极损耗不均匀、影响加工精度。因此，型腔加工要从设备、电源、工艺等方面采取措施来减少或补偿电极损耗，以提高加工精度和生产率。

与普通机械加工相比，电火花加工的型腔加工质量好，表面粗糙度值小，减少了切削加工和人工劳动。由于电火花不受工作材料硬度的限制，所以它是淬火型腔模加工的主要手段。

1. 电火花加工型腔的工艺方法

1）单电极加工法

单电极加工法是指用一个电极加工出所需型腔。主要用于下列几种情况：

（1）直接用一个电极在未粗加工的模板上加工型腔。这种情况用于加工形状简单、去除材料少、精度要求不高的型腔。

（2）用于加工经过半精加工过的型腔。为了提高电火花加工效率，型腔在用于电加工之前用切削加工方法进行预加工，并留下适当的电火花加工余量；在型腔淬火后用一个电极进行精加工，达到型腔的精度要求。在能保证加工成型的条件下，电加工余量越小越好。电加工余量应尽量均匀，否则将使电极损耗不均匀，影响成型精度。

（3）用平动法加工型腔。对有平动功能的电火花机床，在型腔不预加工的情况下也可以用一个电极加工出所需的型腔。在加工过程中，先采用低损耗、高生产率的电规准对型腔进行粗加工，然后启动平动头带动电极（或数控坐标工作台带动工作）作平面圆周运动，如图 3-93 所示。同时按粗、中、精的加工顺序逐级转换电规准，与此同时，依次加大电极的平动量，以补偿前后两个加工规准之间型腔侧面放电间隙和表面粗糙度值差，实现型腔侧面仿形修光，完成整个型腔模的加工。

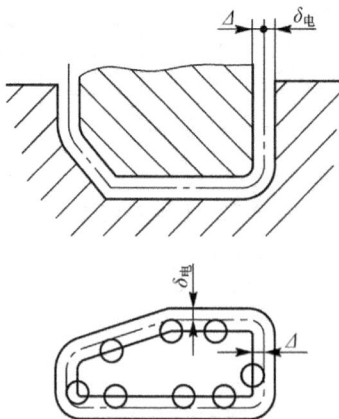

图 3-93　平动头扩大间隙原理图

单电极平动法的最大优点是只需要一个电极，一次装夹定位便可以达到 ± 0.05mm 的加工精度，并方便排除电蚀产物。它的缺点是难以获得高精度的型腔模，特别是难以加工出清棱、清角的型腔。因为平动时，电极上的每一个点都按平动头的偏向半径作圆周运动，清角半径由偏心半径决定。此外，电极在粗加工中容易引起不平的表面龟裂状的积碳层，影响型腔表面粗糙度。为了弥补这一缺点，可采用精度较高的重复定位夹具，将粗加工后的电极取下，经均匀修光后，再重复定位装夹，用平动头完成型腔的终加工，可消除上述缺陷。

2）多电极加工法

多电极加工法是用多个电极，依次更换加工同一个型腔，如图 3-94 所示。每个电极都要对型腔的整个被加工表面进行加工，但电规准各不相同。所以设计电极时必须根据各电极所用电规准的放电间隙来确定电极尺寸。每更换一个电极进行加工，都必须把被加工表面上、由前一个电极加工所产生的电蚀痕迹完全去除。

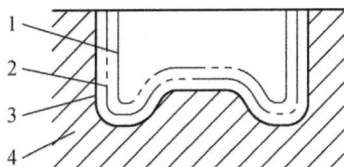

图 3-94 多电极加工示意图

用多电极加工法加工的型腔精度高，尤其适用于加工尖角、窄缝多的型腔。其缺点是需要制造多个电极，并且对电极的制造精度要求很高，更换电极需要保证高的定位精度。因此，这种方法一般只用于精密型腔加工。

3）分解电极法

分解电极法是根据型腔的几何形状，把电极分解成主型腔电极和副型腔电极分别制造。先用主型腔电极加工型腔的主要部分，再用副型腔电极加工出尖角、窄缝型腔等部位。此法能根据主、副型腔的不同加工条件，选择不同的电规准，有利于提高加工速度和加工质量，使电极容易制造和整修，但主、副型腔电极的安装精度高。

2. 型腔加工电极的设计

1）电极材料的选用

常用电极材料使电极易于制造和修整，主要是石墨和纯铜。纯铜组织致密，适用于形状复杂、轮廓清晰、精度要求较高的塑料成型模、压铸模等，但机械加工性能差，难以成形磨削。由于密度大、价贵，不宜作大、中型电极。石墨电极容易成形，密度小，所以宜作为大、中型电极。但其机械强度较差，在采用宽脉冲大电流加工时，容易起弧烧伤。铜钨合金和银钨合金是较为理想的电极材料，但价格较贵，只适用于特殊型腔加工。

2）电极结构

整体式电极适用于尺寸大小和复杂程度一般的型腔。镶拼式电极适用于型腔尺寸较大、单块电极坯料尺寸不够或电极形状复杂，将其分块才易于制造的情况。组合式电极适用于一模多腔时采用，以提高加工速度，简化各型腔之间的定位工序，易于保证型腔的位置精度。

3）电极尺寸的确定

加工型腔的电极，其尺寸大小与型腔的加工方法、加工时放电间隙、电极损耗及是否采用平动等因素有关。电极设计时需要确定的电极尺寸如下：

（1）电极的横截面尺寸的确定。当型腔经过预加工，采用单电极进行电火花精加工时，电极的横截面尺寸确定与穿孔加工相同，只要考虑放电间隙即可。当型腔采用单电极平动加工时，需要考虑的因素较多，其计算公式为：

$$a = A \pm Kb \tag{3-5}$$

式中，a 为电极横截面的公称尺寸（mm）；A 为型腔的公称尺寸（mm）；K 为与型腔尺寸标注有关的系数；b 为电极的单边缩放量（mm）。

$$b = e + \delta_j - \gamma_j \tag{3-6}$$

式中，e 为平动量，一般取 0.5—0.6mm；δ_j 为精加工最后一挡电规准的单边放电间隙，最后一挡规准通常指表面粗糙度 Ra 值小于 0.8mm 时的 δ_j 值，一般为 0.02～0.03mm；γ_j 为精加工（平动）时电极侧面损耗（单边），一般不超过 0.1mm，通常忽略不计。

式（3-5）中的"±"及 K 值按下列原则确定：

如图 3-95 所示，与型腔凸出部分相对应的电极凹入部分的尺寸（图 3-95 中的 r_2）应放大，即用"+"号；反之，与型腔凹入部分相对应的电极凸出部分的尺寸（图 3-95 中的 r_1）应缩小，即用"-"号。

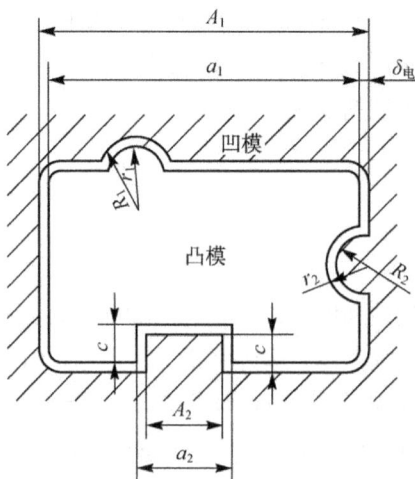

图 3-95 电极水平横截面尺寸缩放示意图

当型腔尺寸以两加工表面为尺寸界线标注时，若蚀除方向相反（图 3-95 中 A_1）取 $K=2$；若蚀除方向相同（图 3-95 中尺寸 C），取 $K=0$。当型腔尺寸以中心线或非加工面为基准标注（图 3-95 中尺寸 R_1、R_2）时，取 $K=1$；凡与型腔中心线之间的位置尺寸及角度尺寸相对应的电极尺寸不缩不放，取 $K=0$。

（2）电极垂直方向尺寸的确定。电极垂直方向即电极在平行于主轴轴线方向上的尺寸，如图 3-96 所示。可按下式计算，即

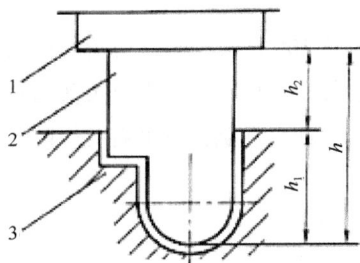

图 3-96　电极垂直方向尺寸

1—电极固定板；2—电极；3—工件

$$h = h_1 + h_2 \tag{3-7}$$

$$h_1 = H_1 + C_1 H_1 + C_2 S - \delta_j \tag{3-8}$$

式中，h 为电极垂直方向的总高度（mm）；h_1 为电极垂直方向的有效工作尺寸（mm）；H_1 为型腔垂直方向的尺寸（型腔深度）（mm）；C_1 为粗规准加工时，电极端面相对损耗率，其值小于 1%，$C_1 H_1$ 只适用于未预加工的型腔；C_2 为中、精规准加工时电极端面相对损耗率，其值一般为 20%～25%；S 为中、精规准加工时端面总的进给量（mm），一般为 0.4～0.5mm；δ_j 为最后一挡精规准加工时端面的放电间隙（mm），一般为 0.02～0.03mm，可忽略不计；H_2 为考虑加工结束时，为避免电极固定板和模板相碰、同一电极能多次使用等因素而增加的高度（mm），一般取 5～20mm。

4）排气孔和冲油孔

由于型腔加工的排气、排屑条件比穿孔加工困难，为了预防排气、排屑不畅，影响加工速度、加工稳定性和加工质量，设计电极时应在电极上设置适当的排气孔和冲油孔。一般情况下，冲油孔要设计在难于排屑的拐角、窄缝等处，如图 3-97 所示。排气孔要设计在蚀除面积较大的位置（图 3-98）和电极端部有凹入的位置。

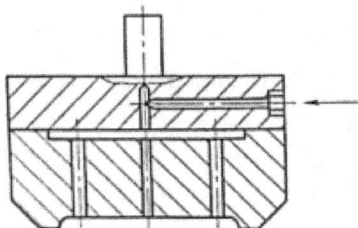

图 3-97　设强迫冲油孔的电极

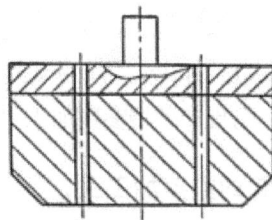

图 3-98　设排气孔的电极

3. 型腔加工电规准的选择与转换

1）电规准的选择

正确选择和转换电规准，实现低损耗、高生产率加工，有利于保证型腔的加工精度。用晶体管脉冲电源加工时，脉冲宽度与电极损耗的关系曲线如图 3-99 所示。对一定的电流峰值，随着脉冲宽度减小，电极损耗增大。脉冲宽度越小，电极损耗上升趋势越明显。当 $t_i > 500\mu s$ 时，电极损耗可以小于 1%。

电流峰值和生产率的关系如图 3-100 所示。增大电流峰值使生产率提高，提高的幅度与脉冲宽度有关。但是，电流峰值增加会加快电极损耗，据有关实验资料表明，电极材料不同，电极损耗随着电流峰值变化的规律也不同，而且和脉冲宽度有关。因此，在选择电规准时应该综合考虑这些因素的影响。

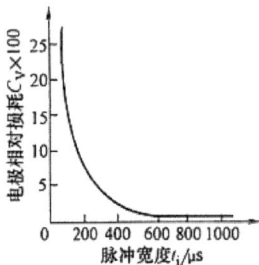

图 3-99　脉冲宽度对电极损耗的影响
（电极材料 Cu，工件材料 CrWMn，负极性加工，Ie = 80A）

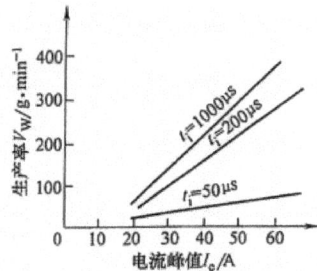

图 3-100　脉冲电流峰值对生产率的影响
（电极材料 Cu，工件材料 CrWMn，负极性加工）

（1）粗规准。要求粗规准以高的蚀除速度加工出型腔的基本轮廓，电极损耗要小，为此，一般选用宽脉冲（$t_i > 500\mu s$），大的峰值电流，用负极性进行粗加工。

（2）中规准。中规准的作用是减小被加工表面的粗糙度值（一般中规准加工时表面粗糙度 Ra 值为 6.3～3.2μm），为精加工做准备。要求在保持一定加工速度的条件下，电极损耗尽可能小，采用脉冲宽度 $t_i = 20～400\mu s$，用比粗加工小的峰值电流进行加工。

（3）精规准。精规准用来使型腔达到加工的最终要求，所去除的余量一般不超过 0.2mm。因此常采用窄的脉冲宽度（$t_i < 20\mu s$）和小的峰值电流进行加工。

2）电规准的转换

电规准转换的挡数，应根据加工对象确定。加工尺寸小、形状简单的浅型腔，电规准转换挡数可少些；加工尺寸大、深度大、形状复杂的型腔，电规准转换挡数应多些。开始加工时，应选择粗规准参数进行加工，当型腔轮廓接近加工深度（大约留 1mm 的余量）时，减小电规准，依次转换成中、精规准各挡参数加工，直至达到所需的尺寸精度和表面粗糙度。

四、型腔的数控加工工艺

近年来，数控加工在型腔模的加工中得到广泛应用。数控加工工艺设计是数控加工的关键，无论是手工编程还是自动编程，在编程前都要对所加工的模具零件进行工艺设计。因此，合理的工艺设计方案是编制数控加工程序的依据，工艺方面考虑不周也是造成数控加工不合格的主要原因之一。编程前必须先做好工艺设计，然后再考虑编程。下面介绍在模具加工中应用较多的数控车削、数控铣削和加工中心的工艺设计。

1. 模具数控车削加工工艺的制订

数控车削是数控加工中应用较为广泛的加工方法。由于数控车削具有加工精度高、能作直线、圆弧插补以及在加工过程中能够自动变速的特点，因此，其工艺范围比普通机床宽得多，最适合加工精度高、表面粗糙度值小、轮廓形状复杂和有特殊螺纹的回转体零件等。

制订数控车削工艺在遵循一般工艺原则的基础上结合数控车削的特点来进行。其主要内容有分析零件图样、确定安装方式、确定各表面的加工顺序和进给路线，以及选择刀具、夹具和切削用量等。

1）零件图工艺性分析

（1）零件的结构工艺性分析。零件的结构工艺性是指零件的结构对加工方法的适应性，即零件的结构应便于加工成型。在数控车床上加工零件，应根据数控车削的特点，认真审查零件结构的合理性，分析方法参考项目一有关内容。

（2）轮廓几何要素分析。在手工编程时，要计算每个基点坐标，在自动编程时，要对构成轮廓的所有几何元素进行定义，因此在分析零件图时，要分析几何元素的给定条件是否充分。如图 3-101（a）所示的圆弧与斜线的关系要求相切，计算后却为相交关系，而并非相切。又如图 3-101（b）所示，图样上给出的几何条件自相矛盾，给出的各段长度不等于其总长。

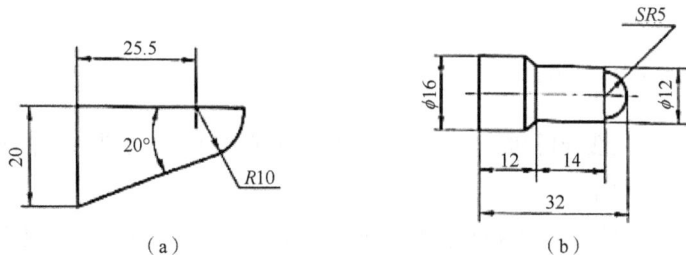

图 3-101 几何要素缺陷示例

（3）技术要求分析。技术要求分析的主要内容包括技术要求是否齐全、合理；数控车削加工精度是否达到图样要求，如果需要采取其他措施（如磨削）弥补，应该给后续工序留有加工余量；位置精度要求高的表面应在一次安装的条件下加工出来；表面粗糙度要求较高的表面应采用恒线速切割。

2）工序和装夹方式的确定

在数控车床上加工零件，应按照工序集中的原则划分工序，在一次安装中尽可能完成大部分甚至全部表面的加工。根据零件结构形状的不同，在批量生产中，常采用下列方法划分工序。

（1）按零件加工表面划分。将位置精度要求较高的表面安排在一次安装中完成，以免多次安装影响位置精度。

（2）按粗、精加工划分。对余量较大和加工精度要求较高的零件，应将粗车和精车划分成两道或更多的工序。将粗车安排在精度较低、功率较大的数控车床上或普通机床上加工；将精车安排在精度较高的数控车床上加工。

以下是工序划分及安装方式选择实例。

如图 3-102（a）所示，零件加工所用坯料为 $\phi32mm$ 棒料，批量生产，加工时用两台数控车床。工序划分及安装方式如下。

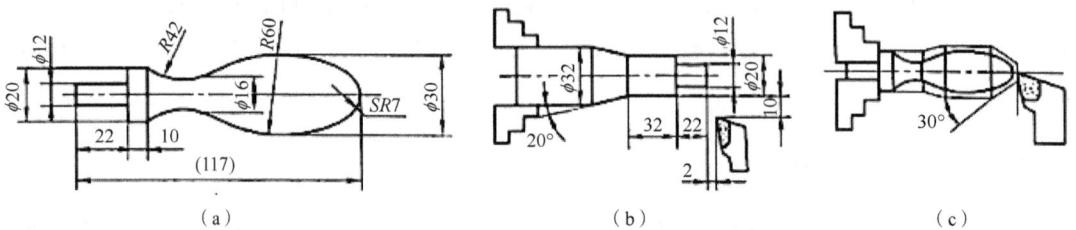

图 3-102　手柄加工示例

第一道工序，按图 3-102（b）所示将一批工件全部车出，包括切断。夹棒料外圆柱面，先车出 $\phi12mm$ 和 $\phi20mm$ 两圆柱面及圆锥面（粗车掉 $R42mm$ 圆弧的部分余量），换刀后按总长要求留加工余量切断。

第二道工序，如图 3-102（c）所示，用 $\phi12mm$ 外圆及 $\phi20mm$ 端面定位，先车削包络 $SR7mm$ 球面的 300 圆锥面，然后对全部圆弧表面半精车（留少量的精车余量），最后换精车刀将全部圆弧表面一刀精车成形。

3）加工（工步）顺序的确定

在对零件进行了工艺性分析和确定了工序、安装方式之后，应在普通车削基础上结合数控车削特点制订零件加工的顺序。

（1）先粗后精。按照粗车—半精车—精车的顺序进行。如图 3-103 所示零件，应先粗后精逐步提高加工精度。粗车时，在尽量短的时间内将工件表面上的大部分余量（图中的双点画线部分）切除，同时保证精车余量均匀性要求。若粗车后所留余量的均匀性满足不了精加工的要求，应安排半精车工序，为精车做准备。

（2）先近后远。在一般情况下，离对刀点远的部位后加工，以便缩短刀具移动距离，减少空行程时间，保持工件的刚性。如图 3-104 所示零件，应注意加工顺序的先近后远原则。如果按 $\phi38mm$ — $\phi36mm$ — $\phi34mm$ 的顺序车削，不仅会增加刀具返回对刀点所需的空行程时间，而且一开始就削弱了工件的刚性，还可能使台阶的外直角处产生毛刺（飞边）。对这类直径相差不大的台阶轴，当第一刀的背吃刀量（图中最大背吃刀量可为 3mm 左右）未超限时，宜按 $\phi34mm$ —

ϕ36mm—ϕ38mm 的次序先近后远地安排车削。

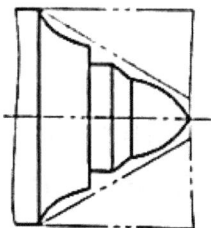

图 3-103　先粗后精

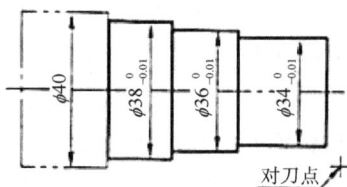

图 3-104　先近后远

（3）内外交叉。一般对内外、外表面都要加工的零件，应先进行内、外表面的粗加工，再进行内、外表面的精加工。

4）进给路线的确定

进给路线的确定，主要在于确定粗加工及空行程的进给路线，因为精加工的进给路线基本上是沿着零件轮廓顺序进行的。

进给路线泛指刀具从对刀点（或机床固定原点）开始运动起，直至返回该点并结束加工程序所经过的路径，包括切削加工的路径及刀具切入、切出等非切削空行程。

确定进给路线时，在保证加工质量的前提下，应使加工程序具有最短的进给路线。设计方法有以下几种。

（1）最短的空行程路线。

①合理利用起刀点。如图 3-105（a）所示为采用矩形循环方式进行粗车的一般情况。考虑到精车等加工过程中需要方便地换刀，对刀点 A 设置在离坯料件较远的位置。同时将起刀点与对刀点重合在一起，按三刀粗车的进给路线安排如下：

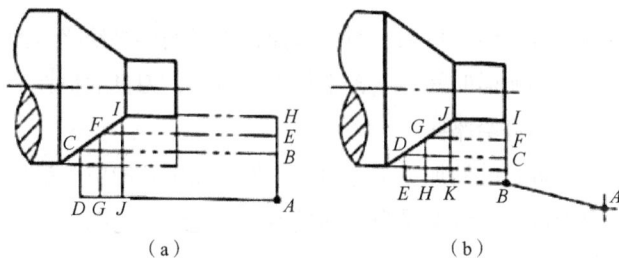

（a）　　　　　　　（b）

图 3-105　合理利用起刀点

第一刀：A—B—C—D—A；

第二刀：A—E—F—G—A；

第三刀：A—H—I—J—A。

如图 3-105（b）所示是将起刀点与对刀点分离，并设于图示点 B 位置处，仍按相同的切削量进行三刀粗车，其进给路线安排如下：

第一刀：$B—C—D—E—B$；

第二刀：$B—F—G—H—B$；

第三刀：$B—I—J—K—B$。

显然，图 4-105（b）所示的进给路线短。

②合理设置换（转）刀点。为了换（转）刀的方便和安全，有时将换（转）刀点也设置在离坯件较远的位置处（图 3-105（a）中的点 A），那么，当换第二把刀后，进行精车时的空行程路线必然也较长；如果将第二把刀的换刀点也设置在图 3-105（b）中的点 B 位置，则可缩短空行程距离。

③合理安排"回零"路线。手工编程时，"回零"（即返回对刀点）指令使用次数多了，会增加进给路线的距离，从而大大降低生产效率。因此，在合理安排"回零"路线时，应使其前一刀终点与后一刀起点间的距离尽量减短，或者为零，即可满足进给路线为最短的要求。

（2）最短的切削进给路线。

切削进给路线最短，可有效地提高生产效率，降低刀具、机床等的损耗。在安排粗加工或半精加工的切削进给路线时，应该同时兼顾被加工零件的刚性及工艺性等要求，不要顾此失彼。

图 3-106 所示为粗车图 3-103 所示零件时的几种不同切削进给路线的安排示意图。其中图 3-106（a）为利用数控系统的封闭式复合循环功能控制车刀沿着工件轮廓进行进给的路线；图 3-106（b）为利用其程序循环功能安排的"三角形"进给路线；图 3-106（c）为利用其矩形循环功能而安排的"矩形"进给路线。

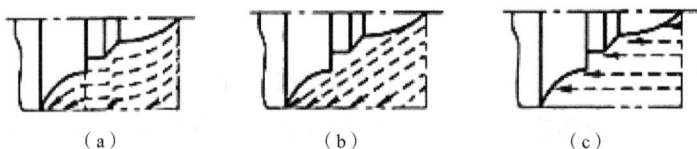

|（a）|（b）|（c）|

图 3-106 粗车进给路线举例

对以上三种切削进给路线，经分析和判断后可知，矩形循环进给路线的进给长度总和最短。因此，在同等条件下，其切削所需时间（不含空行程）最短，刀具的损耗最少。

（3）完工轮廓的连续切削进给路线。

在安排可以一刀或多刀进行的精加工工序时，零件的完工轮廓应由最后一刀连续加工而成，这时，加工刀具的进、退刀位置要考虑妥当，尽量不要在连续的轮廓中安排切入和切出或换刀及停顿，以免因切削力突然变化而造成弹性变形，致使光滑连接轮廓上产生表面划伤、形状突变和刀痕等缺陷。

5）夹具的选择

为了充分发挥数控机床的高速度、高精度和自动化的效能，还应有相应的数控夹具配合。数控车床夹具除了使用通用自定心卡盘、单动卡盘，大批量生产中使用的便于自动控制的液压、电动及气动夹具外，还有多种相应的夹具，主要分为两大类，即用于轴类工件的夹具和用于盘类工件的夹具。

（1）用于轴类工件的夹具。数控车床加工轴类工件时，坯料装卡在主轴顶尖和尾座顶尖之间，工件由主轴上的拨盘或拨齿顶尖带动旋转。这类夹具在粗车时可以传递足够大的转矩，以适应主轴的高速旋转车削。

用于轴类工件的夹具有自动夹紧拨动卡盘、拨齿顶尖、三爪拨动卡盘和快速可调万能卡盘等。如图 3-107 所示为加工实心轴所用的拨齿顶尖夹具。

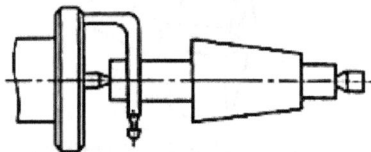

图 3-107　加工实心轴所用的拨齿顶尖夹具

车削空心轴时，常用圆柱心轴、圆锥心轴或各种锥套轴或堵头等定位装置。

（2）用于盘类工件的夹具。这类夹具适用在无尾座的卡盘式数控车床上。用于盘类工件的夹具主要有可调卡爪式卡盘和快速可调卡盘。

6）刀具的选择

刀具的选择是数控加工工艺设计中的重要内容之一。与传统的车削方法相比，数控车削对刀具的要求更高。不仅要求精度高、刚度好、寿命长，而且要求尺寸稳定、安装调整方便。这就要求采用新型优质材料制造数控加工刀具，并优选刀具参数。

由于工件材料、生产批量、加工精度以及机床类型、工艺方案的不同，车刀的种类也异常繁多。根据与刀体的连接固定方式的不同，车刀主要可分为焊接式与机械夹固式两大类。

（1）焊接式车刀。将硬质合金刀片用焊接的方法固定在刀体上称为焊接式车刀。这种车刀的优点是结构简单，制造方便，刚性较好。缺点是由于存在焊接应力，使刀具材料的使用性能受到影响，甚至出现裂纹。另外，刀杆不能重复使用，硬质合金刀片不能充分回收利用，造成刀具材料的浪费。

根据工件加工表面及刀具用途不同，焊接式车刀又可分为切断刀、外圆车刀、端面车刀、内孔车刀、螺纹车刀以及成形车刀等，如图 3-108 所示。

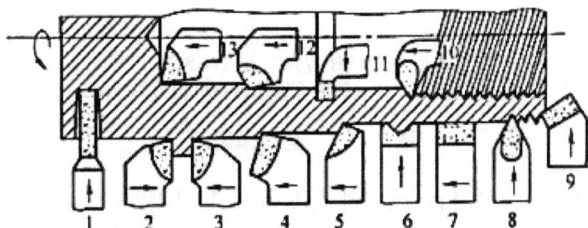

图 3-108　各种焊接式车刀

1—切断刀；2—90°左偏刀；3—90°右偏刀；4—弯头车刀；5—直头车刀；6—成形车刀；7—宽刃精车刀
8—外螺纹车刀；9—端面车刀；10—内螺纹车刀；11—内槽车刀；12—通孔车刀；13—不通孔车刀

（2）机械夹固式可转位车刀。如图 3-109 所示，机械夹固式可转位车刀由刀杆 1、刀片 2、刀垫 3 及夹紧元件 4 组成。刀片每边都有切削刃，当某切削刃磨损钝化后，只需要松开夹紧元件，将刀片转一个位置便可以继续使用。

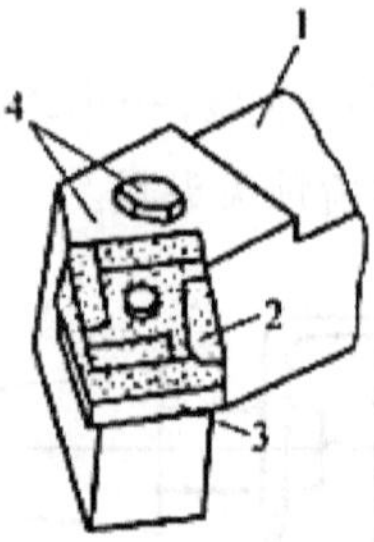

图 3-109　机械夹固式可转位车刀

1—刀杆；2—刀片；3—刀垫；4—夹紧元件

为了减少换刀时间和方便对刀，便于实现机械加工的标准化，数控车削加工时应该尽量采用机械夹固式可转位车刀。

7）模具数控车削工艺制订的实例

如图 3-110 所示为圆形塑料模型芯，编制数控加工工艺。

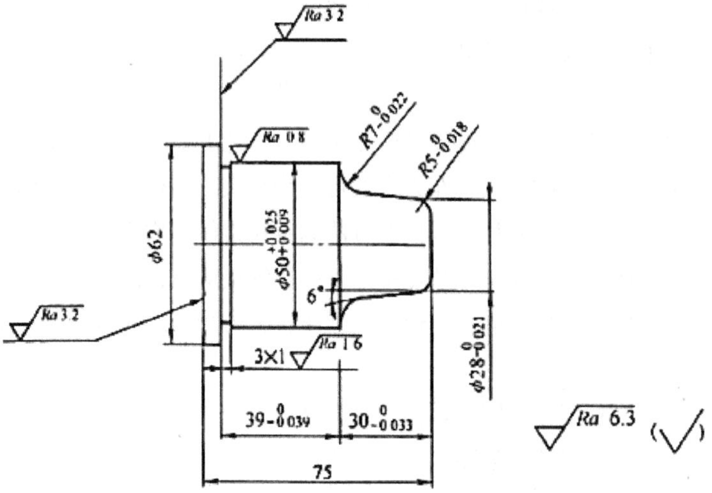

材料:45钢

热处理:调质硬度为24～28HRC

型芯工作表面的表面粗糙度Ra值为0.4μm

图 3-110　塑料模型芯

（1）零件机械加工工艺过程分析。该零件表面由圆柱、圆锥等表面组成，零件尺寸标注完整，轮廓描述清晰。材料为 45 钢，调质硬度 24～28HRC。因该型芯尺寸不大，为便于加工和热处理，可在下料后先调质再粗车，最后在数控车床上完成精车。为了便于加工和装夹，在坯件右端应加长 9mm 用作钻中心孔。该型芯的机械加工工艺过程为：下料—调质—粗车并钻孔 B2.5 中心孔—

数控车—抛光工作表面—线切割去夹位—钳工修光端面—检验。为便于去夹位，粗车时可把夹位的直径车削成ϕ16mm。如图 3-111 所示是粗车后的工序尺寸。

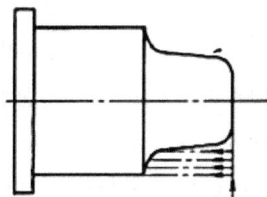

（2）数控车削工艺分析。数控车削采用机床 C2-360K，转速范围为 35～2100r/min。

①工件的装夹。为了保证零件精度，采用左端自定心卡盘定心夹紧，右端用活顶尖支承装夹方式。一次装夹在数控车床上，分半精车和精车两个步骤完成型芯的车削加工。

②确定数控加工顺序及进给路线。该零件的数控车削加工工步顺序为：车右端面—半精车外轮廓—切槽—精车外轮廓。按图 3-112 所示路线利用车削循环功能实现零件的半精车外轮廓，然后从左到右连续切削进行精加工，以保证加工质量。

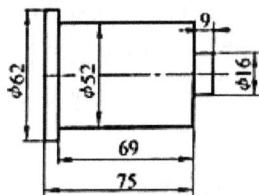

图 3-111 粗车后的工序尺寸

图 3-112 半精车进给路线

③选择刀具和确定切削用量。根据加工要求，选用三把车刀完成加工。由于材料为 45 号钢调质，硬度为 24～28HRC，选用硬质合金 90° 车刀（T01 号）半精车端面和外圆，高速钢切槽刀（T03 号）切槽，硬质合金 90° 精车刀（T02 号）精车轮廓。

切削用量的选择，通常根据机床的性能、相关的手册和刀具生产厂家的推荐值，并结合实际经验确定。

a）背吃刀量。半精车循环时取背吃刀量 a_p=2mm，精车时 a_p=0.25mm。

b）主轴转速。取粗车的切削速度 V_c=100m/min，精车的切削速度 V_c=130m/min，根据坯件直径（精车时取平均直径），用公式 $V_c=\pi d_n/1000$ 经过计算并结合机床说明书选取。

c）进给速度。先选取进给量，然后计算进给速度。粗车时，选取进给量 f= 0.25mm/r，精加工时，选取进给量 f= 0.1mm/r。

该零件工步数及所用刀具较少，相关工艺文件略。

2. 型腔数控铣削（加工中心）加工

通常数控铣床和加工中心在结构、工艺和编程等方面有许多相似之处。特别是全功能型数控铣床，与加工中心的区别主要在于数控铣床没有自动刀具交换装置（ATC）及刀具库，只能用手动方式换刀，而加工中心因具备 ATC 及刀具库，故可将使用的刀具预先存放于刀具库内，需要时再通过换刀指令，由 ATC 自动换刀。

数控铣床和加工中心都能够进行铣削、钻削、镗削及攻螺纹等加工。数控铣削是机械加工中最常用和最主要的数控加工方法之一。数控铣床和加工中心除了能铣削普通铣床所能铣削的各种零件表面外，还能铣削普通铣床不能铣削的需二至五坐标联动的各种平面轮廓和立体轮廓。加工中心是一种功能较全的数控机床，它集铣削、钻削、铰削、攻螺纹和切螺纹于一身。数控铣床和加工中心具有以下工艺特点及用途：

（1）三坐标数控铣床和加工中心。三坐标数控铣床和加工中心的共同特点是除具有普通铣床的工艺性能外，还具有加工形状复杂的二维以至三维复杂轮廓的能力。这些复杂轮廓零件的加工有的只需要二轴联动（如二维曲线、二维轮廓和二维区域加工），有的则需三轴联动（如三维曲面加工），它们所对应的加工一般相应称为二轴（或 2.5 轴）加工与三轴加工。

（2）四坐标数控铣床与加工中心。四坐标是指在 X，Y 和 Z 三个平动坐标轴基础上增加一个转动坐标轴（A 或 B），且四个轴一般可以联动。其中，转动轴既可以作用于刀具（刀具摆动型），也可以作用于工件（工作台回转/摆动型）。转动轴既可以是 A 轴（绕 X 轴转动），也可以是 B 轴（绕 Y 轴转动），由此可以看出，四坐标数控铣床可具有多种结构类型，各种结构类型的共同特点是：相对于静止的工件来说，刀具的运动位置不仅是任意可控的，而且刀具轴线的方向在刀具摆动平面内也是可以控制的，从而可根据加工对象的几何特征保持有效切削状态或根据避免刀具干涉等需要来调整刀具相对零件表面的姿态。因此，四坐标加工可以获得比三坐标加工更广泛的工艺范围和更好的加工效果。

（3）五坐标数控铣床与加工中心。对于五坐标机床，不管是哪种类型，都具有两个回转坐标，相对于静止的工件来说，其运动合成可使刀具轴线的方向在一定的空间内（受机构结构限制）任意控制，从而具有保持最佳切削状态及有效避免刀具干涉能力。因此，五轴坐标加工又可以获得比四轴坐标加工更广泛的工艺范围和更好的加工效果。

制订零件的数控铣削和加工中心加工工艺是数控铣削和加工中心的一项首要工作。加工工艺制订得合理与否，直接影响零件的加工质量、生产率和加工成本。根据数控加工实践，制订数控铣削和加工中心加工工艺要解决的主要问题有以下几个方面。

1）零件图的工艺性分析

（1）零件结构工艺性分析。

①零件图样尺寸的正确标注。由于加工程序是以准确的坐标点来编制的，因此，各图形几何要素间的相互关系（如相切、相交、垂直和平行等）应明确；各种几何要素的条件要充分，应无引起矛盾的多余尺寸或影响工序安排的封闭尺寸等。

②获得要求的加工精度。虽然数控机床精度很高，但对一些特殊情况，如过薄的底板与肋板，因加工时产生的切削拉力及薄板的弹性退让极易产生切削面的振动，使薄板厚度尺寸公差难以保证，其表面粗糙度值也将增大。对于面积较大的薄板，当其厚度小于 3mm 时，就应该在工艺上充分重视这一点。

③尽量统一零件轮廓内圆弧的有关尺寸。轮廓内圆弧半径 R 常常限制刀具的直径，如图 3-113 所示，若工件的被加工轮廓高度低，转角处圆弧半径 R 也大，可以采用较大直径的铣刀来加工，且加工其底板面时，进给次数也相应减少，表面加工质量提高，因此工艺性较好；反之，数控铣削工艺性较差。一般来说，当 $R < 0.2H$（H 为被加工轮廓面的最大高度）时，可以判定零件上该部位的工艺性不好。

铣削面的槽底面圆角或底板相交处的圆角半径 r 越大（图 3-114），铣刀端刃铣削平面的能力越差，效率也较低。当 r 大到一定程度甚至必须用球头铣刀加工，这是应该避免的。铣刀与铣削平面接触的最大直径 $d=D-2r$（D 为铣刀直径），当 D 越大，r 越小时，铣刀端刃铣削平面的面积越大，加工平面的能力越强，铣削工艺性当然也越好。有时，当铣削的底面面积较大，底部圆弧半径 r 也较大时，最好用两把半径不同的铣刀（一把刀的半径小些，另一把刀的半径符合零件的要求）分两次切削。

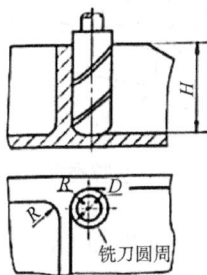

图 3-113　内圆弧半径与加工轮廓面最大高度
对铣削工艺性的影响

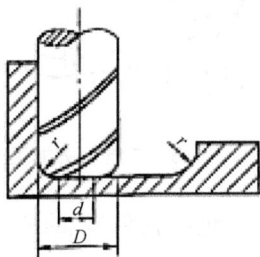

图 3-114　底板与肋板相交处的圆角半径
对铣削工艺性的影响

④保证基准统一。有些零件需要在铣完一面后再重新安装刀具铣削另一面，由于数控铣削时不能使用通用铣床加工时常用的试切方法来接刀，往往会因为零件的重新安装而接不好刀。这时，最好采用统一的基准定位，因此零件上应有合适的孔作为定位基准孔。如果零件上没有基准孔，也可以专门设置工艺孔作为定位基准（如在毛坯上增加工艺凸台或在后续工序要铣去的余量上设置基准孔）。

⑤分析零件的变形情况。零件在数控铣削加工时的变形不仅影响加工质量，而且当变形较大时，将导致加工不能继续进行。这时就应该考虑采取一些必要的工艺措施进行预防，如对钢件进行调质处理，对铸铝件进行退火处理。对不能用热处理方法解决的，也可以考虑粗、精加工及对称去除余量等常规方法。

（2）零件毛坯的工艺性分析。

零件在进行数控铣削加工时，由于加工过程的自动化，使余量的大小、如何装夹等问题在设计毛坯时就要仔细考虑。否则，如果毛坯不适合数控铣削，加工将很难进行下去。下列几方面应作为毛坯工艺性分析的重点。

①分析毛坯的装夹适应性。主要考虑毛坯在加工时定位和夹紧的可靠性与方便性，以便在一次安装中加工出较多表面。对不便于装夹的毛坯，可考虑在毛坯上另外增加装夹余量或工艺凸台、工艺凸耳等辅助基准。

②分析毛坯余量的大小及均匀性。主要考虑在加工时是否需要分层切削，分几层切削，也要分析加工中与加工后的变形程度，考虑是否应该采取预防性措施与补救措施。如热轧中，厚铝板时，经淬火时效后很容易在加工中与加工后变形，最好采用经预拉伸处理的淬火板坯。

2）模具常用数控铣削方法及选用

（1）二维轮廓加工。二维轮廓多由直线和圆弧或各种曲线构成。通常采用三坐标数控铣床进行两轴半坐标加工，如图 3-115 所示。为了保证加工面光滑，刀具沿 PA' 切入，从 $A'K$ 切出。

（2）二维型腔加工。型腔是指具有封闭边界轮廓的平底或曲底凹坑，而且可能具有一个或多个不加工岛，如图 3-116 所示。当型腔底面为平面时即为二维型腔。型腔类零件在模具中很多。

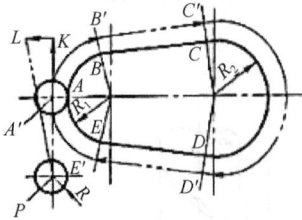

图 3-115　二维轮廓加工

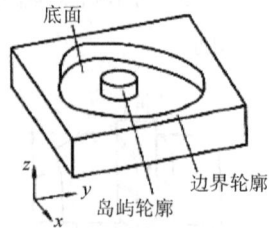

图 3-116　型腔类零件示意图

型腔的加工包括型腔区域的加工与轮廓（包括边界与岛屿轮廓）的加工，一般采用立铣刀或成形铣刀（取决于型腔与底面间的过渡要求）进行加工。

采用大直径刀具可以获得较高的加工效率，但对于形状复杂的二维型腔，采用大直径刀具将产生大量的欠切削区域，需要进行后续加工处理。因此，一般采用大直径与小直径刀具混合使用的方案。

铣削型腔深处时（刀具长度大于三倍直径），采用侧铣很容易产生振动，这时最好采用插铣（轴向铣削）。另外，使用整体硬质合金刀具精加工型腔壁时，一般采用顺铣，但当工件壁较高时，应选择逆铣，这样刀具产生的弯曲小。

（3）固定斜角平面加工。固定斜角平面是与水平面成一固定夹角的斜面，常采用如下的加工方法。

①斜垫铁垫平后加工。当零件尺寸不大时，可用斜垫铁垫平后加工。

②行切法。当零件尺寸很大，斜面斜度又较小时，常用行切法加工，但加工后，会在加工面上留下残留面积，需要用钳修方法加以清除。

③将机床主轴偏转适当的角度。如果机床主轴可以摆角，则可以摆成适当的定角，用不同的刀具来加工，如图 3-117 所示。

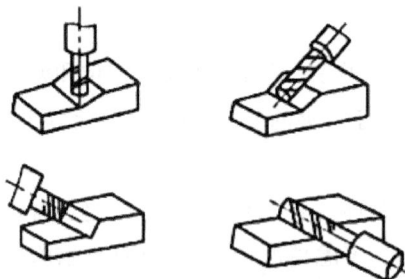

图 3-117　主轴偏转适当的角度

④用专用的角度成形铣刀加工。对于正圆台、斜肋和燕尾表面，一般可用专用的角度成形铣刀加工。其效果比采用五轴坐标数控铣床摆角加工好。

（4）曲面轮廓加工。曲面轮廓加工在模具制造行业应用非常普遍，一直是数控加工技术的主要研究与应用对象。曲面加工应根据曲面形状、刀具形状以及加工精度要求采用不同的铣削方法，可在三坐标、四坐标或五坐标数控铣床和加工中心上完成，其中三坐标曲面加工应用最为普遍。

①曲率变化不大和精度要求不高的曲面的粗加工。常采用两轴半坐标的行切法加工，即 X、Y、Z 三轴中任意两轴做联动插补，第三轴作单独的周期进给。如图 3-118 所示，将 X 向分成若干段，球头铣刀沿 YZ 面所截的曲面铣削，每一段加工完成后进给 ΔX，再加工另一个相邻曲线，如此依次切削即可加工出整个曲面。根据轮廓表面粗糙度的要求及刀头不干涉相邻表面的原则选取 ΔX。球头铣刀的刀头半径应选得大一些，以有利于散热，但刀头半径应小于内凹曲面的最小曲率半径。

两轴半坐标加工曲面的刀心轨迹 O_1O_2 和切削点轨迹 ab 如图 3-119 所示。图中 $ABCD$ 为被加工曲面，P_{yz} 平面为平行于 yz 坐标平面的一个行切面，刀心轨迹 O_1O_2 是曲面 $ABCD$ 的等距面 $IJKL$ 与行切面 P_{yz} 的交线，显然 O_1O_2 是一条平面曲线。由于曲面的曲率变化，改变了球头刀与曲面切削点的位置，使切削点的连线成为一条空间曲线，从而在曲面上形成扭曲的残留沟纹。

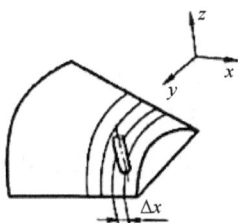

图 3-118 两轴半行切法加工

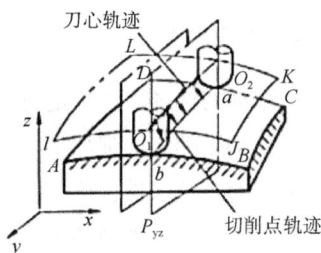

图 3-119 两轴半坐标加工曲面的刀心轨迹

②曲率变化较大和精度要求较高的曲面的精加工。常用 X、Y、Z 三坐标联动插补的行切法加工。如图 3-120 所示，P_{yz} 平面为平行于坐标平面的一个行切面，它与曲面的交线为 ab。由于是三坐标联动，球头刀与曲面的切削点始终处在平面曲线 ab 上，可获得较规则的残留沟纹。但这时的刀心轨迹 O_1O_2 不在 P_{yz} 平面上，而是一条空间曲线。

③形状复杂零件的精加工。常用五坐标联动加工，除控制 X、Y、Z 三个方向的移动外，在加工过程中可使铣刀轴线与加工表面成直角状态，除了可以提高加工精度外，还可以对加工表面凹入部分进行加工，如图 3-121 所示。

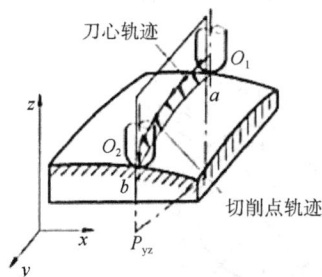

图 3-120 三坐标联动插补的行切法加工轨迹

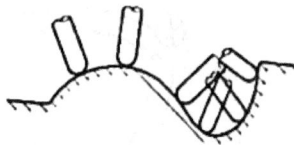

图 3-121 五坐标联动加工

（5）孔系的加工。孔系零件是加工中心的首选加工对象，加工中心具有自动换刀装置，在一次安装中可以完成零件的铣削、孔系的钻削、镗削、铰削及攻螺纹等。

对于直径大于φ30mm的已铸出或锻出的毛坯孔的孔加工，一般采用粗镗—半精镗—孔口倒角—精镗的加工方案，孔径较大的可采用立铣刀粗铣—精铣加工方案。孔中空刀槽可用锯片铣刀在孔半精镗之后、精镗之前完成，也可以用镗刀进行单刀镗孔，但单刀镗削效率较低。

对于直径小于φ30mm无底孔的孔加工，通常采用锪平端面——钻中心孔—钻—扩—孔口倒角—铰加工方案，对有同轴度要求的小孔，需要采用锪平端面——钻中心孔—钻—半精镗—孔口倒角—精镗（或铰）加工方案。为提高孔的位置精度，在钻孔工步前需要安排钻中心孔工步。孔口倒角一般安排在半精加工之后、精加工之前，以防止内孔产生毛刺。

对于内螺纹的加工，根据孔径的大小，一般情况下，M6～M20之间的螺纹通常采用攻螺纹的方法加工。因为加工中心上攻小直径螺纹丝锥容易折断，M6以下的螺纹，可在加工中心上完成底孔加工，再通过其他手段攻螺纹。M20以上的内螺纹，可采用铣削（或镗削）加工。另外，还可以铣外螺纹。

3）装夹方案的确定

（1）定位基准的选择。选择定位基准时，应注意减少装夹次数，尽量做到在一次安装中能够把零件上所有要加工的表面都加工出来。定位基准应尽量与设计基准重合，以减少定位误差对尺寸精度的影响。对于薄板件，选择的定位基准应有利于提高工件的刚性，以减小切削变形。一般多选择工件上不需要数控铣削的平面和孔作为定位基准。

（2）夹具的选择。在数控铣床上，工件的装夹方法与普通铣床一样，所使用的夹具往往并不是很复杂，只是要求有简单的定位、夹紧机构。但要将加工部位敞开，不能因装夹工件而影响进给和切削加工。

4）进给路线的确定

（1）铣削外轮廓的进给路线。铣削平面零件外轮廓时，一般采用立铣刀侧刃切削。刀具切入零件时，应避免沿零件外轮廓的法向切入，以避免在切入处产生刀痕，而应沿切削起始点延伸线 [图 3-122（a）]或切线方向 [图 3-122（b）]逐渐切入工件，保证零件曲线的平滑过渡。同样，在切离工件时，也应该避免在切削终点处直接抬刀，要沿着切削终点延伸线 [图 3-122（a）]或切线方向 [图 3-122（b）]逐渐切离工件。

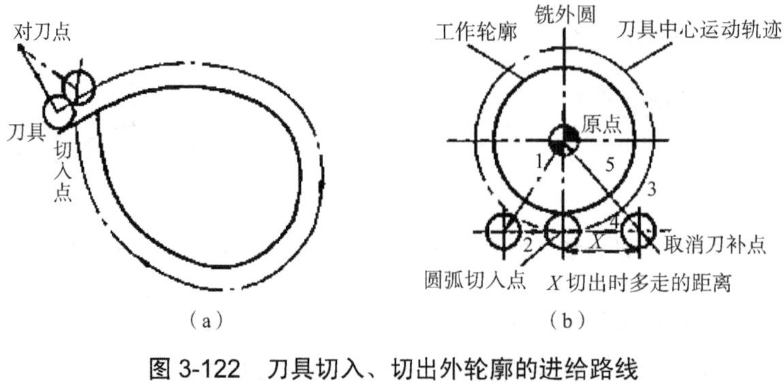

图 3-122　刀具切入、切出外轮廓的进给路线

（2）铣削内轮廓的进给路线。铣削封闭内轮廓表面与铣削外轮廓一样，刀具同样不能沿轮廓曲线的法向切入和切出。此时刀具可以沿一过渡圆弧切入和切出工件轮廓。如图 3-123 所示为刀具切入、切出内轮廓的进给路线。图中 R_1 为零件圆弧轮廓半径，R_2 为过渡圆弧半径。

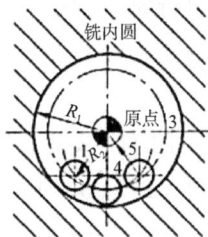

图 3-123　刀具切入、切出内轮廓的进给路线

（3）铣削二维型腔的进给路线。型腔的切削分两步：第一步切内腔，第二步切轮廓。切削内腔区域时，主要采用行切法和环切法两种走刀路线，如图 3-124 所示。其共同点是都要切净内腔区域的全部面积，不留死角，不伤轮廓，同时尽量减少重复走刀的搭接量。从加工效率（走刀路线短）、表面质量等方面衡量，行切与环切走刀路线哪个较好取决于型腔边界的具体形状与尺寸，以及岛屿的数量、形状尺寸与分布情况。切轮廓通常又分为粗加工和精加工两步。粗加工的刀具轨迹如图 3-125 中的粗实线所示，另外，型腔加工还可以采用其他走刀路线（例如行切与环切的混合）。对于一具体型腔，可采用各种不同的走刀方式，并以加工时间最短（走刀轨迹长度最短）作为评价目标进行比较，原则上可获得较优的走刀方案。

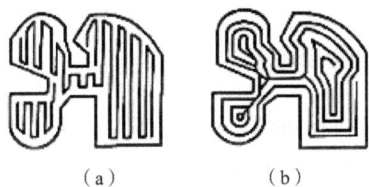

图 3-124　型腔区域加工走刀路线

（a）行切；（b）环切

图 3-125　型腔轮廓粗加工

（4）铣削曲面的进给路线。对于边界敞开的曲面加工，可采用如图 3-126 所示的两种进给路线。应根据被加工曲面的具体形状和尺寸要求合理选用。由于曲面零件的边界是敞开的，没有其他表面限制，所以曲面边界可以延伸，球头刀应由边界外开始加工。当边界不敞开时，确定进给路线要另行处理。

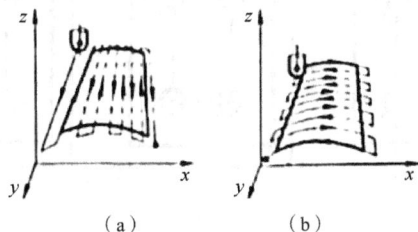

图 3-126　铣削曲面的进给路线

总之，确定铣削进给路线的原则是在保证零件加工精度和表面粗糙度的条件下，尽量缩短进给路线，以提高生产率。

（5）孔加工进给路线。加工孔时，一般首先将刀具在 XY 平面内快速定位运动到孔中心的位置上，然后刀具再沿 Z 向（轴向）运动进行加工。所以孔加工进给路线的确定包括：

①确定 XY 平面内的进给路线。加工孔时，刀具在 XY 平面内的运动属点位运动，确定进给路线时，主要考虑以下两个方面：

第一，定位要迅速。也就是在刀具不与工件、夹具和机床碰撞的前提下空行程时间尽可能短。例如，进给图 3-127（a）所示零件，按图 3-127（b）所示进给路线进给比按 3-127（c）所示进给路线进给节省定位时间近一半。这是因为在点位运动情况下，刀具由一点运动到另一点时，通常沿 X、Y 坐标轴方向同时快速移动，当 X、Y 轴各自移动距离不同时，短移距方向的运动先停，待长移距方向的运动停止后刀具才达到目标位置。图 3-127（b）所示方案使沿两轴方向的移动距离接近，所以定位迅速。

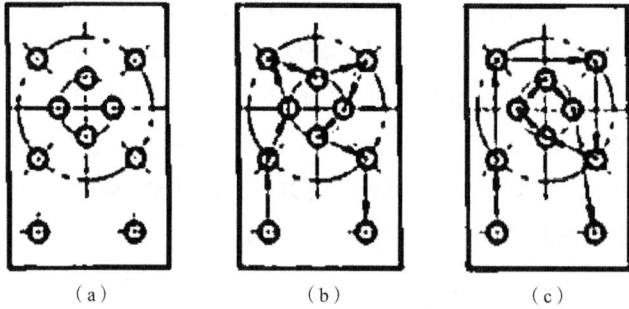

图 3-127　最短进给路线设计示例

第二，定位要准确。安排进给路线时，要避免机械进给系统反向间隙对孔位置精度的影响。例如，镗削图 3-128（a）所示零件上的 4 个孔，按图 3-128（b）所示进给路线加工，由于孔 4 与孔 1、2、3 定位方向相反，Y 向反向间隙会使得定位误差增加，从而影响孔 4 与其他孔的位置精度。按图 3-128（c）所示进给路线，加工完孔 3 后往上多移动一段距离至点 P，然后再折回来在孔 4 处进行定位加工，这样方向一致，就可以避免反向间隙的引入，提高了孔 4 的定位精度。

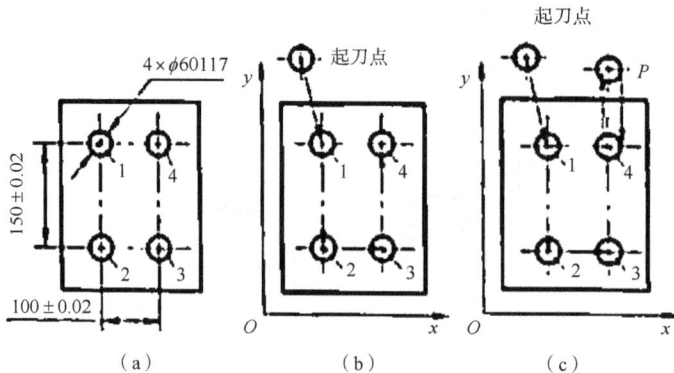

图 3-128　准确进给路线设计示例

定位迅速和定位准确有时两者难以同时满足，在上述两例中，图 3-128（b）是按最短路线进给，但不是从同一个方向接近目标位置，影响了刀具的定位精度，图 3-128（c）是从同一个方向接近目标位置，但不是最短路线，增加了刀具的空行程。这时应该抓住主要矛盾，若按最短路线进给能保证定位精度，则取最短路线，反之，应取能保证定位准确的路线。

②确定 Z 向（轴向）的进给路线。刀具在 Z 向的进给路线分为快速移动进给路线和工作进给路线。刀具先从初始平面快速运动到距工件加工表面一定距离的 R 平面（距工件加工表面为切入距离的平面）上，然后按工作进给速度运动进行加工。如图 3-129（a）所示为加工单个空时刀具的进给路线。对多孔加工，为了减少刀具空行程进给时间，加工中间孔时，刀具不必退回到初始平面，只要退到 R 平面上即可，其进给路线如图 3-129（b）所示。

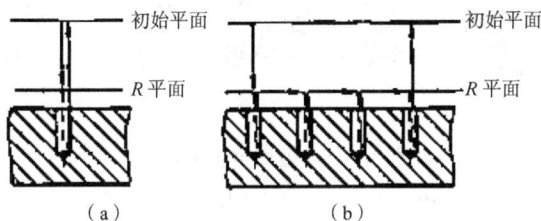

图 3-129　Z 向（轴向）的进给路线

在工作进给路线中，工作进给距离由被加工零件的轴向尺寸决定，并考虑一些辅助尺寸。例如图 3-130 所示钻孔情况：Z_f 包括被加工孔的深度 H、刀具的切入距离 Z_a 和切出距离 Z_o（加工通孔），加工不通孔时，工作进给距离为：

$$Z_f = Z_a + H + T_t$$

加工通孔时，工作进给距离为：

$$Z_f = Z_a + H + Z + T_t$$

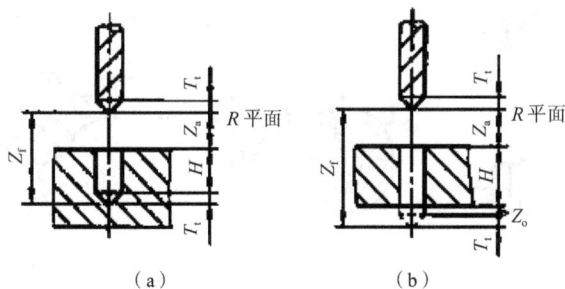

图 3-130　工作进给距离计算图

5）刀具的选择

（1）对铣刀刀具的基本要求。

一是刚性要好，以适应数控铣床加工过程中难以调整切削用量的特点；二是刀具寿命要长，以免一把铣刀加工的内容很多时，增加换刀引起的调刀与对刀次数。

（2）常用铣刀的种类和特点。

①面铣刀。面铣刀主要用于面积较大的平面铣削和较平坦的立体轮廓的多坐标加工。

硬质合金面铣刀与高速钢铣刀相比，铣削速度较高，加工效率高，加工表面质量也较好，并可加工带有硬皮和淬硬层的工件，故得到广泛应用。硬质合金面铣刀按刀片和刀齿安装方式的不同，可分为整体焊接式、机夹焊接式和可转位式三种，如图3-131所示。

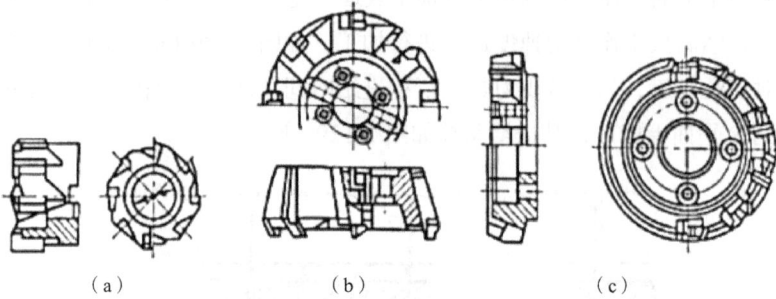

（a）　　　　　　　　（b）　　　　　　　　（c）

图3-131　硬质合金面铣刀

（a）整体焊接式；（b）机夹焊接式；（c）可转位式

②立铣刀。立铣刀的圆柱表面和端面上都有切削刃，它们可同时进行切削，也可单独进行切削。由于普通立铣刀端面中心处无切削刃，所以立铣刀不能轴向进给，端面刃主要用来加工与侧面相垂直的底平面，如图3-132所示。

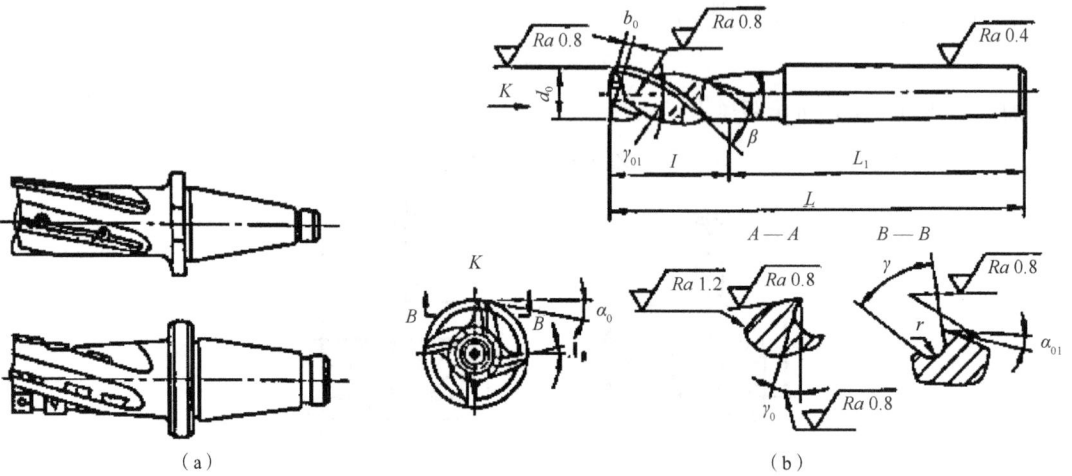

（a）　　　　　　　　　　　　　　（b）

图3-132　立铣刀

③模具铣刀。模具铣刀由立铣刀发展而成，分为圆锥形立铣刀（圆锥半角 $a/2$ 有3°、5°、7°、10°）、圆柱形球头立铣刀和圆锥形球头立铣刀三种，如图3-133、图3-134所示。其结构特点为：球头或端面上布满了切削刃；圆周刃与球头刃圆弧连接；可以作径向和轴向进给。

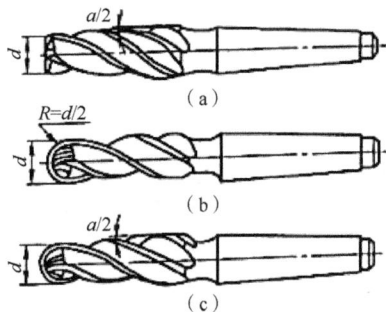

图 3-133 高速钢模具铣刀

（a）圆锥形立铣刀；（b）圆柱形球头立铣刀；（c）圆锥形球头立铣刀

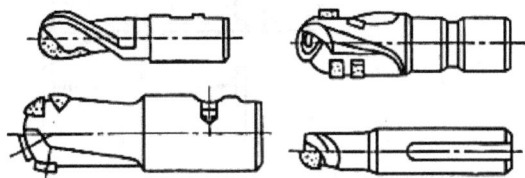

图 3-134 硬质合金模具铣刀

模具铣刀主要用于模具型腔的铣削加工。

④键槽铣刀。键槽铣刀在圆柱面和端面都有切削刃，端面刃延至中心，既像立铣刀，又像钻头。加工时，先轴向进给达到槽深，然后沿键槽方向铣出键槽全长。

⑤鼓形铣刀。如图 3-135 所示是一种典型的鼓形铣刀，它的切削刃分布在半径为 R 的圆弧面上，端面无切削刃。加工时，控制刀具的上下位置，相应改变切削刃的切削部位，可以在工件上切出从负到正的不同斜角，如图 3-135（b）所示。

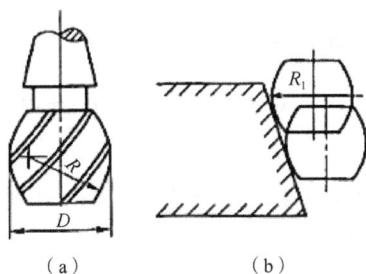

图 3-135 鼓形铣刀及加工

除了上述几种类型的铣刀外，数控铣床也可以使用各种通用铣刀。但因不少数控铣床的主轴内有特殊的拉刀位置，或因主轴内锥孔不同，需配制过渡套和拉钉。

6）模具数控铣削工艺制订的实例

如图 3-136 所示零件为一型腔压模镶块，材料为 3Cr2Mo，预硬 30～34HRC。要求在加工中心上铣削型腔。

（1）零件机械加工工艺过程分析。该型腔压模镶块材料为 3Cr2Mo，热处理硬度为 30～34HRC。可选用锻造预硬钢，然后加工成模坯，再上加工中心铣型腔，最后抛光、研磨达型腔表面粗糙度要求。该型腔模 60mm、79mm 尺寸是装配和定位基准，再铣型腔前应加工好并保证相互垂直。机械加工工艺过程为：备料—（定做 95mm×75mm×25mm 预硬钢）—铣六面—磨上、下面—划线—铣台阶面—磨台阶面—铣型腔—钳工抛光、研磨—检验。

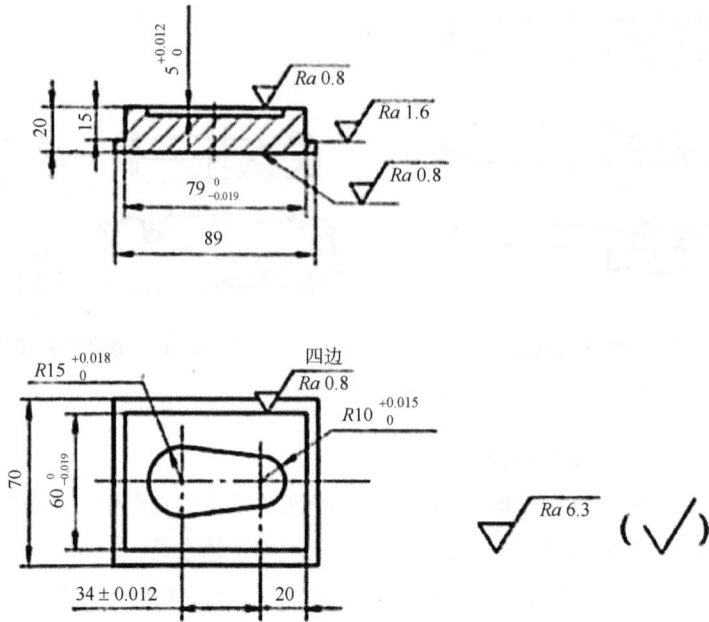

材料：3Cr2Mo
预硬热处理：硬度 30～34HRC
型腔工作表面的表面粗糙度 Ra 值为 0.4μm

图 3-136　型腔压模镶块零件图

（2）加工中心工艺分析。加工中心型号为 KVC800M，主轴转速范围为 20～8000r/min，刀库容量为 20 把。

①工件的装夹。将工件端面和机床工作台清理干净，工件平放在工作台上，校正该型腔 60mm、79mm 尺寸侧面基准与工作台 X、Y 运动方向一致，用压板压紧。

②确定进给顺序及进给线。铣削型腔分为粗铣内轮廓和精铣内轮廓两个工步完成。

进给路线包括平面内进给和深度进给两部分路线。粗铣型腔时的平面内进给路线如图 3-137 所示，进刀点选在 R15 圆心处；深度进给时刀具在圆心之间来回坡走加工逐渐进刀到既定深度，当达到既定深度后，刀具按图运动，粗铣型腔。

精铣型腔时，平面内进给路线如图 3-138 所示，采用沿切入切出的方法进刀，且采用顺铣方式连续进给，以保证型腔的加工精度和表面粗糙度。

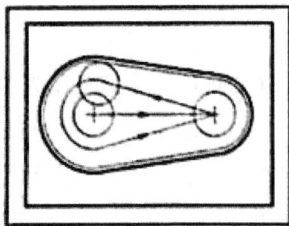

图 3-137　粗铣型腔进给路线

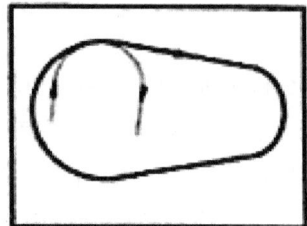

图 3-138　精铣型腔进给路线

③选择刀具及确定切削用量。铣刀的材料和几何参数主要根据零件材料、工件表面几何形状和尺寸大小选择，粗铣选 ϕ12mm 硬质合金立铣刀，精铣选 ϕ12mm 硬质合金键槽铣刀。

切削用量通常可根据零件的材料、加工要求、刀具生产厂家推荐、相关手册并结合实际经验确定。

a）背吃刀量。 型腔深度为 5mm，铣削余量分三次完成，第一次背吃刀量 a_p=3mm，第二次背吃刀量 a_p=1.5mm，余下的 0.5mm 精铣时完成。型腔侧面轮廓留 0.3～0.5mm 精铣余量。

b）主轴转速。取粗铣的切削速度 V_c = 80m/min，精铣的切削速度 V_c = 100m/min，根据铣刀直径，经过计算并结合机床说明书选取主轴转速。

c）进给速度。先选取进给量，然后计算进给速度。粗铣时，选取进给量 f = 0.05mm/齿，精加工时，选取进给量 f = 0.03mm/齿。

因该零件工步数及所用刀具较少，故工艺文件略。

任务实施

1. 塑料压模下模机械加工工艺的编制

图 3-1 所示是一塑料压模下模，材料是 3Cr2Mo，要求预硬热处理硬度为 30～34HRC.加工的关键是上下平面、导柱导套孔、垂直基准侧面和型腔。型腔的半精加工完成后，留 0.2～0.4mm 余量，用电火花一次精加工成形。导柱、导套孔在钻削后合镗，保证上、下各孔之间的距离相等。单件小批量生产塑料压模下模的机械加工工艺过程见表 3-14。

表 3-14 塑料压模下模机械加工工艺过程

工序号	工序名称	工序内容	定位基准
1	备料	将毛坯锻成 35mm×106mm×126mm 的六面体	
2	热处理	预硬热处理，30～34HRC	
3	铣平面	铣各平面，留磨削余量 0.4mm	对应平面
4	磨平面	磨上、下面及两相邻垂直侧面	对应平面
5	划线	划各孔线和型腔线	
6	钻孔	钻 4×$\phi 12_0^{+0.018}$ mm 孔到 ϕ10mm，钻、攻 4×M8 螺孔	底面、基准侧面
7	镗孔	与上腔部分合镗 4×$\phi 12_0^{+0.018}$ mm 孔	基准侧面
8	钳工	装导柱、导套，合模	
9	磨平面	与上模合模磨四侧面，保证四侧面相互垂直	对应平面
10	铣型腔	铣型腔，深度铣到 4.5mm，侧面留 0.5mm 单面余量	底面、基准侧面
11	电火花	电火花加工型腔，留 0.02mm 研磨余量	基准侧面
12	钳工	研磨型腔到技术要求	
13	检验	检验各尺寸及技术要求达图样要求	

2. 型芯固定板机械加工工艺过程的编制

图 3-2 中型芯固定板的材料是 45 钢,热处理要求调质,硬度为 25～28HRC。加工的关键是上下平面、导柱导套孔、侧面基准和型芯固定孔。

参考表 1-8,按经济精度确定上下平面的加工过程为:铣—磨。

型芯固定孔是方通孔,并有较高的尺寸精度和位置精度要求,用线切割比较合理。

参考表 1-9,按经济精度确定导柱孔 $4 \times \phi 15_0^{+0.011}$ 的加工过程为:加工中心—坐标镗;$4 \times \phi 8_0^{+0.015}$ 直接通过加工中心达到要求。

加工中心、线切割和坐标镗等精加工工序的定位基准都是底面、基准侧面,由机床精度保证孔与垂直基准侧面、孔与孔之间的位置精度,以保证动、定模合模后型腔与型芯中心对齐。

单件小批量生产型芯固定板的机械加工工艺过程见表 3-15。

表 3-15 型芯固定板机械加工工艺过程

工序号	工序名称	工序内容	定位基准
1	备料	按尺寸 31mm×125mm×165mm 下料	
2	铣平面	铣各平面,留磨削余量 0.4mm	对应平面
3	热处理	调质,硬度为 25～28HRC	
4	磨平面	磨上、下面及垂直基准侧面	对应平面
5	加工中心	$4 \times \phi 15_0^{+0.011}$ mm 钻到 $4 \times \phi 14$ mm;在型腔中心钻 $\phi 14$ mm 穿丝孔;加工 $3 \times \phi 8_0^{+0.015}$ mm 孔及沉孔,钻、攻 6×M8 螺孔	
6	线切割	线切割方孔	底面、基准侧面
7	坐标镗	按图坐标镗 $4 \times \phi 15_0^{+0.011}$ mm 孔	基准侧面
8	钳工	修研方孔口	
9	检验	检验各尺寸及技术要求达图样要求	

✎ 课后拓展练习

1. 注射模模架加工的关键是什么,如何从工艺上保证合模后动、定模型腔对齐?

2. 简述电火花型腔的加工工艺方法及应用。

3. 电火花加工方法进行型腔加工为什么用比加工凹模型孔困难得多?

4. 数控车加工零件如何划分工序?

5. 如何确定数控车削加工顺序和进给路线?

6. 数控加工对刀具有什么要求,常用的数控车床车刀有哪些类型?

7. 确定铣刀进给路线时,应考虑哪些问题?

8. 立铣刀和键槽铣刀有什么区别?

9. 如图 3-139 所示零件材料为 45 钢，热处理调质，硬度为 26～28HRC，要求确定单件小批量生产的加工顺序及进给路线，并选择相应的加工刀具。

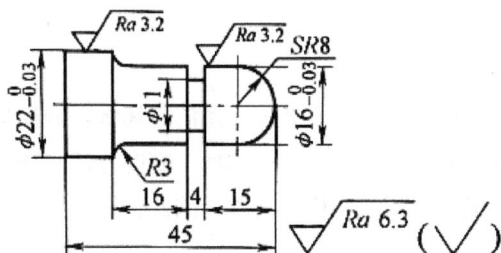

图 3-139　零件

10. 如图 3-140 所示为注射模型腔，材料为 CrWMn，热处理淬火，硬度为 52～55HRC，编制单件小批量生产的机械加工工艺过程。

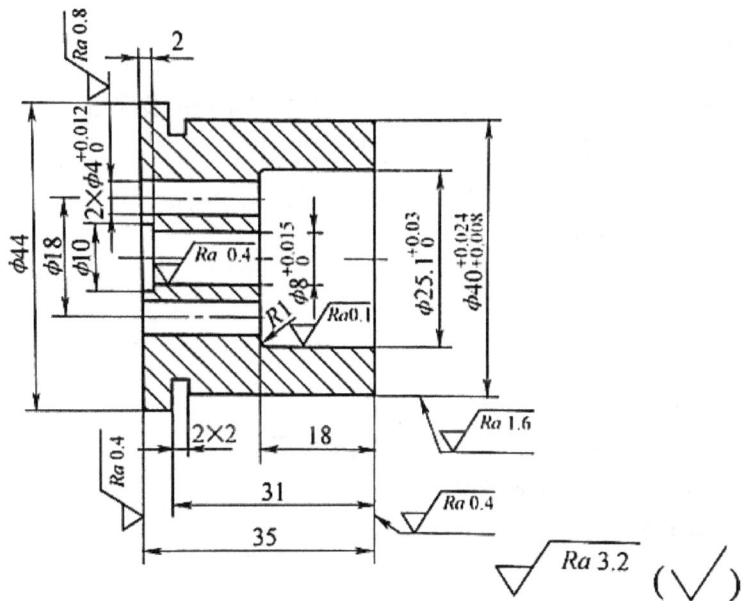

图 3-140　注射模型腔

项目四　模具装配工艺

模具装配是模具制造过程的最后阶段，装配质量的好坏将影响模具的精度、寿命和各部分的功能。要制造出一副合格的模具，除了保证零件的加工精度外还必须做好装配工作，模具装配阶段的工作量也直接影响模具的制造周期和生产成本，因此，模具装配是模具制造中的重要环节。

知识目标

（1）了解模具装配的基础知识；

（2）了解模具中各相关零件的配合关系与装配要求。

技能目标

（1）能读懂冲孔模具、落料模具、复合模具等简单模具结构的装配图；

（2）能分析复合模具等简单模具的装配工艺及调试工程；

（3）能编制复合模具等简单结构模具的装配工艺卡；

（4）熟知模具的使用与维修。

素质目标

（1）培养学生良好的职业道德和生产节约意识；

（2）培养学生良好的团队合作、产品质量和安全生产意识；

（3）培养学生必要的创新精神和环保意识；

（4）培养学生分析和解决实际问题的能力。

任务一　连接板复合模具装配工艺

任务描述

连接板复合模具是典型的冲压结构模具，该模具的装配与调试工艺具有一定的代表性。连接板零件如图 4-1 所示，材料为 45 钢，厚度为 1mm；零件生产采用复合模具（落料冲孔）的结构形式。

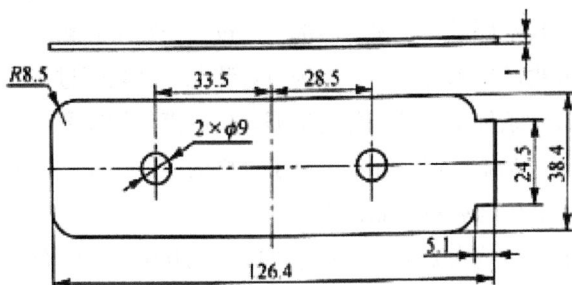

图 4-1 连接板零件

连接板复合模具结构的装配图如图 4-2 所示。模具采用两中间导柱非标准滑动架，闭合高度为 186mm，选用设备为冲床 JG23-80A。

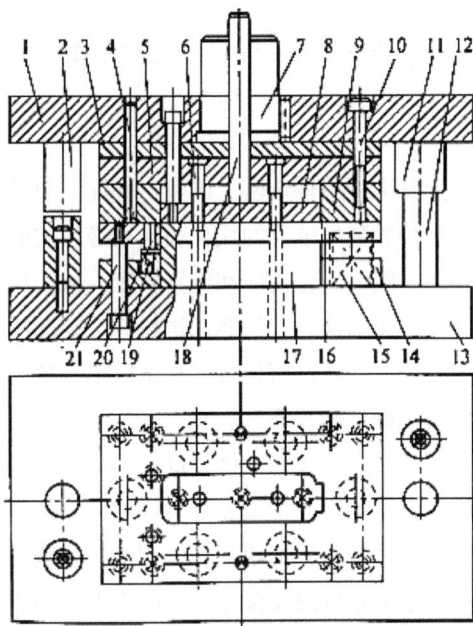

图 4-2 连接板复合模具结构的装配图

1—上模板；2—限位柱；3—上垫板；4—销钉；5—凸模固定板；6—凸模；7—模柄；8—上卸料板；9—凹模；
10—螺钉；11—导套；12—导柱；13—下模板；14—凸凹模固定板；15—矩形弹簧；16—下卸料板；
17—凸凹模；18—杠杆；19—活动挡料钉；20—弹簧；21—卸料螺钉

相关知识链接

一、模具装配与装配精度

1. 模具装配的概念

当许多零件装配在一起，构成零件组直接成为产品的组成时，称为部件；当零件组是部件的直接组成时，称为组件。把零件装配成组件、部件和最终产品的过程分别称为组件装配、部件装配和总装配。

根据模具装配图样和技术要求，将模具内部零件按照一定工艺顺序进行配合、定位、连接与紧固，使之成为符合制件生产要求的模具，称为模具装配。其装配过程称为模具装配工艺过程。

模具装配图及验收技术条件是模具装配的依据。构成模具的装配条件、通用件及成型零件等符合技术要求是模具装配的基础。但是并不是有了合格的零件，就一定能装配出符合设计要求的模具，合理的装配工艺及装配经验也是非常重要的。

模具装配过程是按照模具技术要求和各种零件间的相互关系，将合格的零件按一定的顺序连接固定为组件、部件，直至装配合格的模具。

2. 模具装配的特点

模具装配属于单件装配生产，其特点是工艺灵活性大，大都采用集中装配的组织形式。模具零件组装成部件或模具的全过程，都是由一个工人或一组工人在固定的地点完成的。模具装配手工操作比重大，要求工人具有较高的技术水平和多方面的工艺知识。

3. 模具装配的内容

模具装配的内容有选择装配基准、组件装配、调整、修配、总装、研磨抛光、检验及试模、修模等工作。在装配时，零件或相邻装配单元的配合和连接必须按照装配工艺规程确定的装配基准进行定位与固定，以保证它们之间的配合精度和位置精度，从而保证模具零件间精密均匀的配合、模具开合运动及其他辅助机构（如卸料、抽芯、送料等）运动的精确性，以保证成型制件的精度和质量、模具的使用性能和寿命。通过模具装配和试模也考核制件的成型工艺、模具设计方案和模具制造工艺编制等工作的正确性和合理性。

模具装配工艺规程是指导模具装配的技术文件，也是制定模具生产计划和进行生产技术准备的依据。模具装配工艺规程的制订根据模具种类和复杂程度，各单位的生产组织形式和习惯做法视具体情况可繁可简。模具装配工艺规程包括模具零件和组件的装配顺序、装配基准的确定、装配工艺方法和技术要求、装配工序的划分以及关键工序的详细说明、必备的二级工具和设备、检验方法和验收条件等。

4. 模具装配精度

模具装配后所能达到的位置精度、运动精度、配合精度及接触精度称为模具装配精度。模具装配精度的高低直接决定模具生产的产品精度。影响模具装配精度的因素很多，除了零件精度直接影响装配精度外，模具装配工人的技术水平、装配工艺措施也对模具装配精度有很大的影响。

模具装配精度可以分为模架的装配精度、主要工作零件以及其他零件的装配精度。模具装配精度包括相关零件的位置精度、运动精度、配合精度和接触精度。

1）相关零件的位置精度

相关零件的位置精度包括定位销控与型孔的位置精度，上、下模之间，动、定模之间的位置精度，凸、凹模，型孔、型腔与型芯之间的位置精度等。

2）相关零件的运动精度

相关零件的运动精度包括直线运动精度、圆周运动精度及传动精度。例如，导柱和导套之间的运动精度，顶块和卸料装置的运动精度，送料装置的送料精度。

3）相关零件的配合精度

相关零件的配合精度体现了相关零件配合的间隙或过盈量是否符合技术要求。

4）相关零件的接触精度

相关零件的接触精度包括模具分型面的接触状态、间隙大小是否符合技术要求，弯曲模、拉深模的上下成型面的吻合一致性等。模具装配精度的具体技术要求见表 4-1

表 4-1　模具装配精度的具体技术要求

模具零件及部位		技术要求	标准数值
模板	厚度方向	平行度	<300：0.02
	基准面	垂直度	<100：0.02
	各模板装配后总高度	平行度	<100：0.02
	导柱孔	孔径公差	H7
		位置度	<±0.02mm
		垂直度	<100：0.02
	冲裁孔	过孔配合公差	H7
		刃口间隙（厚度 0.5mm 以下薄料）	0.005～0.02mm
	硬度	淬火或回火	>60HRC
导柱	压入固定部分的直径	精磨	k6、k7、m6
	滑动部分的直径	精磨	f7、e7
	直线度	无弯曲变形	<100：0.02
	硬度	淬火或回火	>58HRC
导套	外径	精磨	k6、k7、m6
	内径	精磨	H7

5. 保证模具装配精度的方法

1）尺寸链

尺寸链是指在机械制造过程中，为了研究和分析设计尺寸和工艺尺寸之间的相互关系，把有关尺寸首尾相接，连成的一个尺寸封闭图。尺寸链分为工艺尺寸链和装配尺寸链。

（1）工艺尺寸链。工艺尺寸链用于零件加工过程中，设计基准和工艺基准不重合时设计尺寸和工艺尺寸的换算。

（2）装配尺寸链。装配尺寸链是指在产品装配过程中，由相关零件尺寸（表面或轴线间的距离）或相互位置关系（同轴度、平行度、垂直度）所组成的尺寸，用于研究和分析零件加工精度与装配精度之间的关系和换算。

模具装配尺寸链的封闭环就是模具装配后的精度要求和技术要求，也就是设计要求。在模具的设计制造过程中，应用装配尺寸链原理通过分析和计算，可以更有效、更经济地确定各个模具零件的制造尺寸和公差。

装配尺寸链的计算步骤如下：

（1）确定封闭环。在装配过程中，间接的得到尺寸称为封闭环，它往往是装配精度要求或技术条件要求的尺寸，用 A_0 表示。在装配尺寸链的建立中，首先要正确地确定封闭环，封闭环找错了，整个装配尺寸链的解也就错了。

（2）确定各组成环的性质（增环或减环）。在装配尺寸链中，直接得到的尺寸称为组成环，用 A_i 表示，如图 4-3 所示的 A_1、A_2、A_3、A_4、A_5。由于装配尺寸链是由一个封闭环和若干个组成环所组成的封闭图形，故装配尺寸链中组成环的尺寸变化必然引起封闭环的尺寸变化。当某个组成环尺寸增大（其他组成环尺寸不变），封闭环尺寸也随之增大时，该组成环称为增环，用 $\vec{A_i}$ 表示，见图 4-3 中的 A_3；当某个组成环尺寸减小（其他组成环尺寸不变），封闭环尺寸却增大时，该组成环称为减环，用 $\overleftarrow{A_i}$ 表示，见图 4-3 中的 A_1、A_2、A_4、A_5。

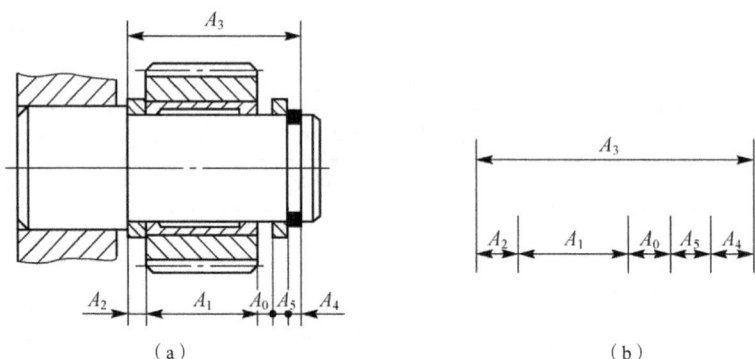

图 4-3 装配尺寸链

（3）校核或计算各封闭环的基本尺寸及极限偏差。封闭环的基本尺寸等于所有增环基本尺寸之和减去所有减环基本尺寸之和。封闭环的上偏差等于所有增环上偏差之和减去所有减环下偏差之和；封闭环的下偏差等于所有增环下偏差之和减去所有减环上偏差之和。

（4）公差计算与分配。按照"入体"原则，将总装配尺寸定为可调整尺寸，将其他公差进行调整分配。按照装配尺寸链原理，在建立和计算装配尺寸链时应注意以下几点：

①当某组成环为标准件时，其尺寸和公差应为已知值。

②当某组成环为公共环时，其公差应根据精度要求最高的尺寸链来决定。

③组成环的公差应按照零件加工的难易程度来决定，若组成环的尺寸相近，加工方法相同，

则采用等公差分配，否则应采用等精度分配，对于加工难度较大的零件组成环公差可取较大值。

④一般公差带的分布应按"入体"原则确定。

⑤孔径或中心距、长度可按对称偏差确定。

⑥在模具结构确定情况下，应遵循装配尺寸链最短用原则（环数最少），应使组成环数与零部件数相等。

2）装配精度保证方法

模具装配精度的保证方法包括互换装配法、修配装配法和调整装配法三种。

（1）互换装配法。装配时，各配合的模具零件不经选择、修配、调整，组装后就能达到预先规定的装配精度和技术要求，这种装配方法称为互换装配法。它是利用控制零件的制造误差来保证装配精度的方法。其原则是各有关零件的制造公差之和小于或等于封闭环公差。各有关零件的制造公差用 T_i 表示，封闭公差用 T_0 表示。

采用互换装配法。零件是完全可以互换的，其优点如下：

①装配过程简单，生产率高。

②对工人技术水平要求不高，便于流水作业和自动化装配。

③容易实现专业化生产，降低成本。

④备件供应方便。

但是互换装配法将提高零件的加工精度（相对其他装配法），同时要求管理水平较高。

（2）修配装配法。在单件、小批量生产中，当装配精度要求高时，如果采用互换装配法，会提高对有关零件的要求，这对降低成本不利。在这种情况下，常采用修配装配法。

修配装配法是在某零件上预留修配量，装配时根据实际需要修整预修面来达到装配要求的方法。修配装配法的优点是能够获得很高的装配精度，而零件的制造精度可以放宽；缺点是装配中增加了修配工作量，工时增加且不易预先确定，装配质量依赖工人的技术水平，生产效率低。

采用修配装配法时应注意以下几点：

①应正确选择修配对象。选择那些只与本装配精度有关，而与其他装配精度无关的零件作为修配对象，在选择其中易于拆装且修配面不大的零件作为修配件。

②应通过尺寸链计算。合理确定修配件的尺寸和公差，既要保证它有足够的修配量，又不要使修配量过大。

③应考虑用机械加工方法来代替手工修配。

（3）调整装配法。将各相关模具零件按经济加工精度制造，在装配时通过改变一个零件的位置或选定适当尺寸的调节件（如垫片、垫圈、套筒等）加入装配尺寸链中进行补偿，以达到规定装配精度要求的方法称为调整装配法。

调整装配法的优点是在各组成环按经济加工精度制造的条件下，能获得较高的装配精度，不需要进行任何修配加工，还可以补偿因磨损和热变形对装配精度的影响；缺点是需要增加装配尺寸链中零件的数量，装配精度依赖工人的技术水平。

二、模具主要零件的固定

1. 紧固件法

紧固件法主要是采用销钉和螺钉进行连接固定的方法。如图 4-4（a）所示的紧固件法主要适用于大型截面成型件零部件的连接，其中圆柱销的最小配合长度为 $H_2 \geq 2d_2$，螺钉拧入长度对于钢件，$H_1=d_1$ 或比 d_1 稍大；对于铸铁，$H_1=1.5d_1$ 或比 $1.5d$ 稍大。如图 4-4（b）所示的紧固件法，凸模定位部分与固定板之间采用 H7/m6 或 H7/n6 的基孔制过渡配合。

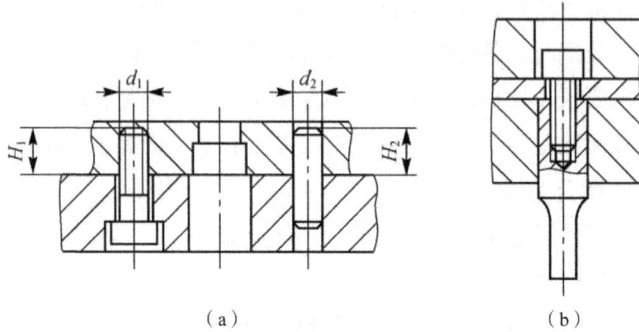

图 4-4　紧固件法

（a）销钉与螺钉组合联接；（b）螺钉联接

2. 压入法

压入法如图 4-5 所示。该方法适用于冲裁厚度小于 6mm 的冲模和各类模具零件，利用台阶结构限制轴向移动，应注意台阶结构及尺寸，要有引导部分，压入时要边压边检查垂直度。压入法的特点是连接可靠，但对配合孔加工精度要求较高。

压入配合部分一般采用 H7/m6、H7/n6、H7/r6 配合或采用台阶结构形式，台阶边宽 ΔD 为 1.5～2.5mm，台阶厚度 H 为 3～5mm，一般要高出固定板沉孔，压好后背面磨平。装配压入过程见图 4-5（b），将凸模固定板型孔台阶朝上，放在两个登高垫块上，将凸模工作端朝下放入型孔对正，用压力机慢慢压入，并不断检查凸模垂直度，以防倾斜。在固定多个凸模的情况下，应注意各凸模的压入顺序。一般应先压入容易定位且便于作为其他凸模安装基准的凸模，后压入较难定位的凸模。

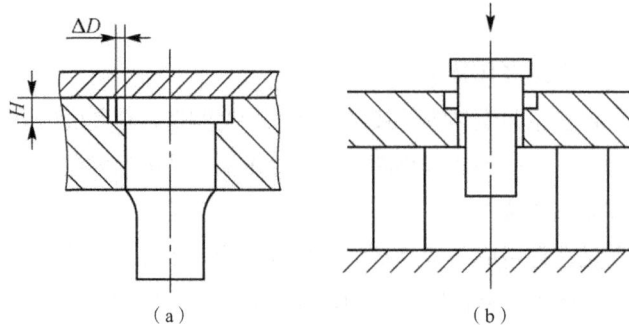

图 4-5　压入法

（a）压入法固定模具零件；（b）装配压入过程

3. 挤紧法

挤紧法包括挤压法和铆接法。

1）挤压法

挤压法常用于直通式凸模结构的连接与固定。此外，用此方法还可以调整和控制冲裁间隙，方法为过度配合压入—钳工挤压—检查间隙—钳工修整。装配时应先装大凸模或相距较远的凸模。如图4-6所示为挤压法。

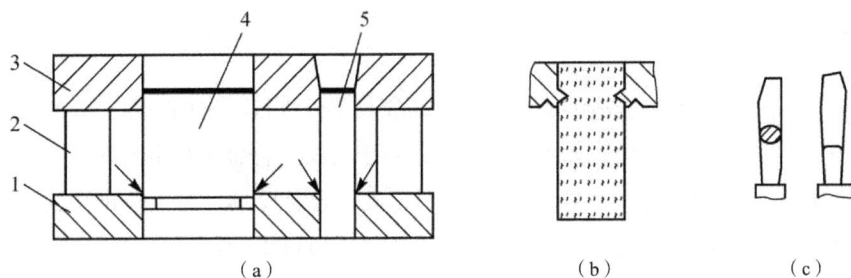

图4-6 挤压法

（a）装配示意图；（b）装配效果图；（c）工具
1—凸模固定板；2—等高垫块；3—凹模；4、5—凸模

2）铆接法

铆接法凸模尾端和凿子铆接在凸模固定板的孔中，常用于冲裁厚度小于2mm的冲模。凸模和型孔部分保持0.01～0.03mm的过盈量。该方法装配精度不高，凸模尾端可不经淬硬或淬硬不高（低于30HRC）。如图4-7所示为铆接法。

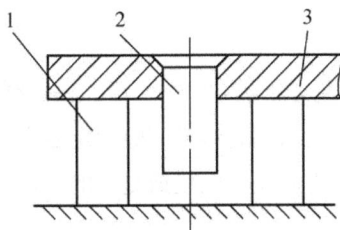

图4-7 铆接法

1—等高垫块；2—凸模；3—凸模固定板

4. 焊接法

如图4-8所示为焊接法。该方法主要用于硬质合金模具。焊接前要在700℃～800℃下进行预热，并清理焊接面，再用火焰钎焊或高频钎焊在1000℃左右焊接，焊缝为0.2～0.3mm。焊料为黄铜，并加入脱水硼砂。焊接后放入木炭中缓冷，最后在200℃～300℃保温4～6h后去除应力。

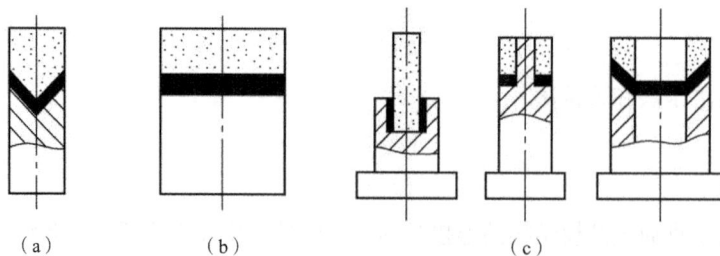

图 4-8 焊接法

（a）V形焊接；（b）对接式焊接；（c）嵌入式焊接

5. 热套法

热套法是利用金属材料热胀冷缩的物理特性对模具零件进行固定的方法。该方法主要用于固定凸、凹模拼块和硬质合金模块，如图 4-9 所示。对于材料为合金工具钢的凹模一般不预热，将模套加热到 400℃～450℃，保温 1h 后热套。对于硬质合金模具，为了防止开裂，预热温度为200℃～250℃。热套法的装配过盈量一般控制为（0.001～0.002）D。

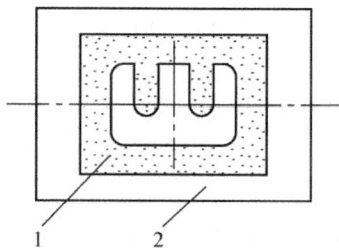

图 4-9 热套法

1—凹模；2—模套

6. 低熔点合金固定法

低熔点合金固定法是利用低熔点合金（如铋、铅、锡、锑、镉等金属合金）在冷凝时体积膨胀的特性来紧固零件的一种方法。采用先调整间隙固定后浇注冷却的方法，可以方便间隙的调整，减少工作量。在模具装配中，尤其是多凸模或复杂的冲裁模常用低熔点合金固定法。

7. 无机黏结法

无机黏结法是指将由氢氧化铝、磷酸溶液和氧化铜粉末定量混合而成的黏结剂填充到待固定的模具零件及固定的间隙内，经化学反应固化二固定模具零件的方法。

这种方法固定模具零件的结构形式与低熔点合金固定方法相同，但是无机黏结法间隙应小些，一般取单边间隙为 0.1～0.3mm，黏结处表面应粗糙，或在其上加工斜槽。

无机黏结法的优点是工艺简单，黏结强度高，不变形，耐高温（耐热温度可达 600℃ 左右）以及不导电；缺点是承受冲击能力较差，不耐酸碱腐蚀，因而一般用于冲裁薄板的冲模。如图 4-10 所示为用无机黏结法固定凸模。

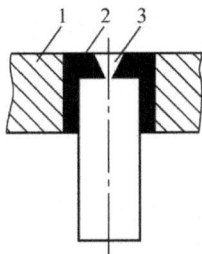

图 4-10　用无机黏结法固定凸模

1—凸模固定板；2—无机黏结剂；3—凸模

8. 环氧树脂固定法

环氧树脂是一种有机合成树脂，其硬化时收缩率小，硬化后对金属和非金属材料有很强的黏结力且黏结时也不需要加温加压，使用非常方便。但环氧树脂的硬度低，脆性大，不耐高温，使用温度应低于 100℃。由于环氧树脂的黏度大，在浇注时流动性差，因而一般需要加入稀释剂，为了加快其固化过程，也可以加入硬化剂。

用环氧树脂固定法固定模具零件基本上与低熔点合金固定法相似，也是去除黏结表面的油污，找准各个零件的位置，调整凸、凹模的间隙，最后固定。该方法工艺简单、黏结强度高、不变形，但不宜受到较大的冲击，只适用于冲裁厚度小于 2mm 的冲模。如图 4-11 所示为环氧树脂固定法。

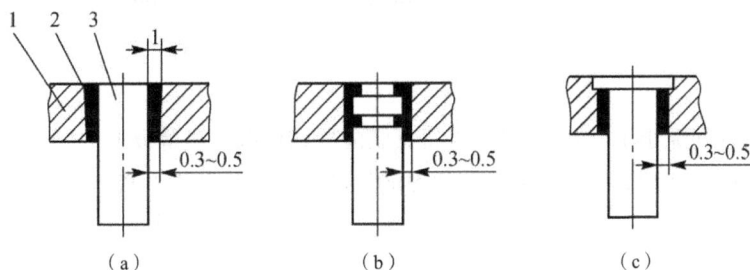

图 4-11　环氧树脂固定法

（a）直柄式；（b）凹槽式；（c）沉头式
1—凸模固定板；2—环氧树脂；3—凸模

三、模具的间隙和壁厚的控制方法

模具的间隙主要是凸、凹模的间隙和型腔、型芯之间形成制件壁厚的间隙。除了与零件的制造精度有关，还与装配工艺的合理与否有关，间隙位置和间隙的均匀性是保证模具精度的主要指标，也是模具装配工艺的关键内容。

在模具的装配工艺中，一般应先固定好其中一个零件的位置，然后以该零件为基准，通过工艺方法控制好间隙或壁厚，再固定另一个零件的位置。常用的工艺方法有测量法、透光法、试切法、垫片法、镀铜（锌）法、涂层法、酸腐蚀法、利用工艺定位器调整间隙法和利用工艺尺寸调整间隙法等。

1. 测量法

测量法是利用塞尺片检查凸、凹模间隙大小的均匀程度。在装配时，将凹模紧固在下模座，上模安装后不紧固。合模后用塞尺在凸、凹模刃口周边检测，进行适当调整，直到间隙均匀后再紧固上模，穿入销钉。

2. 透光法

如图 4-12 所示为透光法。该方法是凭眼睛观察从间隙中透过光线的强弱来判断间隙的大小和均匀性。装配时，用手电筒或手灯照射凸、凹模。可在下模漏料孔中仔细观察，边看边用锤子敲击凸模固定板，进行调整直到认为合适即可，再将上模螺钉及销钉紧固。该方法常用于间隙小于 0.1mm 的冲裁模的装配。

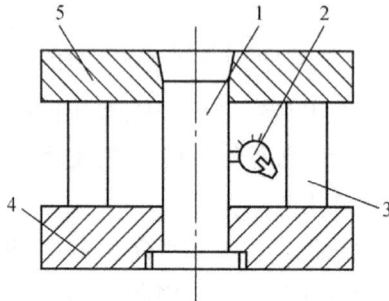

图 4-12　透光法

1—凸模；2—光源；3—等高垫块；4—凸模固定板；5—凹模

3. 试切法

当凸、凹模的间隙小于 0.1mm 时，可将其装配后试切纸（或薄板）。根据切下制件四周毛刺的分布情况（毛刺是否均匀一致）来判断间隙的均匀程度，并做适当调整。

4. 垫片法

如图 4-13 所示，垫片法是在凹模刃口周边适当部位放入金属垫片，其厚度等于单边间隙值。装配时，按图样要求及结构情况确定安装顺序，一般先将下模用螺钉、销钉紧固，然后使凸模进入相应的凹模型腔内并用等高垫块垫起摆平。这时用锤子轻轻敲打凸模固定板，使间隙均匀，垫片松紧度一致。调整完后，再将上模座与凸模固定板紧固。该方法常用于间隙在 0.1mm 以上的中、小型模具的装配。

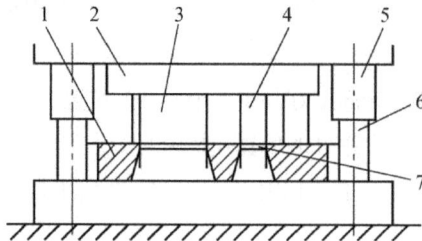

图 4-13　垫片法

1—凹模；2—凸模固定板；3、4—凸模；5—导套；5—导柱；7—垫片

5. 镀铜（锌）法

镀铜（锌）法是在凸模的工作段镀上一层厚度为单边间隙值的铜（锌）来代替垫片。镀层可提高装配间隙的均匀性。装配后，镀层可在冲压时自然脱落，效果较好，但会增加工序。该方法适用于间隙很小的模具，一般单边间隙在 0.02mm 以下。

6. 涂层法

涂层法是在凸模工作段涂以厚度为单边间隙值的漆层（磁漆或氨基醇酸绝缘漆），不同间隙值可用不同黏度的漆或涂不同的次数来保证。涂完漆后，将凸模放入恒温箱内烘干，恒温箱内温度为 $100^\circ C \sim 150^\circ C$，保温约 1h，冷却后进行装配，且涂层会在冲压时自然脱落。该方法一般适用小间隙模具的装配。

7. 酸腐蚀法

在加工凸、凹模时将凸模的尺寸做成凹模型孔的尺寸。装配完成后再将凸模工作段进行腐蚀以保证间隙值的方法称为酸腐蚀法。其间隙值的大小由酸腐蚀时长来控制。腐蚀后一定要用清水洗净，操作时注意安全。常用的腐蚀剂如下：

（1）硝酸 20% + 醋酸 30% + 水 50%
（2）蒸馏水 54% + 过氧化氢 25% + 草酸 20% + 硫酸 1%。

8. 利用工艺定位器调整间隙法

如图 4-14 所示为利用工艺定位器调整间隙法。该方法是在装配时用一个定位器来保证凸、凹模的间隙均匀程度的定位方法。工艺定位器是按凸、凹模配合间隙为零来配作的，可在一次装夹中成型。

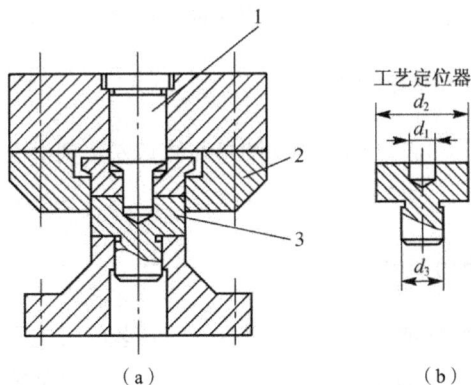

图 4-14 利用工艺定位器调整间隙法

1—凸模；2—凹模；3—工艺定位器

9. 利用工艺尺寸调整间隙法

利用工艺尺寸调整间隙法是在凸、凹模加工时把间隙以加工余量的形式留在凸、凹模上来保证间隙均匀的一种方法。其具体做法如圆形凸、凹模，在装配前使凸、凹模按 H7/h6 配合，待装配后取下凸模或凹模。磨去加工余量即可。

四、冷冲模的装配

1. 冷冲模装配的技术要求

冷冲模装配的技术要求如下。

（1）冷冲模各组成零件的材料、尺寸精度、几何形状精度、表面粗糙度和热处理工艺以及相对位置精度等都应符合图样要求，且零件的工作表面不允许有裂纹和机械划痕等缺陷。

（2）冷冲模装配后，其所有活动部位都应该保证位置精度，使配合间隙适当、动作可靠、运动平稳。固定的零件应固定可靠，在使用过程中不得出现松动和脱落。凸、凹模的配合间隙应符合设计要求，沿整个刃口的轮廓间隙应均匀一致。

（3）模柄装入上模座后，其轴心线对上模座上表面的垂直度误差在全长范围内不大于 0.05mm。上模座上表面与下模座底面平行。导柱和导套配合后，其轴心线分别垂直于下模座底面和上模座表面。

（4）装配好的模架的上模座应沿导柱上、下移动，且无阻滞现象。导柱和导套的配合精度满足规定要求。定位装置要保证毛坯定位正确可靠。

（5）卸料装置和顶件装置动作应灵活可靠，出料孔应畅通无阻，且保证制件及废料不卡在冲模内。模具应在生产的条件下进行试验，冲出的制件应符合设计要求。

2. 冷冲模的装配顺序

在冷冲模的装配中，最主要的是保证凸、凹模的对中性，要求使凸、凹模的间隙均匀。因此，必须考虑上、下模的装配顺序。装配冷冲模时，为了方便调整其工作零件的位置，使模具有均匀的冲裁间隙，因此装配顺序也有不同。下面介绍几种常见冷冲模的装配顺序。

1）无导向装配的冷冲模的装配顺序

由于无导向装置的冷冲模的凸、凹模的间隙是在模具安装到机床上后进行调整的，因而其装配顺序没有严格的要求。

2）有导向装置的冷冲模的装配顺序

有导向装置的冷冲模在装配前要先选择基准件。其在装配时先安装基准件，再以其为基准装配有关零件，然后调整凸、凹模的间隙，使间隙均匀后再安装其他辅助零件。

3）有导柱的复合冷冲模的装配顺序

有导柱的复合冷冲模在装配时要先安装上模，再借助上模的冲孔凸模和落料凹模孔找正下模凸、凹模的位置，并调整好间隙后，在固定下模。

4）有导柱的连续冷冲模的装配顺序

有导柱的连续冷冲模为了便于保证准确步距，在装配时应先将凹模装入下模座，再以凹模为基准件安装上模。

3. 冲裁模组件的装配

下面通过对模柄的装配，导柱和导套的装配，滚动导柱和导套的装配，凸、凹模的装配和弹性压、卸料板的装配进行介绍。

1）模柄的装配

模柄是中、小型冲裁模用量装夹模具与压力机滑块的连接件，它装配在上模座中，常用的模柄装配方式有压入式模柄的装配、旋入式模柄的装配和凸缘模柄的装配。

（1）压入式模柄的装配。压入式模柄的装配如图 4-15 所示。它与上模座孔采用 H7/m6 过渡配合并加销钉（或螺钉）以防止转动，且在装配完成后将其端面在平面磨床上磨平。该模柄的装配方式结构简单，安装方便，应用较为广泛。

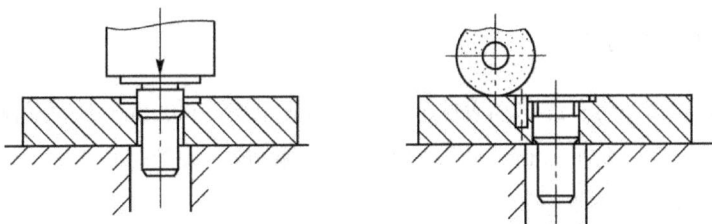

图 4-15　压入式模柄的装配

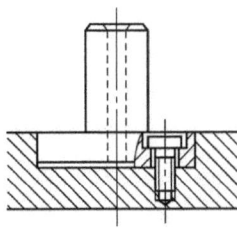

（2）旋入式模柄的装配。旋入式模柄的装配如图 4-16 所示。它通过螺纹直接旋入上模座上而固定，用紧定螺钉防松。该模柄的装配方式装卸方便，多用于一般冲裁模的装配。

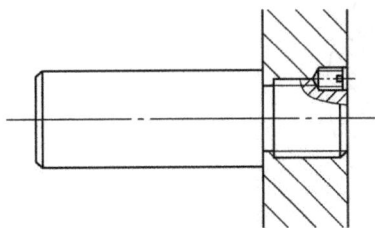

图 4-16　压入式模柄的装配　　　　　图 4-17　凸缘模柄的装配

（3）凸缘模柄的装配。凸缘模柄的装配如图 4-17 所示。它利用 3～4 个螺钉固定在上模座的窝孔内，其螺帽头不能外凸。该模柄的装配方式多用于较大冲裁模的装配。

模柄装入上模座后必须保持模柄圆柱面与上模座上平面的垂直度，其误差不能大于 0.05mm。

2）导柱和导套的装配

（1）导柱的装配。如图 4-18 所示，导柱与下模座孔采用 H7/r6 的过渡配合。压入时要注意校正导柱对下模座底面的垂直度。注意控制压到底面时应留出 1～2mm 的间隙。

（2）导套的装配。如图 4-19 所示为导套的装配。它与上模座孔采用 H7/r6 的过渡配合。压入时是以导柱和下模座来定位的，并用千分表检查导套压配部分的内外圆的同轴度，将帽形垫块置于导套上，在压力机上将导套压入上模座一段长度后，取走下模座，用帽形垫块继续将导套的压配部分全部压入。

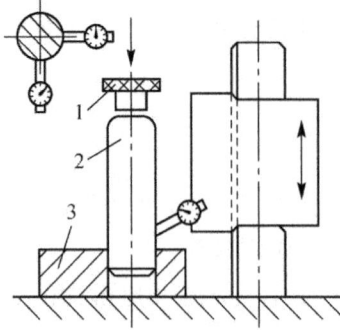

图 4-18　导柱的装配

1—压块；2—导柱；3—下模座

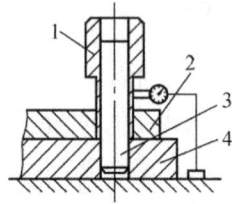

图 4-19　导套的装配

1—导套；2—上模座；3—导柱；4—下模座

3）滚动导柱和导套的装配

在滚动导柱和导套间装有滚珠和滚珠夹持器，形成 0.01～0.02mm 的过盈配合。滚珠的直径为 3～5mm，直径公差为 0.003mm。滚珠夹持器由黄铜制成，装配时它与滚动导柱和导套间各有 0.35～0.5mm 的间隙。滚珠装配的方法如下。

（1）在滚珠夹持器上钻出特定要求的孔，如图 4-20 所示。

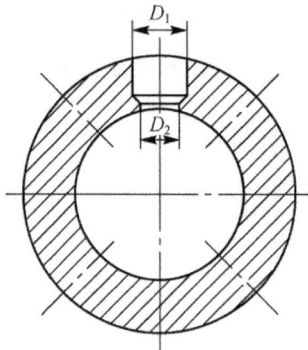

图 4-20　在滚珠夹持器上钻出特定要求的孔

（2）装配符合要求的滚珠（采用选配）。

（3）使用专用夹具和专用铆口工具进行封口，要求滚珠转动灵活自如。

4）凸、凹模的装配

凸、凹模在固定板上的装配属于组装，是冲裁模装配中的主要工序，其质量直接影响到冲裁模的使用寿命和精度，装配关键在于凸、凹模的固定与间隙的控制。

5）弹性压、卸料板的装配

弹性压、卸料板起压料和卸料的作用，所以应保证其与凸模之间具有适当的间隙。装配时，先将凸模固定在凸模固定板上，再将弹性压、卸料板套在凸模上，在凸模固定板与弹性压、卸料板间垫上等高垫块，并用压板压紧，然后按照弹性压、卸料板上的螺钉位置在凸模固定板上钻出锥窝、拆下弹性压、卸料板，在凸模固定板上加工螺纹孔。

五、弯曲模和拉深模的装配

弯曲模和拉深模都是通过坯料的塑性变形来获得制件形状的。由于金属的塑性变形过程中必然伴随着弹性变形，而弹性变形的回弹会影响到制件的精度。

1．弯曲模的装配特点

弯曲模的装配特点如下：

（1）弯曲模工作部分形状比较复杂，几何形状和尺寸精度要求高。制造时，凸、凹模工作表面曲线和折线应用事先做好的样板或样件来控制。

（2）凸、凹模的工作部分的表面精度要求较高，一般应进行抛光，其表面粗糙度 $Ra < 0.63\mu m$。

（3）凸、凹模的尺寸和形状应在试模合格后再进行淬火处理。

（4）装配时可按冲裁模装配方法进行装配，借助样板或样件调整间隙。

（5）选用卸料弹簧或橡皮，一定要保证弹力，一般在试模时确定。

（6）试模的目的不仅是要找出模具的缺陷加以修正和调整，还是为了最后确定制件的坯料尺寸，由于这一工作涉及材料的变形问题，因而弯曲模的调整工作比一般冲裁模要难得多。

弯曲模试模时出现的缺陷、原因和调整方法见表4-2。

表4-2 弯曲模试模时出现的缺陷、原因和调整方法

试模的缺陷	产生的原因	调整方法
制件的弯曲角度不够	（1）凸、凹模的弯曲回弹角过小。 （2）凸模进入凹模的深度太浅。 （3）凸、凹模之间的间隙过大。 （4）校正弯曲的实际单位校正力太小	（1）修正凸、凹模，使弯曲角度达到要求。 （2）增加凹模深度，增大制件的有效变形区域。 （3）采取措施，减小凸、凹模的配合间隙。 （4）增大校正力或修整凸、凹模形状，使校正力集中在变形部位
制件的弯曲部位不符合要求	（1）定位板位置不正确。 （2）制件两侧受力不平。 （3）压料力不足	（1）重新装定位板，保证其位置正确。 （2）分析制件受力不平衡的原因并纠正。 （3）采取措施增大压料力
制件尺寸过长或不足	（1）间隙过小，将材料拉长。 （2）压料装置的压料力过大使材料伸长。 （3）设计计算错误	（1）修整凸、凹模，增大间隙值。 （2）采取措施减小压料装置的压料力。 （3）坯件落料尺寸在弯曲试模后确定

续表 4-2

试模的缺陷	产生的原因	调整方法
制件表面擦伤	（1）凹模圆角半径过小，表面粗糙度过大。 （2）润滑不良，使坯料黏附在凹模上。 （3）凸、凹模的间隙不均匀	（1）增大凹模圆角半径，减小表面粗糙度。 （2）合理润滑。 （3）修整凸、凹模，使间隙均匀
制件弯曲部位产生裂纹	（1）坯料塑性差。 （2）弯曲线与板料的纤维方向平行。 （3）剪切截面的毛刺在弯曲的外侧	（1）将坯料退火后再弯曲。 （2）改变落料排样或改变条料下料方向使弯曲线与板料纤维方向垂直。 （3）使毛刺在弯曲的内侧，圆角在弯曲的外侧

2. 拉深模的装配特点

拉深模的装配特点如下。

（1）拉深凸、凹模工作部分边缘要求磨出光滑的圆角。

（2）拉深凸、凹模工作部分的表面粗糙度要求较高，一般为 $Ra\,0.32\sim0.04\mu m$。

（3）装配时可以按照冲裁模装配方法进行装配，借助样板或样件调整间隙。

（4）即使拉深模及组成零件制造很精确，装配得也很好；但是由于材料弹性变形的影响，拉深所得的制件不一定合格，因而试模后常要对模具进行修整加工。

表 4-3　拉深模试模时出现的缺陷、原因和调整方法

试模的缺陷	产生原因	调整方法
制件拉深高度不够	（1）毛坯尺寸小。 （2）拉深间隙过大。 （3）凸模圆角半径太小	（1）增大毛坯尺寸。 （2）更换凸、凹模，使间隙适当。 （3）增大凸模圆角半径
制件拉深高度太大	（1）毛坯尺寸太大。 （2）拉深间隙太小。 （3）凸模圆角半径太大	（1）减小毛坯尺寸。 （2）调整凸、凹模之间的间隙，使间隙适当。 （3）减小凸模圆角半径
制件壁厚和高度不均匀	（1）凸、凹模之间的间隙不均匀。 （2）定位板或挡料销位置不正确。 （3）凸模不垂直。 （4）压边力不均匀。 （5）凹模的几何形状不正确	（1）调整凸、凹模之间的间隙，使间隙均匀。 （2）调整定位板或挡料销位置，使之正确。 （3）修整凸模后重装。 （4）调整托杆长度或弹簧位置。 （5）重新修整凹模
制件起皱	（1）压边力太小或不均匀。 （2）凸、凹模之间的间隙太大。 （3）凹模圆角半径太大。 （4）板料塑性差	（1）增大压边力或调整顶件杆长度，弹簧位置。 （2）减小拉深间隙。 （3）减小凹模圆角半径。 （4）更换材料

续表 4-3

试模的缺陷	产生原因	调整方法
制件破裂或有裂纹	（1）压边力太大。 （2）压边力不够，起皱引起破裂。 （3）拉深间隙太小。 （4）凹模圆角半径太小，表面粗糙。 （5）凸模圆角半径太小。 （6）拉深间隙太小。 （7）凸、凹模不同轴或不垂直。 （8）板料质量不好	（1）调整压边力。 （2）调整顶杆长度或弹簧位置。 （3）增大拉深间隙。 （4）增大凹模圆角半径，修磨凹模圆角。 （5）增大凸模圆角半径。 （6）增加拉深工序或增加中间退火工序。 （7）重装凸、凹模，保证位置精度。 （8）更换材料或增加中间退火工序，改善润滑条件
制件表面拉毛	（1）拉伸间隙太小或不均匀。 2 凹模圆角表面粗糙度大。 （3）模具或板料不清洁。 （4）凹模硬度太低，板料黏附现象。 （5）润滑油中有杂质	（1）修整拉深间隙。 （2）修磨凹模圆角。 （3）清洁模具或板料。 （4）提高凹模硬度或进行镀铬，氮化处理。 （5）更换润滑油
制件表面不平	（1）凸、凹模（顶出器）无出气孔。 （2）顶出器在冲压的最终位置时顶力不够。 （3）材料本身存在弹性	（1）钻出气孔。 （2）调整冲模结构，使冲模闭合时，顶出器处刚性接触状态。 （3）改变凸、凹模和压料板形状

任务实施

1. 连接板复合模具装配工艺分析

连接板复合模具是典型的倒装复合模具，凸凹模零件安装在下模，凹模和凸模（冲头）安装在上模，下模设有卸料板及挡料钉，上模设有上卸料板及打杆。连接板模具也是典型的冲压模具，其装配的基本顺序遵照冲压模具装配的基本要求进行，模具装配工艺与调试过程中重点控制刃口间隙的均匀性，凸模与凸凹模、凹模与凸凹模需要分别进行调间隙。

2. 编制连接板复合模具装配工艺过程卡

连接板复合模具的装配工艺过程卡见表 4-4。

表 4-4 连接板复合模具装配工艺过程卡

装配工艺过程卡		模具名称	连接板复合模
		模具图号	LMB-01
序号	工序名称	工序（工步）内容及要求	
1	准备工作	检查模具各零件及加工精度是否达到设计图纸的要求，并检查凸、凹模间隙的均匀程度，检查各辅助零件是否齐全，准备工具	

装配工艺过程卡		模具名称	连接板复合模
		模具图号	LMB-01
2	装配模架	（1）以导柱为基准压入装配导柱、导套，先在下模板 13 上压入装配导柱 12 后，以导柱基准在上模板 1 上装配导套 11。 （2）反向放置上模板 1，用压入法装配模柄 7，打入骑缝销钉。 （3）将装配好的模架合模放置，并在上、下模板中间放置垫块支撑模架	
3	装配下模	（1）将凸凹模 17 与凸凹模固定板 14 配合装配好。 （2）将装配好的凸凹模与凸 1 模固定板一起放置在下模板上，与下模板进行装配，分别打入销钉、拧紧螺钉	
4	装配上模	（1）将凸模 6 压入装配到凸模固定板 5 的配合孔内。 （2）将上模板反放，把装配好的凸模 6 与凸模固定板 5、上垫板 3 放到上模板上，拧入螺钉。 （3）把上、下模合模，调整凸模 6 与凸凹模 17 的间隙，用纸片试切，调整好后拧紧上模的螺钉，将上、下模分开，在上模板 1 与凸模固定板 5 上配打销钉孔，并打入销钉，拧紧螺钉。 （4）在前面装配好的上模部分装配凹模 9，拧入螺钉。 （5）把上、下模合模，调整凹模 9 与凸凹模 17 的间隙，同样用纸片试切，调整好后拧紧凹模的螺钉，将上、下模分开，在凹模 9 与凸模固定板 5 上配打销钉孔，并打入销钉，拧紧螺钉。 （6）在上模装配限位柱 2	
5	装配卸料模	（1）在上模装配上卸料板 8，拧入卸料螺钉，装入打杆 18。 （2）把矩形弹簧 15 放置在凸凹模固定板 14 的孔中，装配弹簧 20 和活动挡料钉 19 与下卸料板孔配合，之后装配下卸料板 16 与凸模 17，并拧入卸料螺钉	
6	试模调整	将装配好的上、下模合模进行试模，检验试件形状、尺寸及毛刺大小，并调整限位柱的高度尺寸，确定合适的模具闭合高度。	

3. 模具调试与试冲

冲裁模装配完成后，在生产条件下进行试冲，通过试冲及对试冲件的严格检查，可以发现模具的设计和制造的缺陷，找出产生原因，并对模具进行适当的调整和修理后再进行试冲，直到模具能正常工作，冲出合格的批量制件，模具的装配过程就完成了。

试冲件的数量根据使用部门的要求来确定，一般小型冲裁模应大于 50 件，硅钢片冲裁模应大于 200 件，贵重金属冲裁模的试冲件数量由使用部门自定，自动冲裁模连续试冲时间应大于 3min。

课后拓展练习

1. 试说明图 4-21 所示弹性卸料导柱落料模的装配过程。

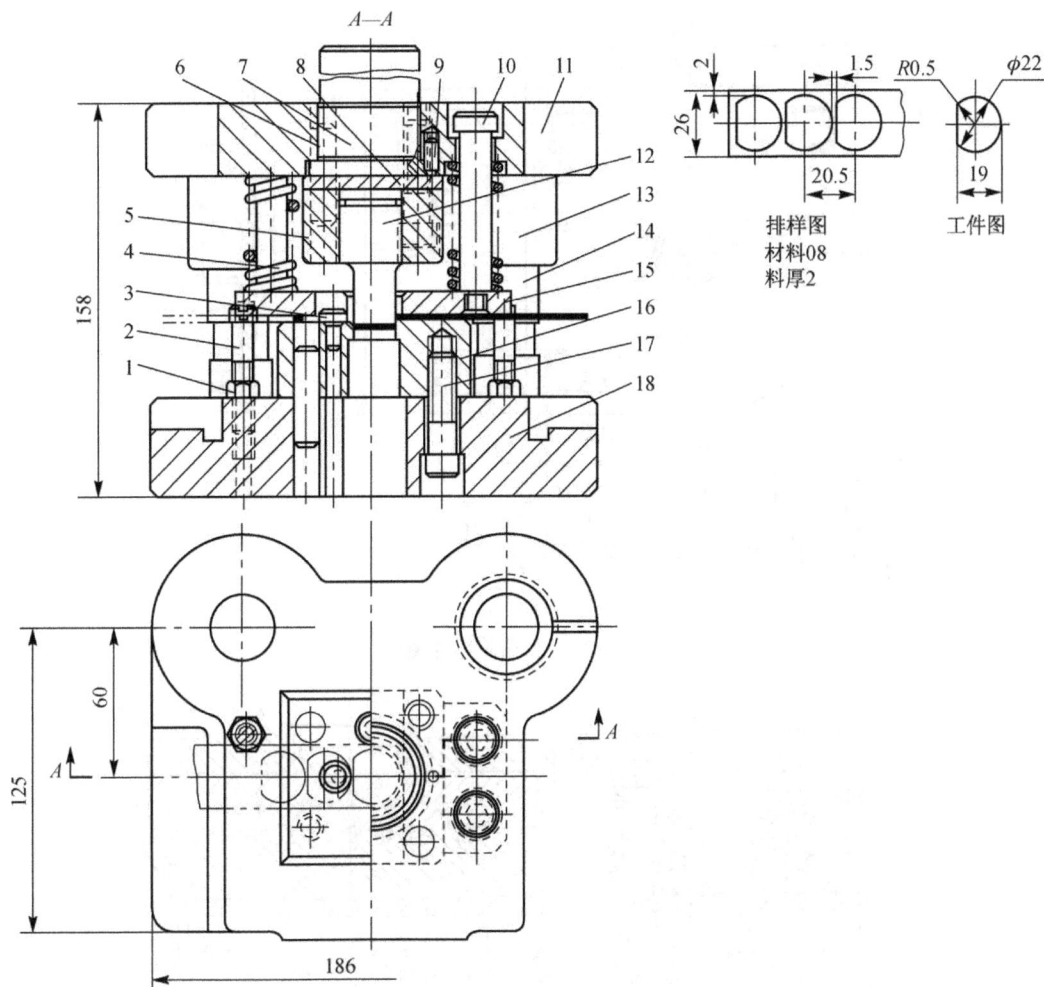

图 4-21 弹性卸料导柱落料模

1—螺母；2—挡料螺栓；3—挡料销；4—弹簧；5—凸模固定板；6、9—圆柱销；7—模柄；8—垫板；10—螺钉；
11—上模座；12—凸模；13—导套；14—导柱；15—卸料板；16—凹模；17—内六角螺钉；18—下模座

任务二　侧端盖注射模具装配

任务描述

　　侧端盖零件是一种铝合金型材侧端面的盖板，其零件尺寸精度要求不高，但是零件的功能性
要求较高。如图 4-22 所示为端盖零件，材料为 ABS。零件的反面有 4 个凸出的凸台，这 4 个凸
台用于与铝合金型材固定配合，需要注意零件在模具中的脱模问题。

　　侧端盖零件模具采用通用的单分型面一模两腔的模具结构形式。零件凸台的结构形状成形设
置在模具的动模一侧，在凸台结构中采用推管脱模机构，同时在凸台周边设计师设置几个推杆进
行脱模。端盖注射模的装配如图 4-23 所示。

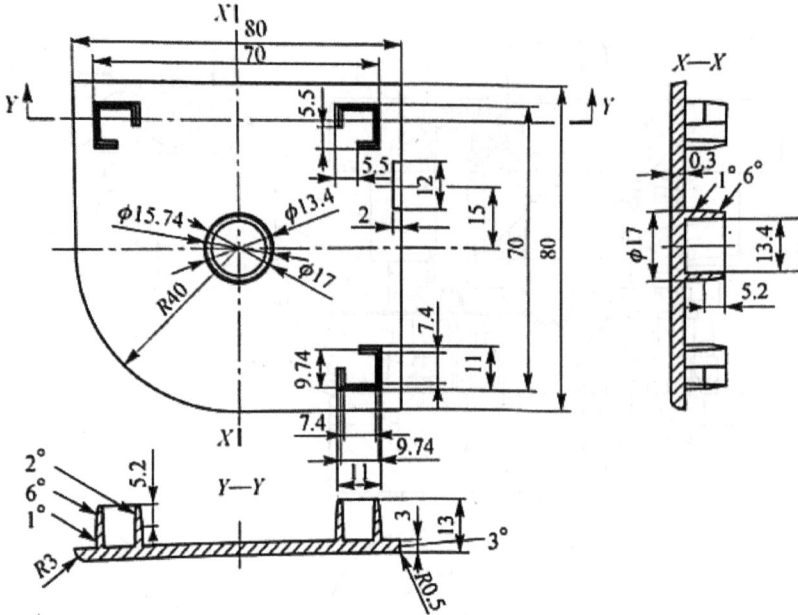

图 4-22　侧端盖零件图

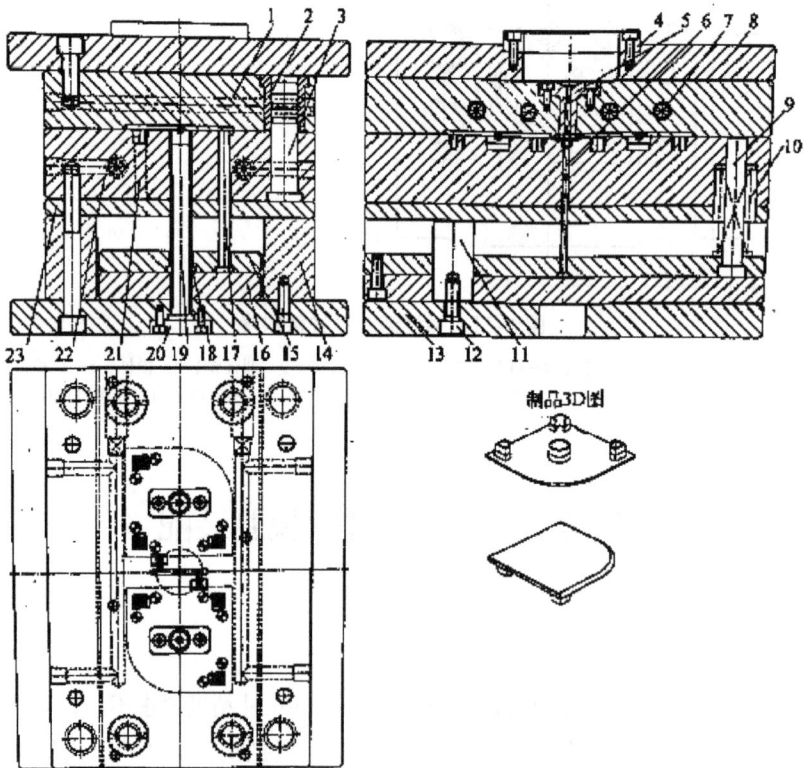

图 4-23　侧端盖注塑模具装配图

1—定模板；2—导套；3—导柱；4—定位圈；5—浇口套；6—拉料杆；7—冷却水道
8—定模座板；9—复位杆；10—弹簧；11—支承柱；12—螺钉；13—动模座板
14—支承块；15—推杆固定板；16—推板；17—推杆；18—推管；19—型芯
20—垫块；21—动模型芯；22—动模板；23—垫板

相关知识链接

一、塑料模装配的注意事项

将完成全部加工，经检验符合有关技术要求的塑料模成型件、结构件以及配购的标准件（标准模架等）、通用件，按总装配图的技术要求和装配工艺顺序逐件进行配合、修整、安装和定位，经检验和调整合格后，加以连接和紧固，使之成为整体模具的过程称为塑料模装配。装好的塑料模进行初次试模，经检验合格后可进行小批量试生产，以进一步检验塑料模质量的稳定性和性能的可靠性。若试模中发现问题，或样品检验发现问题，则须进行进一步的调整和修配，直至完全符合要求。交付合格产品的全过程称为塑料模装配工艺过程，塑料模装配时要注意以下几个方面。

（1）装配前，装配者应熟知塑料模结构、特点和各部分功能及技术要求，确定装配顺序和装配定位基准以及检验标准和方法。

（2）所有成型件、结构件都无一例外地应当是经检验确认的合格品。检验中如发现个别零件有不合格尺寸或部位，必须经塑料件设计者或技术负责人确认，使其不影响塑料模使用性能和使用寿命，不影响装配。有问题的零件不能进行装配。配购的标准件和通用件也必须是经过进厂入库检验合格的成品，不合格的成品不能进行装配。

（3）装配的所有零部件均应经过清洗、擦干。有配合要求的，装配时涂以适量的润滑油。装配所需的工具，应清洁以保证无垢无尘。

（4）塑料模的组装、总装应在平整、洁净的平台上进行，尤其是精密部件的组装。

（5）过盈配合（H7/m6、H7/n6）和过渡配合（H7/k6）的零件装配应在压力机上进行，一次装配到位。无压力机需进行手工装配时，不允许用铁锤直接敲击塑料模零件，只能使用木质或铜质的榔头。

二、塑料模组件的装配

下面分别对导柱和导套的装配、圆锥定位件的装配、浇口套的装配、多件镶拼型腔的装配、多件整体型腔凹模的装配、型芯的装配、滑块抽芯机构的装配、楔紧块的装配、脱模推板的装配、推出机构的装配和耐磨板斜面精确定位的装配进行介绍。

1. 导柱和导套的装配

导柱和导套在两板式直浇道塑料模中分别安装在动、定模型腔固定模板中。

如图 4-24 所示为导柱和导套的装配，压入固定板时，应用导套进行定位，以保证导套垂直度和同心度的精度要求。

装配时先要校正垂直度，再压入对角线的两个导柱，进行开模合模，试其配合性能是否良好。如发现卡、刮等现象，应涂红粉观察，看清部位和情况，退出导柱，进行纠正、校正后，再装入导柱。在两个导柱配合状态良好的前提下，再装另外两个导柱。每装一次均应按上述方法检查一次。

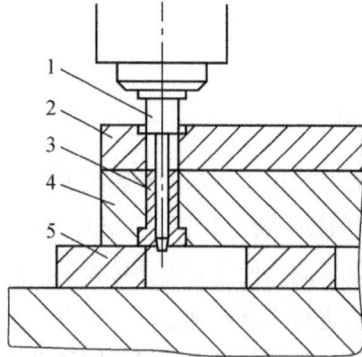

图 4-24　导柱和导套的装配

1—导柱；2—固定板；3—导套；4—定模板；5—等高垫块

2. 圆锥定位件的装配

采用圆锥定位件锥面定位属于导柱和导套进行一次初定位后采用的二次精定位。当塑料模动、定模有精定位要求时，常选用圆锥定位件。圆锥定位件的装配如图 4-25 所示。

圆锥定位件的材料选用 T10A，热处理后的硬度为 56~60HRC。其配合锥面应进行配研，涂红粉检验，配合锥面的 85% 以上应印有红粉，且分布均匀。

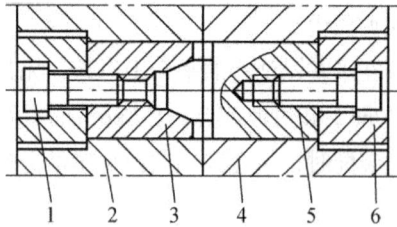

图 4-25　圆锥定位件的装配

1—螺钉；2—动模板；3、5—圆锥定位件；4—定模板；6—调整圈

3. 浇口套的装配

如图 4-26 所示为直浇口套（即大水口）的装配。在浇口套加工时应留有去除圆角的修磨余量 Z，将其压入后应使圆角凸出在固定板外，在平面磨床上磨平后，把修磨后的浇口套稍微退出，将固定板磨去 0.02 mm，重新压入装配。台肩对定模板的高出量为 0.02 mm，其也可采用修磨来保证。

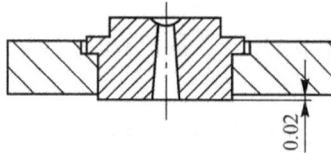

图 4-26　直浇口套的装配

如图 4-27 所示为斜浇口套的装配。在装配过程中，两块固定板应先加工并装入工艺定位销钉，然后采用调整角度的夹具，在镗床上镗出 dH7 的斜浇口套装配孔。压入浇口套时，可选用半径 R

与浇口套喷嘴进料口处的半径 R 相同的钢珠，用垫板（铜质）先将斜浇口套压入到正确装配位置，然后将斜浇口套与固定板装配后的两端面磨平。为便于装配，浇口套小端有与轴心线相交的倒角或相宜的圆角。

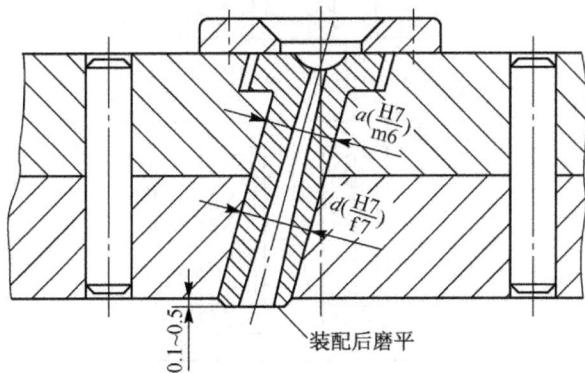

图 4-27　斜浇口套的装配

4. 多件镶拼型腔的装配

多件镶拼型腔的装配如图 4-28 所示。

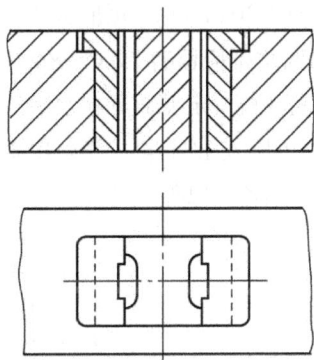

图 4-28　多件镶拼型腔的装配

多件镶拼型腔装配时的注意事项如下。

（1）多件镶拼型腔的装配尺寸精度为 H7/m6 或 H7/n6。

（2）多件镶拼型腔的高度尺寸应留磨削余量，小端倒角，压入后两端与固定板一同磨平。

（3）装配时，应使用压力机压入。

（4）装配前应检验多件镶拼型腔固定孔的垂直度是否为 0.01～0.02 mm。镶拼件上的成型面应分开抛光，使其达到技术要求后再进行装配压入。

5. 多件整体型腔凹模的装配

如图 4-29 所示为多件整体型腔凹模的装配。在成型通孔时，型芯穿入定模镶件的孔中；在装配时应先以此孔作为基准，插入工艺定位销，然后套上推块作为定位套，压入型腔凹模中。型芯固定板上的型芯固定孔，以推块中的孔作为导向进行反向配钻、配铰即可。

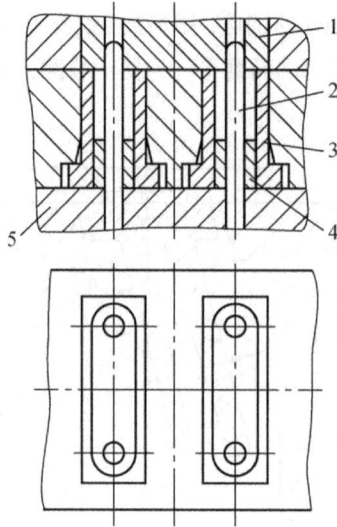

图 4-29　多件整体型腔凹模的装配

1—定模镶件；2—型芯；3—型腔凹模；4—推块；5—型芯固定板

6. 型芯的装配

如图 4-30 所示为型芯的装配。图 4-30（a）中，矩形型芯的固定孔四角加工时应留有 $R0.3$ mm 以上的圆角为宜，型芯固定部位的四角则应留有 $R0.6 \sim R0.8$ mm 的圆角为宜。型芯大端装配后磨平。装配压入时用液压机，型芯固定板一定要放置在水平位置，打表校平后，才能进行装配。当型芯压入 1/3 后，应校正垂直度，再压入 1/3，再校正一次垂直度，以保证其位置精度。图 4-30（b）中，应在固定台阶孔小孔入口处倒角，以保证装配。

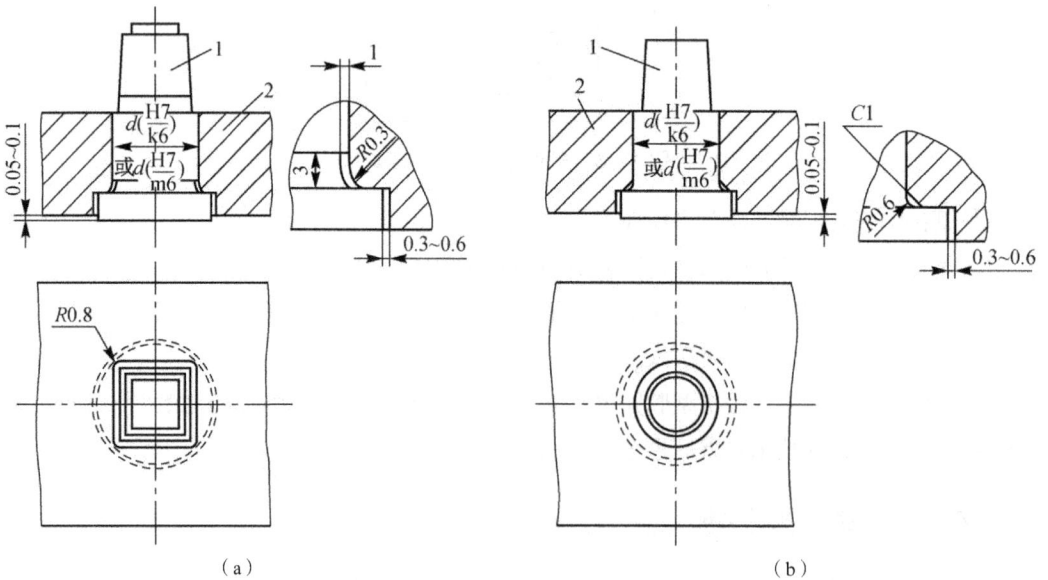

图 4-30　型芯的装配

（a）矩形型芯；（b）圆形型芯

1—型芯；2—型芯固定板

7. 滑块抽芯机构的装配

如图 4-31 所示，型腔镶块按 H7/k6 配合装入模板（圆形镶块应装定位止转销）后其两端与模板一同磨平。装入测量用销钉，经测量得 A_1、B_1 的具体尺寸，计算得出 A、B 的值，滑块上的型芯中心的装配位置即是尺寸 A、B。同理可量出滑块宽度和型芯在宽度方向的具体位置尺寸。滑块型芯与型腔镶块孔的装配见表 4-5。

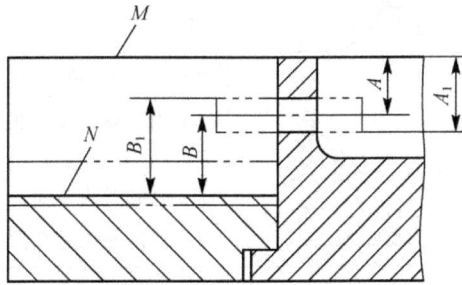

图 4-31 滑块抽芯机构的装配

表 4-5 滑块型芯与型腔镶块孔的装配

结构形式	结构简图	加工示意图	说明
圆形的滑块型芯穿过型腔镶块			方法一（图 a）： （1）测量出 a 与 b 的尺寸。 （2）在滑块的相应位置，按测量的实际尺寸，镗型芯安装孔。如孔尺寸较大，可先用镗刀镗 $\phi 6 \sim 10mm$ 的孔，然后在车床上校正孔后车制。 方法二（图 b）： 利用两类工具压印，在滑块上压出中心孔与一个圆形印，用车床加工型芯孔时可校正此圆
非圆形滑块型芯穿过型腔镶块			型腔镶块的型孔周围加修正余量。滑块与滑块槽正确配合后，以滑块型芯对动模镶块的型孔进行压印，逐渐将型孔进行修正

8. 楔紧块的装配

表 4-6　楔紧块的装配方法

楔紧块形式	结构简图	装配方法
螺钉、销钉固定式		（1）用螺钉紧固楔紧块。 （2）修磨滑块斜面，使其与楔紧块斜面密合。 （3）通过楔紧块对定模板复钻、铰销钉孔，然后装入销钉。 （4）将楔紧块后端面与定模板一起磨平
镶入式		（1）钳工修配定模板上的楔紧块固定孔，并装入楔紧块。 （2）修磨滑块斜面。 （3）将楔紧块后端面与定模板一起磨平
整体式		（1）修磨滑块斜面（带镶片式的可先装好镶片，然后修磨滑块斜面）。
整体镶片式		（2）修磨滑块，使滑块与定模板之间具有 0.2 mm 的间隙。两侧均有滑块时，可逐个予以修正

　　楔紧块斜面的修磨量如图 4-32 所示，修磨后涂红粉检验，要求 80%的斜面印有红粉，且分布均匀。

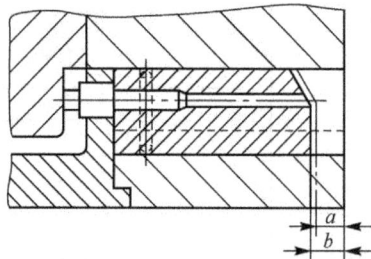

图 4-32　楔紧块斜面的修磨量

9. 脱模推板的装配

　　脱模推板一般有两种。一种是产品相对较大的大推板或是多型腔的整体大推板，其大小与动模型腔板和支承板相同。这类推板的特点是推出制品时，其定位由四导柱定位（即在推出制品的全过程中，始终不脱离导柱（导柱孔与 A、B 板一起配镗）。因板件较大，与制品接触的成型面部分多采用镶套结构，尤其是多型腔塑料模。镶套用 H7/m6 或 H7/n6 与推板配合装紧，大镶套多用螺钉固定。另一种是产品较小，多用于小塑料模、单型腔的镶入式锥板。如图 4-33 所示，镶入式推板与模板的斜面配合时，应使它们的接触面贴紧，使镶入式推板上端面高出模板上端面 0.03～0.06 mm。镶入式推板与模板的斜面有 0.01～0.02 mm 的间隙。镶入式推板上的型芯孔按型芯固定板上的型芯位置配作，应保证其对于定位基准模具制造工艺编制的垂直度在 0.01～0.02mm，同轴度也同样要求控制在 0.01～0.02 mm。镶入式推板底面的推杆固定螺孔，应按 B 板上的推杆孔配钻、配铰，以保证其同轴度和垂直度。

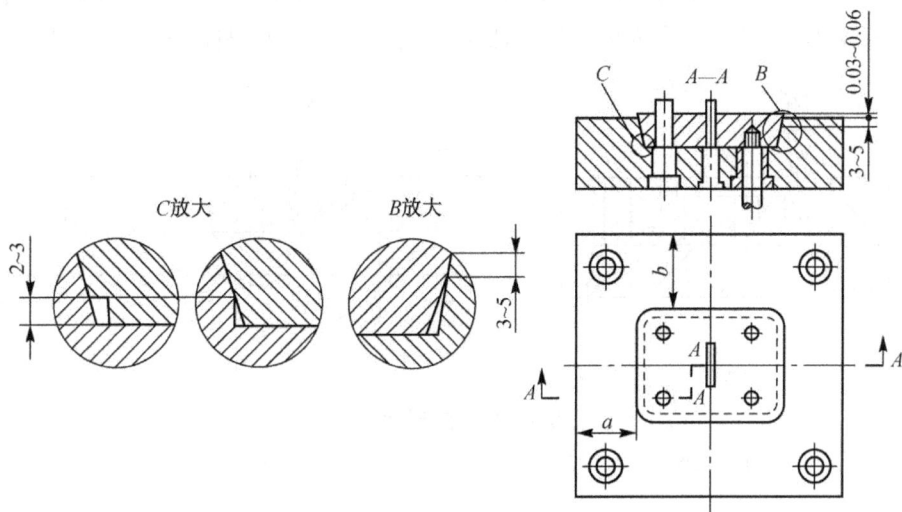

图 4-33 镶入式推板的装配

10. 推出机构的装配

1）推出机构导柱和导套的装配

推出机构导柱和导套的装配如图 4-34 所示。将推杆固定板、推板在型腔固定板上划线取中后，配钻、配铰圆柱销的固定孔（根据塑料模的大小，圆柱销定位可取 4 个、6 个或 8 个），装圆柱销，再根据图样要求，划线、配钻、配铰导柱孔（从型腔固定板向推杆固定板、推板钻镗后，在推杆固定板、推板上扩孔至装配尺寸要求，将导套压入推杆固定板）。

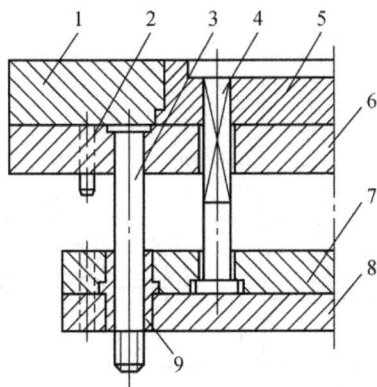

图 4-34 推出机构导柱和导套的装配

1—动模板；2—圆柱销；3—导柱；4—推杆；5—型腔镶件；6—型腔固定板；7—推杆固定板；8—推板；9—导套

2）推杆的装配

推杆的装配如图 4-35 所示。型腔固定板 2 与支承架 3 用销钉定位后，通过型腔镶块 1 在支承架 3 上钻出推杆孔。支承架 3 与推杆固定板 5 用销钉定位后，换钻头（比型腔镶块推杆孔的钻头直径大 0.6～1mm）对支承架 3 上的推杆孔扩孔。同时一并钻出推杆固定板 5 上的推杆通孔，卸下推杆固定板 5，翻面扩推杆大端的固定台阶孔。型腔固定板 2 在下，支承架 3、推杆固定板 5 依次叠放（推杆固定板 5 装导套，套入导柱上），插入推杆、复位杆（复位杆的加工、安装与推杆相同）。

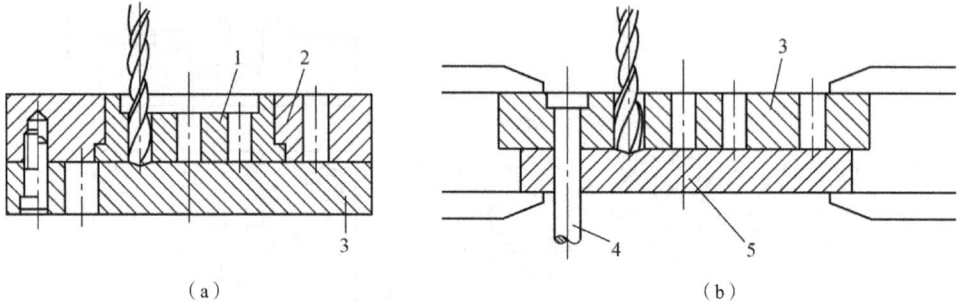

（a）　　　　　　　　　　　　　　（b）

图 4-35　推杆的装配

1—型腔镶块；2—型腔固定板；3—支承架；4—导柱；5—推杆固定板

11. 耐磨板斜面精确定位的装配

耐磨板主要有圆锥形锥面耐磨板和矩形斜面耐磨板两大类。下面分别介绍这两种类型耐磨板的装配。

1）圆锥形锥面耐磨板的装配

固定板上的圆锥形锥面内、外圆均可采用车削加工后再用锥度砂轮精磨，然后镶入耐磨板。定模的下端面和动模的上端面一起磨平。应保证 A、B、C、D、E 五面的相互平行度误差不超过 0.01～0.02 mm。动、定模耐磨板的斜面配合处应密合。如图 4-36 所示为动、定模耐磨板定位的装配。

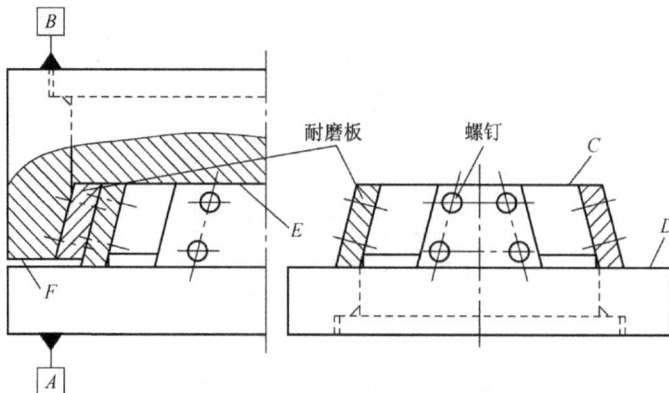

图 4-36　动、定模耐磨板定位的装配

2）固定斜面耐磨板的装配

固定板中的矩形斜面可先铣后磨，再装耐磨板，动、定模耐磨板的斜面配合处应密合。

矩形斜面耐磨板有镶拼结构和整体结构，镶拼结构易于加工。小塑料模可采用整体结构，此结构的优点是定位精度高、耐磨、寿命长，磨损后易于修理和更换。

📝 任务实施

1. 侧端盖注射模具装配工艺分析

侧端盖注射模具采用单分型面一模两腔的结构形式，并采用标准模架。零件凸台结构的成型设置在模具的动模一侧。在凸台结构中采用推管脱模机构，同时在凸台周边辅助设置几根推杆进行脱模。侧端盖零件分型面设置在零件的最大投影面上，在模具的动、定模分别设置冷却水道，对模具的成型型腔进行冷却。推出机构部分设置支承柱、导向推出机构，同时可支承模具的动模部分。

2. 编制侧端盖注射模具装配工艺过程卡

侧端盖注射模具的装配工艺过程卡见表 4-7。

表 4-7　侧端盖注射模具装配工艺过程卡

装配工艺过程卡		模具名称	侧端盖注塑模具
		模具图号	DG — 01
序号	工序名称	工序（工步）内容及要求	
1	装配模架	（1）采用导向零件装配方法，将导套 2 压入定模板 1，导柱 3 压入动模板 22。 （2）合模检查导柱、导套配合间隙，保证滑动平稳。 （3）将定、动模两平面磨平，注意保证型腔深度	
2	装配定模	（1）将浇口套 5 装入定模板 1 并拧入螺钉，将浇口套下端与定模板修平，修磨浇道。 （2）将定模板 1 与定模座板 8 用螺钉连接，装入定位圈 5，定位圈与浇口套保持同轴	
3	装配动模	（1）在推杆固定板 15 上装配拉料杆 6、复位杆 9、推杆 17、推管 18 等零件。 （2）将装配好的推杆固定板和推板 16 一起与支承柱 11 装配，拧紧螺钉。 （3）将动模型芯 21 等压入动模板 22，其端面应保证型腔深度，尾部与动模板孔面磨平。 （4）件 14 在动模板 22 上压印孔位，然后加工通孔，两个件 14 应等高。 （5）在动模座板 13 上装入型芯 19，装上垫块 20，垫块 20 装上后其底面应低于动模座板底面。 （6）将动模板 22 翻转，放上推杆固定板 15、打入推管 18 及推杆 17、复位杆 8、支承块 14 放上后，推杆固定板上下滑动应无干扰，检查各零件的孔内的间隙是否正常。 （7）将动模座板 13 通过型芯 19 导入推管，动模座板放在两支撑上，通过压印加工动模座板上的螺孔扩孔。	

装配工艺过程卡		模具名称	侧端盖注塑模具
		模具图号	DG—01
序号	工序名称	工序（工步）内容及要求	
		（8）修磨型芯 19、推杆 17、推管 18、复位杆 9 的长度，其计算根据各板实际装配高度而定（相关的板件是件 22、件 14、件 16 及动模垫板 23）。 （9）将件 15、件 16 以螺钉联接，注意它们在支承块 14 之间滑动应无干扰。 （10）装入支承柱 11，支承柱 11 与推杆板间应有充分的间隙以不干扰为原则，其高度由装配工艺尺寸决定，件 13 上的相应装配孔位由压印获得；拧入长螺钉将件 22、件 14、件 13 连接，件 14 与件 13 间小螺钉配作	
4	装配冷却水嘴等附件	（1）装配动、定模上的水管接头、闷头，检查是否畅通。 （2）进行模具开合检查，对不合适部位进行调整或修研	
5	试模与调试	（1）模具装配好后进行试模，根据试模结果进行修改与调整，然后再次进行试模与调整，直至检查合格。 （2）试模合格后需要对磨具成型表面再抛光，以达到制品的要求	

课后拓展练习

1. 模具装配的概念是什么？

2. 模具装配的特点是什么，模具装配的内容有哪些？

3. 模具的装配精度包括哪些方面，保证其装配精度的方法有哪些？

4. 模具主要零件的固定方法有哪些？

5. 模具间隙和壁厚的控制方法有哪些？

6. 冷冲模具装配的技术要求和装配特点是什么？

7. 弯曲模和拉伸模的装配特点是什么？

8. 塑料模装配时的注意事项是什么？

9. 塑料模多件镶拼型腔装配时的注意事项是什么？

10. 简述塑料模中楔紧块的装配方法。

参 考 文 献

[1] 杨金凤，黄亮. 模具制造工艺[M]. 北京：机械工业出版社，2012.

[2] 刘月英，李仲清，王文深. 模具制造工艺编制[M]. 北京：北京邮电大学出版社，2018.

[3] 余德志. 模具制造工艺与制作[M]. 北京：人民邮电出版社，2011.

[4] 李晓东. 模具制造工艺学[M]. 上海：上海科学技术出版社，2011.

[5] 宋满仓. 模具制造工艺[M]. 北京：电子工业出版社，2010.

[6] 滕宏春. 模具制造工艺学[M]. 2 版. 大连：大连理工出版社，2009.

[7] 刘晋春. 特种加工[M]. 北京：机械工业出版社，2005.

[8] 李云程. 模具制造工艺学[M]. 北京：机械工业出版社，2000.